KB150022

의 사 의 감 정

의사의 감정

감동하는 의사, 고통받는 환자 | What Doctors Feel

다니엘 오프리 지음 | 강명신 옮김

Pegasus
페가수스

감정이 의료를 좌우한다

책이나 텔레비전, 영화 속에 의학 수련 과정이나 병원 세계가 종종 등장한다. 별 의미 없는 경우도 있지만, 실제 현장에서 벌어지는 모습을 정확히 묘사하는 경우도 많다. 의사들이 어떤 일을 하고, 어떻게 보이기를 바라는지에 관한 글들도 많다. 그러나 의학의 감정적 측면, 즉 덜 합리적이고 체계적으로 개입하기 힘든 영역에 관한 이야기는, 그 중요성에도 불구하고 제대로 다루어지지 않았다.

의학 세계는 사람들에게 흥미와 함께 염려의 감정을 갖게 하는 분야다. 그리고 누구든 이 세계와 마주칠 날이 찾아온다. 대중의 의학에 대한 관심 속에는 의료 체계가 이상적으로 기능하지 않고 있다는 좌절감 같은 것이 들어 있다. 사회적인 압력, 입법을 통한 개선, 사법적인 공방에도 불구하고, 의사들은 대중의 이상에 충분히 부합하지 못하고 있다. 그래서 나는 실제로 의사들이 무엇을 고민하는지, 의학의 지적인 측면 아래까지 파고 들어가 볼 생각이다.

'나를 낫게 해주면 그만이지, 의사의 기분 같은 건 별로 관심 없다'고 말하는 사람이 있을지 모르겠다. 복잡하지 않은 질병의 경우에는 타당할 수 있는 얘기다. 의사들은 화가 나고, 신경이 예민하고, 질투에 사로잡히고, 지치고, 공포나 수치심에 휩싸인 상태에서도 기관지염이나 발목 염좌 정도는 손쉽게 치료해낸다.

문제는 임상 상황이 복잡하거나, 해결하기 어렵거나, 예기치 않은 합병증이 나타나거나, 의료 실수가 있거나, 심리적인 문제가 엉켜있을 때 발생한다. 이럴 때는 임상적으로 유능한지 여부와 관계없이 감정의 변수가 작동할 수 있다.

세상이 많이 변해서 이제는 환자들 누구나 의사들이 활용하는 의학 지식에 접근할 수 있다. 적어도 선진국에서는 그렇다. 웹엠디WebMD에서 기본적인 정보를 얻을 수 있고, 펍메드PubMed에서 최신 연구결과를 찾을 수 있다. 의학 교과서나 학술지를 온라인으로 찾아볼 수도 있다. 그러나 정작 중요한 건 의사들이 이 지식들을 어떻게 '사용하느냐' 하는 점이다. 그 부분이 환자에게 실질적으로 영향을 미치기 때문이다.

의사들이 어떻게 생각하는가에 대한 연구가 꾸준히 이어져왔다. 제롬 그루프먼Jerome Groopman은 그의 책《How Dcotors Think》에서 의사들이 진단하고 치료할 때 사용하는 다양한 스타일과 전략을 탐구하고 각각의 장단점을 고찰하였다. 그는 의사들이 질병을 이해하고 처치하는 방식에 대해 연구하였고, 감정이 의사의 사고思考에 영향을 미칠 뿐만 아니라 때때로 환자에게 커다란 문제를 야기할 수 있다고 지적했다.

"대다수 의료 실수는 생각을 잘못하는 바람에 발생하는데, 그 중 일부는 감정이 그 원인이다. 그러나 의사들은 이를 인정하려고 하지 않으며, 대부분은 자신에게 그런 감정이 있었는지조차 모른다."[1] 여러 연구들이 이런 사실을 뒷받침하고 있다.[2]

긍정적인 감정은 상황을 전체적으로 바라보게 한다. 말하자면 '숲을 보게 만든다.' 이 감정은 문제를 풀어가는 융통성과도 깊이 관련되어 있다. 반대로 부정적인 감정은 큰 그림보다는 작고 세부적인 면을 더 들여다보게 한다. 말하자면 '나무 하나하나를 보게 만든다.'

인지심리학에 관한 연구들을 보면, 부정적인 감정에 지배되는 상태에서는 앵커링 편향anchoring bias에 취약해진다고 한다. 한 가지 세부사항에 집착한 나머지 다른 요소들을 놓치는 것이다. 앵커링 편향은 의료 실수의 강력한 원인이며, 의사들이 처음 든 생각을 고수하는 바람에 모순을 보이는 데이터를 깊이 생각하지 않게 만든다.

긍정적인 감정 상태라고 해서 편향을 피해가는 것은 아니다. 귀인 편향에 치우칠 우려가 있다. 의학에서 이 편향은 질병의 원인을 환자가 어떤 사람인가로 (이를테면 마약사용자라든지) 돌리는 경향으로 나타난다. 그러면 상황에 대해서는 (세균에 노출된다든지 하는) 덜 주목하게 된다.

긍정적인 감정이 부정적인 감정보다 좋거나 나쁘다는 뜻은 아니다. 양쪽 모두 정상적인 사람들이 가지는 감정 스펙트럼이다. 그러나 유전자 검사, 일반 검진, 침습적 시술, 중환자실 모니터링, 말기 의료결정 등의 상황에서 의사들이 겪는 인지적인 영역을 생각해보면, 의사의 감정 상태가 최종 결과에 크게 영향을 끼칠 수 있다는 점을 알 수 있다.

신경과학자인 안토니오 다마지오Antonio Damasio는 감정을 '우리 마음속에서 계속 연주되는 음악, 멈출 수 없는 흥얼거림' 같은 것이라고 묘사했다.[3] 의사가 의학적 의사결정을 내리는 중에도 감정의 저음 연주가 계속 이어진다. 감정이라는 베이스 파트는 의사가 하는 행동에 어떤 영향을 미칠까? 그리고 그 감정이 환자들에게 어떤 영향을 끼치게 될까? 그리고 나 같은 의사들이 환자가 되었을 때 우리 자신에게는? 이런 질문들이 내 흥미를 끌었다.

이제는 의학의 중심에 있는 선배 의사들도 감정이 의료에 영향을 끼친다는 점을 인정하고 있다. 그러나 그들이 말하는 감정 안에는 스트레스나 피로 같은 것들까지 뭉뚱그려져 있다. 그리고 '자기훈련이 충분한 의사는 이런 걱정거리들을 다 극복할 수 있다'는 암묵적인 가정까지도 그 아래에 깔려 있다. 그러나 의학의 감정적인 층위는 생각보다 훨씬 더 미묘하고 다양하게 작용한다. 사실상 감정이 의학적 의사결정의 지배적인 요인이라고 해도 과언이 아니다. 근거 중심 의학이나 임상 알고리듬, 질적 관리를 위한 조치, 심지어 의학적 경험에까지 그림자를 드리운다. 그리고 이런 일들은 대부분 의식하지 못하는 사이에 일어난다.

의사들이 감정적으로 복잡하다고 해 봐야 회계사나 배관공, 유선방송 수리기사 정도가 아니겠느냐고 반박하는 사람들이 있을지도 모르겠다. 그러나 의사의 행동이 만들어내는 결과의 총합은 (논리적, 정서적, 불합리한 행동 등) 환자들, 아니 의사와 환자 모두에게 생사를 가르는 결과를 가져올 수 있다.

의사들은 누구나 자신과 환자를 위해 탁월한 의료를 원한다. 사람들은 보통 수련을 잘 받고, 경험도 많고, 〈U. S. News & World Report〉에서 순위가 높은 의사들이 최선의 진료를 할 거라고 생각한다. 그러나 감정이 만들어내는 무수한 결과 때문에, 이 모든 요인들이 의미 없게 될 수도 있다.

그럼에도 불구하고, 의사들이 꽤나 감정이 없다는 고정관념은 쉽게 바뀌지 않는 것 같다. 이런 고정관념의 유래를 따지는 사람들은 캐나다 출신의 저명한 의사 윌리엄 오슬러 경을 떠올린다. 오슬러는 현대의학의 아버지로 여겨지는 인물인데, 의대생들을 재미없는 강의실에서 빨리 끌어내서 실제로 환자를 검진하며 의학을 배우게 해야 한다고 제안한 인물이다. 임상 수련이나 레지던트 수련 같은 현재의 교육시스템들이 오슬러의 아이디어로부터 나왔다.

1889년 5월 1일, 오슬러는 펜실베이니아 의과대학을 졸업하는 학생들에게 '평정심aequanimitas[4]'이라는, 이제는 너무도 당연하게 여겨지는 개념을 주제로 졸업 축사를 했다. 그는 새내기 의사들에게 '일정 수준의 무감각insensibility은 장점일 뿐만 아니라 냉정한 판단을 위한 필수요건'이라고 강조했다. 심장이 약해져서는 안 된다는 경고였지만, 의사들이 냉정하다는 고정관념 역시 그가 강조한 '평정심'으로부터 나왔다.

대중문화에서도 이 같은 상징을 구현하고 있다. 텔레비전 프로그램인

〈벤 케이시Ben Casey〉나 〈하우스House〉에 나오는 의사들은 환자로부터 초연한 태도, 의료기술이나 진단의 명민함 같은 자질 때문에 칭송받는다. 〈애로우스미스Arrowsmith〉〈미들마치Middlemarch〉〈커팅 포 스톤Cutting for Stone〉에는 의사들이 사심 없는 이상주의자로 그려지고, 〈매시MASH〉〈하우스 오브 갓House of God〉〈스크럽스Scrubs〉에는 비꼬는 스타일의 의사들이 나오는데, 이들 역시 환자들로부터 거리를 유지하는 평정심을 발휘한다.

병원들은 사명문에 연민compassion이라는 단어를 의무라도 되는 것처럼 집어넣는다. 의과대학에서도 '돌봄의 이상'을 열정적으로 이야기한다. 그러나 실제 의학수련 현장에서 은연중에 듣게 되는, 가끔은 말로도 하는 메시지 중 하나는 '의사는 절대 자기 환자에게 감정적으로 연결되지 말아야 한다'는 것이다. 학생들이 자주 듣는 말도 '감정이 판단을 흐릴 수 있다'는 이야기이다. 수련 과정에서 실시하는 교육 중 무언가 감정적인 낌새가 있는 교육에는 잘 참석하지도 않는다.

고도로 효율적이고, 기술적으로 능력 있는 의료가 다른 무엇보다 칭송받는 것이 현실이다. 그러나 의료현장이라는 큰 그림 속에 하이테크 도구들이 얼마나 많이 등장하고 또 그것이 어떻게 그려지든, 의사-환자 관계란 결국 사람 사이의 상호작용이다. 그리고 사람과 사람이 연결될 때, 그 밑바탕에 감정이 깔려 있는 것 또한 분명하다. 조용하고 냉정해 보이는 의사들도 감정적인 의사들 못지않게 감정의 흐름으로부터 영향을 받는다. 감정은 공기 중의 산소와도 같기 때문이다. 그러나 감정의 흐름을 알아차리고 처리하는 과정은 의사들마다 편차가 크다. 그리고 관계의 상대편에 있는 환자야말로 그 편차 때문에 가장 크게 영향을 받는 당사자다.

나는 의료에 지대한 영향을 끼치는 '감정'을 부각시키고, 감정이 의료현장에서 어떤 영향을 미치는지 살펴보기 위해 이 책을 썼다. 그래야 나중에 나 같은 의사들이 환자 가운을 입게 될 때, 돌봐주는 사람의 마음을 더 잘 이해할 수 있기 때문이다. 그루프먼은 인지와 감정이 불가분의 관계라고 강조하면서 "모든 환자와의 모든 만남에 인지와 감정이 섞여 있다."[5]고 말했다. 이 혼합이 큰 도움이 되는 시나리오도 있지만, 반대로 재난이 되는 경우도 있다.

감정이 의사-환자 관계에 미치는 긍정적인 영향과 부정적인 영향을 이해하는 것이야말로 의료의 질을 높이는 가장 중요한 요소다. 모든 환자는 의사가 제공할 수 있는 최선의 진료를 받을 자격이 있다. 의료의 밑바탕에 깔린 감정을 파악하고 제대로 처리하는 일이야말로 검진 테이블의 양쪽, 즉 의사와 환자 모두에게 필수적이다.

차 례

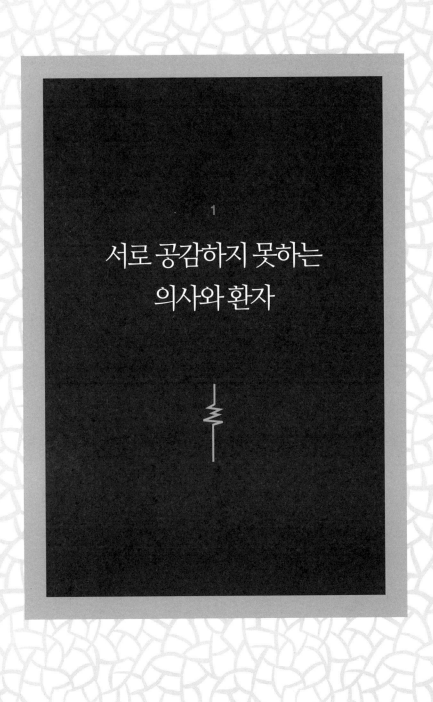

1

서로 공감하지 못하는
의사와 환자

어느 여자일까? 응급실 문 앞에서 환자들을 바라보며 서성거렸다. 그
때 나는 의대 본과 1학년이었다. 경력이라고 해봐야 꽉 막힌 의대 강의실
수업과 응급실 경험이 전부였다. 그래서 이런 역할을 맡기가 무척 두려웠
다. 청바지에 운동복 상의를 입은 히스패닉 소녀가 눈에 들어왔다. 간호
사 옆에서 덜덜 떨며 뭔가를 적고 있었다. 두꺼운 코트를 입고 방사선과
직원을 따라가는 아시아계 여성도 눈에 띄었다. 저 여자일까? 그 때 구석
의 들것 위에 흙더미 같은 형체가 눈에 들어왔다. 저 여자일 것 같았다.
그냥 그래 보였다.

그 일이 있기 3개월 전, 나는 벨뷰 병원Bellevue Hospital에 자원봉사를 신청
했다. 강간 위기를 겪은 환자의 카운슬러로 일하는 프로그램이었다. 나
말고도 열 명쯤 되는 의대생과 수십 명의 병원 직원이 함께 했다. 6주 동

안 훈련을 받았다. 힘든 응급실 상황을 경험하며 성폭력 피해자를 어떻게 지원해야 하는지를 배웠고, 의사와 간호사, 경찰, 가족과 대화하는 역할도 배웠다.

이른 새벽, 자원자들의 호출기가 울리기 시작했다. 연락받았어? 우리는 서로를 걱정하며 물었다. 호출기를 가지고 다닌다는 건 뭔가 책임져야 할 일이 있다는 뜻이다. 그 점이 우리 모두를 긴장하게 만들었다.

새벽 3시, 내 인생 처음으로 호출기가 울렸다. 흥분되고 두려웠다. 후다닥 옷을 챙겨 입고 어둠 속을 내달렸다. 그리고 지금 여기 응급실 문 앞에 서 있다. 이 북새통 같은 곳에서 이리저리 시선을 옮기며 서 있는 게 바로 나다. 어떻게든 긴장된 감정을 안정시켜보려 했다. 어떻게 찾지? 뭐라고 말하지? 대체 내가 이 역할을 맡을 자격이 있기나 한 걸까?

심호흡을 하고 사람들 속을 지나 데스크 쪽으로 갔다. 그리고 그 곳을 책임지고 있는 간호사에게 내가 누구고 왜 여기에 왔는지를 설명했다. 그녀는 곧바로 클립보드를 움켜쥐고 명단을 훑어봤다. 그런 다음 연필 지우개를 입술에 갖다 대며 말했다. "조세핀 함린Josephin Hamlim, 이 사람 담당이네요." 헝클어진 머리의 흑인 여성을 연필로 가리켰다. "산부인과 체크는 끝났고, 이제 샤워를 좀 시켜 줘야 할 것 같군요."

이 여자는 노숙인이 분명하다. 덥수룩하게 엉겨 붙은 머리칼, 색깔을 알 수 없는 옷에는 흙덩이가 덕지덕지 붙어 있다. 들것 끝 쪽에 몸을 구부린 채로 앉아 있었고, 수척해진 다리는 바닥에 축 늘어져 있었다. 끈 풀린 부츠 속에는 양말도 신지 않은 발이 쑤셔 들어가 있었다. 세파에 시달린 것 같은 고단하고 우락부락한 모습. 나이를 가늠하기도 힘들었다. 황망한

의사의 감정

눈으로 멍하니 허공을 쳐다보고 있었다. 숨을 쉬다가 얼어버린 것처럼, 내쉬는지 들이마시는지도 분간할 수 없었다.

조심스럽게 그녀에게 다가갔다. 지독한 악취가 코를 찔렀다. 더러운 옷에서 나는 냄새였다. 매스꺼움을 억누르면서 한발 더 다가섰다. 그때 그녀의 어깨 쪽에서 무언가가 움직였다. 바퀴벌레가 기어 나왔다. 나는 그대로 얼어버렸다. 바퀴벌레는 스웨터 밖에서 잠시 멈추더니 별일 없다는 듯 팔쪽으로 방향을 틀었다. 그러다가 팔꿈치 안쪽으로 사라져버렸다.

뱃속이 울컥 뒤집어지는 것 같았다. 그대로 서서 응급실을 구석구석 훑어보며 뭘 어떻게 해야 할지 물어볼 사람을 찾았다. 움직여보려고 했지만 다리가 떨어지지 않았다. 냄새는 점점 더 강해졌다. 파도가 나를 삼키려는 것만 같았다.

물론 알고 있었다. 이 모든 것을 견디고 그녀에게 다가가야 한다. 도움이 필요한 환자를 돕기 위해 의대에 입학한 게 아닌가? 환자가 누구든 어떤 모습이든 상관없이 말이다. 히포크라테스 선서, 마이모니데스 선서 같은 것이 우리 의료 전문직의 선서가 아닌가?

그러나 내 몸은 움직이기를 거부했다. 역겨운 냄새, 뉴욕의 바퀴벌레, 그런 것들이 내게는 너무 버거웠다. 그녀의 멍하고 텅 빈 것 같은 모습을 보면서, 나는 도대체 어떻게 해야 할지 몰랐다. 나는 그저 어지러운 응급실의 일부분일 뿐이었다.

내게는 숨을 시간이 있었다. 슬그머니 데스크 쪽으로 물러났다. 카운터 뒤쪽에 숨어서 내가 아직 많이 부족하다고 생각했다. 1950년대에 만든 것 같은 낡은 의자 뒤로 가서 손으로 입을 막았다. 그런다고 토하지 않을 수 있을지는 확실치 않았다. 머릿속에 공포가 일었다. 내가 지금 뭐하는 거지? 저 사람은 내 환자야. 굉장히 무섭고 이상한 일을 당한 피해자라고. 가서 그녀를 돕는 게 내 일이야. 그래서 의사가 된 거잖아. 그러나 내가 할 수 있는 일이라곤 의자 뒤에 붙어 있는 것뿐이었다. 거기서 서류를 검토하는 척 했다.

　나는 청결을 대단히 중시하거나 모든 물건이 가지런해야만 마음이 편한 강박적인 사람이 아니다. 학생 때 경험만 해도 그렇다. 나는 돼지와 개구리와 양의 뇌를 해부하기도 했고, 소의 안구를 해부하기도 했다. 의대에 들어오기 전에도 수많은 시체를 해부했었다. 심지어 해부학과 신경해부학 교실에서 학생 조교까지 한 적도 있었다. 나는 해부된 골반을 봐도 편했고, 절단된 간을 봐도 별로 불편하지 않았다. 뇌 과학 분야에서 박사 과정을 하는 동안에는 소의 뇌를 보기도 했고, 그것을 인근에 있는 정육점에 가서 사오기도 했다. 살아 있는 쥐를 열 토막 내는 일도 했었다. 그때는 전혀 아무렇지 않았다.

　그런데 지금, 이 환자의 나쁜 냄새가 나를 힘들게 한다. 그리고 살아 있는 모든 것에 대해 가졌던 어린 시절의 열정이 저 바퀴벌레를 보고 나서는 전혀 나타나지 않았다. 밑바닥에서부터 역겨움이 일었고, 그 어떤 합리적인 생각으로도 잠잠해지지 않았다.

　3분 쯤 지났을까? 간호조무사 한 사람이 나타났다. 나이가 좀 있어 보이는 아이티 출신 여성이었다. 그녀는 곧장 환자에게 다가가서 손을 붙잡았다. 그리고 따뜻하게 이야기했다. 나는 그녀가 환자와 눈을 맞추는 모습을 멍하니 지켜봤다. 다른 한 손으로는 엉겨 붙은 부스스한 머리를 쓰다듬었다.

환자가 천천히 일어섰다. 그리고 간호조무사에게 몸을 기울였다. 그녀는 환자를 부축해서 샤워실로 향했다. 머리를 부드럽게 쓰다듬으면서…. 그렇게 그들이 내 앞을 지나갈 때, 환자를 격려하는 소리가 들렸다. 샤워를 하고 나면 기분이 조금 나아질 거예요. 새 옷을 가져다줄게요. 간호조무사의 팔이 환자의 어깨를 보듬고 있었다. 조용한 장소를 알고 있어요. 걱정하지 말아요. 내가 옆에 있을게요.

나는 여전히 책상 뒤에 숨은 채였고, 경외심으로 가득했고, 몹시 부끄러웠다. 나에게서 멀어질수록 강렬하던 냄새도 점점 사라져갔다. 이제 숨을 쉴 수 있었다. 그날 나는 책상 뒤에서 의학에 대해 아직 배울 게 많다는 사실을 깨달았다.

응급실에서 그런 순간을 겪은 지 30년이 지났다. 의학 수련을 해온 과거를 돌이켜보면, 임상기법을 익히면서 겪었던 잊을 수 없는 순간들이 떠오른다. 청진기로 흘러나오는 어지러운 속삭임이 심장의 잡음으로 정리되던 순간, 반질반질한 신생아가 글러브를 낀 채 조심스러워하는 내 손으로 미끄러져 내려온 순간, 내 손가락이 가이드한 주사침이 사람의 피부속을 뚫고 들어가던 순간 같은 것들이다.

이 모든 순간들은 가파른 사다리를 오르는 발받침과도 같았다. 한 단게 한 단계 오를 때마다 나는 변화를 겪었고 이전과 다른 사람이 되어갔다. 의사라는 아직도 여전히 혼란스런 이미지에 조금 더 가까이 다가갔고, 뭔가 정리 되지 않았던 학생 티를 조금씩 벗어나갔다. 계기를 만들어 준 경험들 모두가 얼마나 소중한지 모른다. 그 각각의 사건들이 일어났던 장소의 세세한 부분까지 모두 기억날 만큼…. 모든 과정을 이끌어줬던 선생님들도 하나하나 기억난다.

그때 그 간호조무사가 응급실에서 보여준 모습, 그 광경은 내가 의사가 되어가는 길에서 만난 하나의 가르침이었다. 나는 공감에 관한 중요한 경험을 했다. 그 간호조무사가 환자에게 보여준 공감과 연민, 그녀도 나와 똑같은 냄새를 맡았다는 것을 나는 안다. 그 더럽고 시커먼 옷을 보았다는 것도 알고 있다. 그러나 그녀는 머뭇거리지 않고 환자에게 다가갔다. 그리고 기꺼이 자신을 내주었다. 바로 그 순간, 돌보는 사람이 된다는 것이 무엇인지, 그녀가 구체적인 행동으로 보여주었다.

연민을 가진다는 것의 라틴어 어원은 함께 고통 받을 줄 아는 것이다. 그러려면 반드시 공감이 필요하다. 연민이라는 감정은 꾸며내기가 불가능하고, 반드시 먼저 공감해야 한다. 공감은 사람 간 상호작용의 핵심이며, 의학에서도 필수적이다. 그러나 어떤 면에서는 조금 이상한 개념이기도 하다. 공감하는 장면을 보면, 누구든지 금세 그걸 알아볼 수 있다. 그럼에도 불구하고 사람들은 공감을 정확히 정의하기 어렵다고 말한다. 나도 지금 당장은 공감이 감정이냐 인식이냐 하는 철학적 논의에 들어갈 생각이 없다. 그저 지금은 대다수 사람들이 말하는 대로 '다른 사람의 관점에서 보고 느낄 줄 아는 능력'이라는 정의를 따르려고 한다.

의학에서 공감이란 환자의 고통을 인지하고 제대로 인식하는 것과 관련이 깊다. 의대생들은 졸업장을 받으면서 마이모니데스 선서를 외우는데, 내용을 간단하게 요약하면 이렇다. "내 눈에는 고통 받는 환자만 보인다. 그밖에는 아무것도 보이지 않는다." 공감하려면 자신을 환자의 관점에 맞추고 질병이 환자의 삶 속에 어떻게 얽혀있는지 이해할 수 있어야 한다. 그리고 또 한 가지, 의사들이 많이 서투른 부분인데, 이 모든 내용을 환자와 소통할 줄 알아야 한다.

의사들이 환자에게 비교적 쉽게 공감하는 경우가 있다. 환자의 고통이 그대로 전해지거나 의사들 자신에게 유의미하게 느껴지는 경우다. 이를테면 다리가 부러져서 아픈 환자이거나, 공감 받을 자격이 있는 것처럼 여겨지는 환자일 때 그렇다. 하지 말아야 할 일을 습관처럼 반복하다가 아픈 게 아니라 불행하게 희생당한 경우다.

반대로 의사가 환자와 공감하기 아주 어려워하는 경우도 있는데, 환자의 고통이 의사 자신에게 의미 있게 다가오지 않을 때 그렇다. 눈에 분명한 상처가 보이지 않거나, 엑스레이 상으로 종양이 아니거나, 객관적으로 질병을 가리키는 병리검사 수치가 아닌 경우 등이다. 통증을 호소하지만 질병의 상태로 볼 때 그렇게까지 아프지는 않을 것 같은 경우, 다른 동기로 내원한 것 같은 경우, 좋지 않은 습관이나 부주의한 습관 때문에 질병이 생긴 경우에도 쉽게 공감하지 못하는 경향이 있다.

내가 응급실에서 그랬던 것처럼, 냄새가 나거나, 지저분하거나, 토할 것 같은 환자를 만나게 될 때는 몸에서 뭔가 좋지 않은 반응이 나타날 수 있다. 사람들 누구나 그렇듯이, 불쾌한 사람이나 상황과 마주친 의사들 역시 움찔하며 한 발 뒤로 물러서게 된다. 그렇지만 그렇게 움찔하게 만드는 요인이 환자의 신체에 생긴 문제 때문이라면 의사들 스스로 자신의 반응을 충분히 통제할 수 있다. 내가 처음으로 드레싱을 걷어내고 병소를 보았을 때 일이다. 그 피부궤양 병소 안에 구더기 떼가 살아 움직이는 것을 보고는 이러다 내가 입원하는 게 아닌가 싶을 지경이었다. 그러나 인턴이 끝나갈 즈음에는 식염수를 뿌려가면서 구더기를 씻어낼 수 있게 되었고, 심지어 구더기들이 괴사한 조직을 먹고 살아 있어 준 덕분에 상처 세척에 들이는 노력을 줄일 수 있었다는 생각까지 하게 되었다.

대다수 의사들은 피와 관련된 측면에서는 금세 익숙해진다. 그러나 사람들이 일반적으로 거부하는 비의학적인 상황을 극복할 수 있기까지는 많은 노력이 필요하다. 내가 응급실에서 만났던 간호조무사처럼 힘들어하지 않고 해내는 사람도 있지만, 나를 포함한 많은 다른 사람들은 상당한 훈련과 노력이 있어야만 가능한 일이다.

우리 팀이 피부궤양 환자를 맡은 적이 있다. 피부궤양이라는 병명이 주는 느낌이 별로 강하지 않은 탓인지, 때때로 심각한 피부궤양에 대해 잊을 때가 있다. 피부궤양은 그야말로 흔한 질병이라서, 레지던트가 그 환자에 대해 이야기하던 때를 떠올리면, 지금도 훅 달아오르는 느낌이 든다. "그 남자 환자, 그런 궤양을 가지고 어떻게 살아 있는지 모르겠어요." 전혀 모순이 아니라는 투로 그녀가 말했다. "정말 어떻게 살아있는지 모르겠어요."

살아있을 수 없다고? 그 말이 나를 얼얼하게 했다.

그러나 환자를 직접 눈으로 본 순간, 레지던트가 왜 그렇게 표현했는지 알 수 있었다. 제임스 이스턴James Easton 씨는 쇠약한 노인 환자였고 요양원에서 보내져 입원했다. 말 그대로 '피골이 상접한' 모습이었다. 얼굴 근육이 너무 약하고 힘없어 보였다. 표정도 없고 생기도 없었다. 얼마 남지 않은 근육섬유가 골격에 힘없이 붙어 있었다. 그의 피부궤양은 그때까지 내가 본 그 무엇과도 비교할 수 없을 만큼 최악이었다.

궤양이 허벅지를 타고 내려와 종아리까지 이어져 있었고, 거의 모든 살이 다 파여서 깊은 협곡처럼 상처가 드러나 있었다. 대퇴골과 정강이뼈까지 육안으로 볼 수 있을 정도였다. 골반 뼈도 곳곳이 노출되어 있었다. 마치 해부학 시간에 초현실주의자가 와서 그림을 그려 놓은 것 같은 모습이었다.

나는 입을 다물 수 없었다. 도대체 어쩌다 이 지경이 되었는지 알 수 없었다. 질병과 무관심, 미생물, 유전 그리고 불운까지. 신체 상태와 심한 치매 때문에 소통이 불가능했다. 과연 그가 자신에게 일어난 일을 알고 있는지조차 판단할 수 없었다. 살아 있다는 사실 자체가 나로선 이해불가였다. 그에게는 남은 게 거의 없었다. 우리가 말을 걸 수 있는 내면의 인격이 보이지 않았고, 검사를 할 수 있는 물리적 신체도 거의 없었다. 사람으로 보이지 않을 지경이었다.

이 환자의 궤양은 사실상 생명과 양립 불가능해 보였다. 그대로 두었다가는 거의 남아 있지 않은 생명마저 꺼질 것 같았다. 항생제를 쓰거나 상처를 치료한다 해도, 물론 이것이 궤양병소의 표준 진료이긴 하지만, 이렇게 심하게 진행된 단계에는 효과가 없다. 남아 있는 치료법은 절단밖에 없었다. 그러나 이 경우는 궤양이 다리 맨 윗부분부터 내려오고 있었기 때문에, 절단을 하더라도 엉덩이 관절 바로 아래에서 해야 했다.

만약 그렇게라도 절단이 가능했다면, 이스턴 씨는 아마도 이전보다 더 사람처럼 안 보였을 것 같다. 가늘어질 대로 가늘어진 팔이 달린 토르소처럼 되었을 것이기 때문이다. 만일 공감의 첫 번째 단계가 환자와 자신을 동일시하는 것, 즉 환자의 입장이 되어보는 것이라면, 이 환자는 우리의 공감 능력을 측정하는 너무도 가혹한 시험이었다.

신체적인 특성뿐만 아니라 환자의 성격적 특성 역시 의사의 공감을 방해하는 요인으로 작용한다. 태도가 적대적이고 상대방을 자기 의도대로 움직이려는 환자, 지나치게 예민한 환자, 부끄럼이 많아서 자기 이야기를 제대로 하지 못하는 환자, 뭐든 자기가 원하는 대로 하라는 거만한 환자 등이 그렇다.

레지던트 과정을 끝낸 직후, 나는 롱아일랜드에서 일반 진료를 하는 일로 여름 단기 직장을 잡았다. 파머라는 의사 대신에 금요일과 토요일 근무를 해주는 조건이었다. 주로 중산층이 사는 동네였는데, 여름에는 인구 규모가 두 배로 불어나는 곳이었다. 맨해튼에 사는 부유한 사람들이 수정같이 맑은 바닷가 별장으로 몰려든 탓이었다.

그곳의 분위기는 내가 수련 받던 벨뷰 병원과 전혀 딴판이었다. 이민자에 보험 미가입자 위주였던 환경이 부유하고 안정된 영어 사용자들로

의사의 감정

바뀌었다. 그게 전부가 아니다. 특히 내게 문화적인 충격을 안겨 준 점은, 내가 돌보는 환자들이 아픈 입원환자들이 아니라 조용한 외래환자, 즉 건강한 인구 집단으로 바뀌었다는 사실이다. 벨뷰 병원에서 레지던트 생활을 하던 마지막 달에는 중환자실에서 패혈증 쇼크, 과다 출혈, 다기관 손상 같은 문제가 생긴 환자들을 진료했다. 그런데 여기 환자들은 그에 비하면 아주 사소한 질병으로 병원에 온다. 인후통이나 발진, 발목 염좌 같은 것들이다. 이런 병증들은 대개 외래로 진료하는 것들이라서 레지던트 시절에는 레이더에 잡히지도 않았다. 하지만 나는 금세 진드기 제거나 라임병 확진에 통달해가고 있었다.

어느 날, 건강해 보이는 40대 초반 여성이 내원했다. 신시아 랜던Cynthia Landon이라는 이 여성은 내게 펜펜fen-phen이라는 체중감소용 알약을 처방해 달라고 요구했다. 당시에 많이 사용하던 약제였다.

나는 체중감소용 알약 그 자체에 늘 거부감이 있었다. 평생을 좋지 않은 식습관에 운동도 하지 않고 살던 사람에게 생긴 문제를 반창고로 대충 해결해보려는 접근 같았기 때문이다. 나는 이미 신경이 곤두서 있었다. 아무리 생각해봐도, 그녀는 거의 정상체중 범위 안에 있어 보였다.

"왜 그 약을 처방받으시려는 거죠?"

내가 믿기지 않는다는 투로 물었다. 그러자 그녀가 자기 뱃살을 손으로 움켜쥐더니 유감스럽다는 듯 말했다.

"애 낳고 생긴 요 뱃살을 좀 빼보려고요."

나는 몸을 좀 더 가까이 해서 그녀가 뭘 붙잡고 있는지 쳐다보았다. 내 눈에는 그냥 보통 사람의 뱃살일 뿐이었다. 3년의 수련기간 내내 에이즈,

종양, 울혈성 심부전, 간경변 환자들을 보아 온 탓인지, 중년 여성의 뱃살 정도에는 문제의식을 갖기 어려웠다. 정말로 그랬다.

"제 눈에는 괜찮아 보이는데요."

나는 유쾌하고 객관적인 톤으로 대답했다. 사실 칭찬이기도 했다. 솔직히 나이에 비해 좋아 보이는 편이었기 때문이다.

"그리고 체중감소용 알약은 별로 효과가 없어요. 그걸로 살을 조금 뺐다고 해도 약을 끊으면 금방 다시 찌거든요. 그게 영구적인 해결책은 아니니까요. 또 약이란 게 부작용이 있으니까, 그 점도 감안하셔야 하고요. 그러니 한 번…."

식사나 운동에 관해 이야기하려고 하자 내 말을 딱 잘라버렸다.

"파머 박사는 펜펜을 처방해 준다고요."

그리고 퉁명스럽게 한 마디를 했다.

"난 당신한테 강의를 들으러 온 게 아니라 처방을 받으러 온 거예요."

그녀의 가시 돋친 목소리에 살짝 충격을 받았다. 파머 박사가 뚱뚱하지 않은 사람에게 그런 약을 처방했다는 사실도 조금 놀라웠다. 나는 이곳에 임시로 와있을 뿐이고, 이 사람은 내 환자가 아니라 파머 박사의 환자다. 그가 없는 동안 그가 평소에 하던 대로 계속 케어해주는 것이 내 일이다. 파머 박사가 가족과 함께 휴가를 떠났고, 나는 최선을 다해서 그를 대신하면 된다. 하지만 나는 점점 짜증이 났다.

"약이라는 게 전부 그 자체로 문제란 말입니다."

그리고 끝내 이렇게 말해버렸다.

"환자분에게 처방해드릴 수 없습니다."

"아니, 파머 박사가 내 주치의잖아요."

그녀가 화를 내며 말했다.

"내가 가입한 보험에서 돈이 나오고 난 그 약이 필요하다고요."

갑자기 자신감이 떨어지기 시작했다. 파머 박사는 외래 진료 경력이 수십 년이나 된다. 나는 고작해야 종합병원에 3년 있었다. 그런 내가 이런 외래 진료에 대해 뭘 알겠는가? 이런 게 의사들이 외래에서 하던 일일 수 있다. 펜펜이 중년 여성의 체중 증가에 대한 적절한 처방일지도 모른다. 내가 너무 순진할 수도 있다. 만약 환자들이 다들 이런 식으로 처방받아 왔다면, 그걸 그만두게 하려는 나는 도대체 뭐지? 진료가 필요한 환자들을 도중에 포기해 버리는 짓은 아닐까? 하지만 그런 생각을 스스로 수긍할 수 없었다. 결국 나는 이렇게 말했다.

"파머 박사님과 다시 약속을 잡고 이야기하시는 게 최선일 것 같네요."

그녀가 맞받아쳤다.

"이번 주에는 그 분이 안 오시잖아요. 비서 분도 파머 박사가 돌아오는 주에는 약속이 이미 꽉 차 있다고 했어요."

갑자기 기압계 숫자가 솟구치는 것 같은 압박감을 느꼈다. 이 환자는 절대로 꺾일 사람이 아니다. 아, 정말, 그렇다고 내가 꺾일 수는 없다. 새로 온 의사라고 이 사람이 강압적으로 몰아붙이는 것일 수도 있어….

시계를 흘끗 보면서 대기실에 환자들이 꽉 차 있다는 사실을 생각했다. 이 문제로 오전 시간을 다 쓰고 싶지도 않았다. 할 일이 너무 많았다. 그냥 처방전을 주고 끝낼 수도 있었다. 사실 알약 30개가 끼치는 악영향이라고 해봐야 그게 얼마나 되겠어? 다시 이 사람을 볼 일도 없을 텐데.

길게 보면 큰 문제도 아닐 거야. 그러나 만약 그렇게 했다가는 내가 이 환자에게 조종당한 셈이 될 것 같았다. 그 생각만으로도 열이 확 올랐다.

"죄송합니다만."

다시 말을 꺼냈다. 내 목소리도 그녀 목소리만큼이나 퉁명스러웠다.

"전문가로서 제 입장을 말씀드리자면 환자분 상태는 펜펜을 쓸 상황이 아닙니다. 의학적으로 적응증이 아닙니다."

랜던 씨는 입을 다물고 뻣뻣하게 선 채로 나를 한참동안 쳐다보았다. 그런 뒤에 핸드백을 홱 낚아채더니 말 한마디, 눈길 한 번 주지 않고 밖으로 나가버렸다. 나는 부르르 떨었다. 그런 한편으로 내가 그녀의 압박을 물리쳤다는 점, 내 소신대로 했다는 점이 자랑스럽기도 했다.

여름이 서서히 지나갔고, 펜펜이 판막성 심장 질환을 일으킬 수 있다는 논문이 〈뉴잉글랜드 의학저널〉에 실렸다. 그리고 얼마 지나지 않아 약이 시장에서 완전히 철수되었다. 나는 내가 했던 말이 확인되었다는 사실에 기분이 우쭐했다. '내가 그랬잖아요.' 나는 랜던 씨에게 그렇게 말하는 상상을 했다.

그러나 몇 년이 지나고 나서 이 에피소드를 다시 돌아보았을 때, 랜던 씨에게 조종당하고 있다는 생각 때문에 둘 사이의 소통이 어려웠다는 생각이 들었다. 위협받고 있다는 생각 때문에 랜던 씨의 상황에 대한 감정이입이 힘들었다. 의사로서의 자신감도 부족했고, 약에 대한 개인적 편견도 있어서 그녀를 이해하려고 노력하지 못했다. 어쩌면 그녀에게 섭식장애가 있었을지도 모른다. 그리고 그 때문에 자기 체중에 대한 인식이 바뀌었을 수도 있다. 아이를 낳고 몸무게가 조금 늘었다는 사실 말고도 정서적인 문제를 포함한 뭔가 어려운 문제가 있었을 수도 있다.

그러나 당시에는 거기까지 생각하지 못했다. 특히 그녀에게 감정이입을 할 수 없었던 이유는, 내가 화가 나 있었던 것도 있지만, 그녀가 너무 거만해보였기 때문이다. 그녀는 들어와서 자기가 원하는 걸 말하면 다 내놓을 거라고 생각하는 것 같았다. 적어도 당시에는 그녀가 예의 없고 허영심에 가득 차 있는 것처럼 보였다. 내 머릿속에는 벨뷰 병원에는 진짜로 아프고 진료가 필요한 사람으로 가득하다는 생각뿐이었다. 별것 아닌 사소한 문제로 의료시스템을 이기적으로 사용하는 그녀에게, 그리고 이런 상황을 이용하는 제약회사에 환멸이 느껴졌다.

그렇지만 이 모든 것이 다 진실이 아닐 수도 있다. 겉으로 보이는 모습 뒤에 심각한 문제가 도사리고 있었을 수도 있다. 그래서 그것에 주목해야 했었는지도 모른다. 우울증, 자살경향, 가정폭력, 신경성 폭식증, 약물 중독, 알코올 중독이 있었을 수도 있다. 체중감소용 알약의 요구 뒤에 이 모든 심각한 문제, 잠재적으로는 치명적인 문제들 중 무언가가 도사리고 있었을 수 있다. 해변에 호화로운 집을 소유한 사람도 아플 수 있다. 사람을 짜증나게 하고, 이기적이고, 끝없이 요구를 해대는 사람도 치료가 필요할 수 있다. 그러나 나는 그날 환자에게 공감하지 못했다. 둘 사이에 불붙은 감정문제 때문이었다. 표면 아래까지 깊이 들여다봐야 했는데 그러지 못했다.

나를 위로할 수 있는 건 펜펜의 부작용으로부터 그녀를 보호했다는 생각 하나 뿐이다. 몇 년 후에 알게 된 사실 때문에 파머 박사로부터도 그녀를 구했다는 생각을 했다. 음주운전DWI, driving while intoxicated 판결로 알코올 중독 문제가 드러났고, 그의 병원이 조사를 받아야 했다. 결국 파머 박사의 면허가 정지되었다. '수용 가능한 표준 진료 요건을 충족하지 못했다'는 것이 그 이유였다.

일반적으로 공감은 누군가와 자신을 동일시할수록 쉬워진다. 상대방의 상황에 처한 자신을 상상할 수 있어야 그 고통이 어떤지 알 수 있기 때문이다. 따라서 의사와 환자 사이의 간격이 클수록 공감도 어려워진다.

의사들은 환자들에 비해 출신 계층의 폭이 좁은 편이다. 예전에 비하면 의과대학 정원을 선발할 때 다양성을 중요하게 생각하고 있는 것 같기는 하다. 그럼에도 불구하고 대다수 의사들은 부유하고 건강한 중산층 출신이다. 질병과 장애, 재정적인 불안이나 실직, 사회적 편견에 대한 경험이 환자들보다 훨씬 적다. 그러나 환자들은 의사들과 상황이 많이 다를 수밖에 없다. 이 때문에 의사가 환자를 자신과 동일시하는 데 어려움을 겪는 경우가 많다.

문화나 언어적인 차이도 공감을 어렵게 만드는 장벽이 되곤 한다. 내가 진찰하는 아시아계 환자들 중 다수는 통증을 받아들이기를 주저하고 심한 질병도 버티고 참는다. 그렇기 때문에 의사들 편에서는 이 환자들의 고통을 바라보기보다 다른 사람들에게 관심을 더 쏟는 경우가 많다. 아시아계 환자들의 반대쪽 극단에는 히스패닉계 환자들이 있다. 이들은 자

의사의 감정

기 증상을 큰 목소리로 과장해서 이야기하는 것으로 유명하다. (병원에서 쓰는 은어로 '히스패닉 히스테리'라는 말도 있다.) 이 환자들은 불평하기를 그만두지 않는다. 그러면 의사들은 듣기 자체를 그만두게 된다.

두 시나리오 모두 일종의 고정관념으로 볼 수 있고, 개개인의 다양한 반응을 파악하지 못하고 있다는 점도 사실이다. 그러나 어쨌든 표현 방법 때문에 환자의 고통과 의사가 연결되지 못하는 대표적인 사례인 건 맞다. 수년 동안 나에게 진료를 받고 있는 환자가 있다. 마리시마 알바레즈Marissima Alvarez라는 62세의 에콰도르 출신 여성이다. 다행히 그녀에게는 당뇨나 고혈압, 심장질환과 같이 그 연령대의 다른 환자들이 겪는 문제가 없다. 그럼에도 불구하고 빈번하게 나를 찾아온다. 관절염과 만성 통증 증후군을 다 가지고 있는 것처럼 보인다. 나는 이 환자를 존중하고, 그녀가 겪는 증상을 모두 진지하게 받아들이려고 한다. 물론 마음 속으로는 그녀의 건강이 전반적으로 안정적이라는 확신도 있다. 적어도 지난 10년간 지켜봐온 바로는 그렇다. 문제는 모든 증상을 '최악'이라고 표현하는 그녀의 말 속에 있다.

스페인어에는 최상급 표현을 만드는 접미사가 있는데, 알바레즈 씨는 늘 그 표현을 이용한다. 복통이 있으면 '안 좋다malo'가 아니라 '최고로 안 좋다malisimo'고 말하고, 두통이 있으면 '많이grande 아프다'가 아니라 '최고로 많이grandote 아프다'고 말한다. 위장이 타는 듯이 아프면, 그 느낌을 '뜨겁다caliente'가 아니라 '최고로 뜨겁다calientisima'라고 표현한다. '기력이 약하다debil'라는 표현도 '최고로 기운이 없다debilisima'라고 말하곤 한다.

담당 의사로서 내가 할 일은 그녀가 호소하는 증상 하나하나를 찬찬히

검사하는 일이다. 혹시 그 증상 중 하나라도 진짜 심각한 병증이거나 생명에 지장을 주는 것일 수 있기 때문이다. 그러나 증상을 1에서 10까지의 척도로 말해보라고 했을 때, 모든 증상이 늘 10이라고 말하는 상황에서는 그렇게 하기가 몹시 어렵다.

전화로 그녀의 목소리를 들으면 내 안에서 신음소리가 멈추지 않는다. '또 시작이군.' 하는 반응이 나오는 것이다. 그녀가 최악이라고 증상을 표현하면 말을 듣지 않고 무시해버리거나, 중얼거리거나, 영혼 없이 고개만 끄덕이곤 한다.

알바레즈 씨는 공감이라는 주제로 볼 때 정말 큰 도전이다. 그녀가 말하는 걸 전부 지워버리고 싶을 때가 한두 번이 아니다. 왜냐하면 그녀의 말처럼 10년 내내 장기가 최악이었다면, 중환자실에 입원해있거나 이미 사망했어야 하기 때문이다. 이런 상황에서 평정심을 지키고 환자와 공감하기는 쉽지 않다. 의사가 환자를 공감하지 못하는 이런 상황이 닥터쇼핑, 그러니까 환자들이 의사를 찾아 이리저리 돌아다니는 가장 큰 이유가 아닐까 싶다.

알바레즈 씨는 자신의 고통을 나에게 각인시키려고 정말 애를 쓴다. 고통을 아주 생생하게 그려내야만 내가 알아들을 거라고 걱정하는 것 같다. 알바레즈 씨에게 '그렇게 하는 게 사실은 기대만큼 효과가 없다'는 사실을 설명해줘야 하지 않을까 싶기도 하다. 그런 식으로 계속 증상을 부풀리고 과장하면 오히려 의사의 믿음을 떨어뜨리고 환자의 상황에 대한 공감을 저해하기 때문이다.

그러나 (환자에게 약간의 책임이 있기는 하지만) 더 많은 책임이 의사에게

의사의 감정

있다고 나는 믿고 있다. 환자와 연관된 여러 요소들, 그것이 문화적인 것이든 인종적인 것이든 개인적인 스타일이든, 환자가 자신의 증상을 표현하는 데 영향을 미치는 모든 요소들에 주목해야 할 책임이 의사에게 있기 때문이다.

인종적인 차이는 의사와 환자 사이에 존재하는 여러 문화적 장벽 중 하나다. 그런데 그보다 더 큰 영향을 끼치는 장벽이 있는데, 이는 질병의 맥락에 관한 것으로, 환자 자신이 질병의 발생에 얼마나 기여했는지에 대한 의사의 인식과 관련되어 있다. 의사들은 알코올 중독 환자와 마약 중독 환자, 심한 과체중 환자를 경멸하는 경우가 많으며, 굳이 마음속에만 담아두지 않는 경우도 종종 있다. 병원에 근무하는 사람들 사이에는 이 환자들을 농담하기 딱 좋은 상대로 생각하는 암묵적인 합의 같은 것이 있다. 이들에 대한 병원의 속어는 혐오와 멸시, 분노를 반영한다. 심한 비만 환자를 '해변에 쓸려온 고래beached whale'라고 부른다거나, 홈리스인 알코올 중독 환자를 '인간 쓰레기shpoz' '더러운 인간dirtbag'이라고 부르는 것이 대표적이다.

의사는 교육체계가 만들어낸 산물이다. 그리고 그 교육체계는 의사가 되려는 사람에게 수년 동안의 자기훈련과 만족지연을 요구한다. 중독이나 비만에 생물학적인 요소가 관여한다는 사실을 알면서도, 의사들은 여전히 무의식적으로 (혹은 의식적으로도 자주) 이런 병증을 순전히 태만과 자기탐닉, 엄살, 무감각에 의한 결과인 것처럼 바라본다. 특히 환자가 자기 자신을 안 좋게 생각할 때는 더더욱 그렇다.

중독 환자는 진료하기가 매우 어렵다. 우울증, 아동 학대, 성적 학대, 사회경제적인 문제, 인격 장애까지 안고 있는 경우가 많기 때문이다. 의료 시스템이 분야 별로 따로 움직여서 중독 문제를 통합적으로 다루기 어렵다는 점도 진료를 어렵게 만든다.

의사나 치료사, 프로그램, 그리고 환자 자신이 문제를 줄여놓아도 대항력으로 작동하는 다른 요소들 때문에 이전 상태로 금세 돌아가는 일이 빈번하다. 그 때문에 수련의들은 중독 환자에 대해 금세 허무주의적인 태도를 갖게 되고 진료할 때도 노력을 덜 들인다.

벨뷰 병원에서 내가 담당했던 수련의나 학생들은 알코올 금단 증상을 보이는 환자를 너무나 많이 보기 때문인지, 환자들 각각의 개별적인 특성을 무시하는 경우가 많다. 입원 사유가 알코올 금단 증상인 경우, 우리 팀의 전형적인 진료는 병력을 체크하고, 떨리는 증상이 가라앉을 때까지 벤조디아제핀을 투약하는 것이다. 그런 다음 똑바로 걸을 수 있게 되었을 때 퇴원시키면 그만이다. 약물중독자 재활센터에 의뢰하기도 하지만, 그래봐야 성의 없이 그냥 할 뿐이다. 이 과정에 환자와의 충분한 공감은 없다.

다른 일에서는 양심적이고 감정이입을 잘하는 젊은 의사들인데, 그들이 이런 식으로 행동하는 데에는 그만한 이유가 있고, 알기도 어렵지 않다. 알코올 금단 증상 환자들은 성질이 사납고 무례한 경우가 많다. 지독한 냄새를 풍기는 데다 힘도 많이 든다. 이 환자들은 병원에서 나가자마

의사의 감정

자 술을 마시고 2주 뒤에 다시 입원한다. 그 중 상당수는 재활센터 이곳 저곳을 돌아다닌 기록을 자랑스럽게 내놓는데, 모든 노력이 결국 허사로 돌아갔음을 보여주는 증거일 뿐이다. 대다수 알코올 금단 증상 환자들은 옥시코돈과 발륨를 능숙하게 다룬다. 많은 환자들이 공적부조와 장애보조를 얻어내는 데 성공하지만, 그 돈으로 술 마시고 약을 하는 일 이외에는 딱히 하는 게 없어 보인다. 상황이 이렇다보니 인생을 스스로 노력하며 일궈온 의사들 눈에는 어딘가에 기대어 자기 이익을 챙기는 모습이 분하고 혐오스럽게 느껴지기 십상이다.

몇 해 전에 내가 담당했던 존 카렐로 씨도 비슷한 환자였다. 우리 팀의 레지던트가 새로 입원한 그에 대해 비꼬는 투로 보고했다. "카를로 씨는 이번이 쉰일곱 번째 입원입니다." 그가 그 동안 입원했던 모든 사유는 아편제 과다 사용 아니면 금단 증상이었다. 아편제는 헤로인이나 옥시코돈이었고, 당시 입원한 이유는 과다 사용 때문이었다. 공식적인 치료계획은 재워서 약물 효과를 떨치는 것이다. 두툼한 차트를 훑어보았더니 레지던트들이 지난 번 의무기록에 적힌 내용을 그대로 카피해둔 것이었다. 그렇다고 그들을 비난하기도 어려웠다. 그때나 지금이나 달라진 게 없었기 때문이다.

매일 교육 회진을 할 때마다 심층 리뷰 대상 환자를 선정하는데, 주로 특이한 사례나 관심을 끄는 사례나 가장 중태인 환자를 선정한다. 그런데 그날따라 왠지 도전해보고 싶은 마음이 들어서 카렐로 씨에 대해 살펴보자고 제안했다. 어찌 보면 가장 지루할 수도 있는 선택이었지만, 한편으로 도전해보고 싶은 생각도 들었다. 담당 교수로서 가장 일상적인 사례에서 티칭 포인트를 찾아보려는 의도였다.

나는 네 팀을 인솔해서 카렐로 씨 병실로 갔다. 크게 후회할 잘못을 저지르는 건 아닌가 싶기도 했다. 계속 불평을 늘어놓고, 무슨 뜻인지 모를 말을 횡설수설하고, 질문에 정확히 답할 생각도 능력도 없는 환자의 모습이 떠올랐다. 팀원들의 모습도 떠올랐다. 어색해하면서 발을 이리저리 움직일 테고, 고약한 냄새에 얼굴을 찡그릴 테고, 다른 할 일이 뭔지 수첩을 계속 들여다볼 테고, 커피를 가져올 걸 그랬다고 생각하면서 언제쯤 이 고문에서 풀려날지 시계만 쳐다볼 게 뻔했다. 그러면서 로테이션 끝나고 나면 내가 비판적인 코멘트를 할 거라고 걱정하고 있을 것 같았다.

카렐로 씨는 49세의 백인 남성이었다. 생각대로 부스스하고 면도도 하지 않은 얼굴에 무표정한 눈길, 산전수전 다 겪은 그런 모습을 하고 있었다. 피부는 창백하고 핼쑥해서 낡은 도자기처럼 보였다. 나는 의자를 최대한 많이 끌어와서 우리가 그의 침대 위에서 이리저리 맴돌지 않을 작정이었는데, 의자가 별로 없었다. 그래서 결국 의대생들은 뒤쪽 벽에 기대고 서 있게 되었다.

인터뷰를 시작할 때는 별로 잘 될 것 같지 않았다. 내가 질문하면 카렐로 씨는 대부분 한 단어로 대답하거나 재미없다는 소리만 계속했다. 기본적인 자기 데이터는 알고 있었다. 재활센터에서 얼마동안 있었는지, 헤로인 중독치료제인 메타돈은 얼마나 복용해야 했는지, 감옥에서는 얼마나 복역했는지를 이야기했다. 그런데 그런 데이터를 다 모아보니 뭔가 절망적이고 음산한 광경을 그려내는 것 같았다. 나는 카렐로 씨에게 시선을 똑바로 하고 있었는데 카렐로 씨는 나를 보기는커녕 천장 쪽을 쳐다봤다. 그때 나는 내가 데리고 온 학생들이 초점을 잃고 동요하고 있음을 감지했다. 그러니까 그 때 나는 환자와 연결된 것도 아니었고, 그렇다고 교육을 제대로 하고 있는 것도 아니었다. 그 상황은 뭔가 중독의 깊은 늪과 같았다. 환자에게도 의료진에게도 끝이 보이지 않는 그런 늪 말이다. 계속 최선을 다해 질문했고 목소리도 걱정 어린 톤을 유지했지만, 나를 둘러싼 허무주의의 농도는 짙어져만 갔다.

그때 갑자기 질문 하나가 떠올랐다. 전에는 한 번도 해 본 적 없는 질문이었다.

"그런데 말이죠, 카렐로 씨. 내가 알기로 아주 오랫동안 약을 해왔다고 알고 있는데요. 정확히 언제쯤 자신이 중독되었다고 느꼈는지 말해 줄 수 있나요?"

카렐로 씨가 팔꿈치로 몸을 받쳐 일으켜 세우더니, 자기 침대 옆에 사람이 있다는 사실을 이제야 알아차렸다는 듯이 나를 쳐다봤다. 그가 눈을 가늘게 뜨고 표정을 찡그리더니 이마에 있던 그림자를 창백한 볼까지 주욱 늘어뜨렸다. 비스듬한 자세로 하얀 가운을 입은 채 자기 침대를 둘러싸고 있는 의사들을 훑어보았다. 그러자 학생들은 이리저리 움직이던 발을 가만히 했다.

"언제 중독되었냐고요?"

그가 나에게 초점을 맞추며 물었다. 그리고 마치 질문의 무게를 이리저리 재 보기라도 하듯이 턱을 좌우로 흔들었다.

"그래요."

내가 답했다. 이런 질문이 뭔가 어색하다는 사실에 나조차도 놀라고 있었다.

"우리 의사들은 대부분 이미 병이 자리를 잡은 다음에나 진찰을 하잖아요. 아니면 건강한 상태에서 검진할 때 보거나 말이죠. 그런데 정확히 환자로 전환되는 시점에는 좀처럼 옆에 있지를 않아요. 그러니까, 카렐로 씨, 우리를 거기로 데려다 주시겠어요? 당신이 중독되던 바로 그 순간으로 말이에요."

난 사실 이게 제대로 된 질문인지도 확신이 없었다. 중독되고 나서 흘러간 세월도 길고, 그 사이에 크고 작은 우여곡절도 많았을 테고, 약물 때문에 기억이 혼란스럽기도 할 테고, 또 의식을 잃었다면 기억 자체가 나지 않을 수도 있었다. 그렇지만 일단 나는 그 질문을 공중에 띄운 채로 놔두었고, 그는 조용히 생각에 잠겨 질문을 곱씹었다.

그가 몸을 조금 일으켜 세우더니 입술을 꽉 물었다가 다시 힘을 뺐다. 턱의 흔들림이 줄어들더니 이내 말을 시작했다.

"그래요. 정확히 어떤 순간이 있긴 있었어요."

목소리가 가늘어지다가 다시 말을 하면서 초점을 찾아갔다.

"4월 초였어요. 내가 그걸 아는 게, 시내 여기저기 나무들마다 하얗게 꽃이 만발했거든요. 2주 동안 눈처럼 하얗게 꽃이 피었어요. 그러다가 다시 보통의 모습으로 돌아왔지만요. 어쨌든 4월 초가 맞아요. 헨리 허드슨 파크웨이를 따라 북쪽으로 달리고 있었어요. 건설 현장에서 만난 친구한테 산 중고 닛산 차를 타고 말이죠. 목적지는 용커스Yonkers였어요. 동생이 조카 생일에 바비큐 파티를 한다고 나를 초대했거든요. 길 양쪽에는 나무들이 눈처럼 꽃을 피우고 있었죠. 마치 메이시 백화점에 장식한 크리스마

스트리 같았어요."

그리고는 잠시 말을 멈추었다. 회상에 잠기는 것 같기도 하고, 이야기 순서를 시기 순으로 곰곰 생각하는 것 같기도 했다.

"그런데 바로 그 때, 약이 딱 필요해진 겁니다. 마치 파도가 밀려오듯이 욕구가 치밀었어요. 당장 필요했어요. 그런데 더 중요한 건, 내가 너무도 약을 원한다는 사실 그 자체였어요. 다른 무엇보다 그걸 원했어요. 그땐 정말이지, 내 동생을 보는 것보다, 내 어린 조카를 보는 것보다도 약이 더 간절했어요. 그 순간에는 이 세상에서 나를 위한 유일한 것이었어요."

카렐로 씨가 잠시 말을 쉬었고 이내 턱이 다시 좌우로 흔들렸다. 난 그게 근육의 틱 장애 때문인 것 같다고 생각했다. 아니면 마약의 부작용이거나, 그가 수년 동안 받아온 숱한 정신과 약물의 부작용일 수도 있겠다 싶었다.

"기억이 나요." 그가 말을 이었다.

"웨스트 158번가에서 차를 돌렸어요. 남쪽으로 방향을 튼 순간 내가 중독되었다는 걸 알았어요. 뭐랄까 자석 같은 힘이 나를 마약상이 있는 거지소굴 같은 곳으로 끌고 가는 걸 느꼈어요. 그렇지만 그리로 가야만 했어요. 딱 그랬어요."

그는 이제 안절부절 못하던 턱을 가만히 해보려고 애썼다.

"마치 신이 손길을 내민 것 같았어요. 신이 내 차에 손을 대더니 휙 다른 방향으로 튕겨낸 것 같았어요. 그 뒤로는 다시 돌아올 수 없었어요. 덩치 큰 녀석이 나를 다운타운 쪽으로 돌아서게 만들어버렸거든요. 그 뒤로는 영영 그 길로 가버렸죠."

말이 끝나자, 방안이 쥐죽은 듯 조용했다. 인턴과 의대생들은 제자리에서 꼼짝도 하지 않았다. 나 역시 그가 구체적으로 기억해내는 내용에 사로잡혔다. 그가 손에 잡힐 듯 들려주는 광경이 눈앞에 떠올랐다. 나는 상상했다. 방 안에 있던 우리 모두가 그 차 속에 앉아서 차를 돌리게 만든 신비스럽고 물리칠 수 없는 힘을, 그리고 통제력을 완전히 상실한 느낌을 떠올리고 있을 거라는 상상을.

　　면담을 끝내고 우리는 줄지어 병실을 빠져나왔다. 그리고 복도 끝에서 다시 모였다. 팀원들 사이에 뭔가 변화가 감지되었다. 우리는 말로는 표현할 수 없는 통찰을 얻었다. 아주 미미한 것이긴 하지만, 카렐로 씨의 인생이 어떠했는지에 대해 말이다. 그야말로 진정한 공감의 발현이었다. 그가 겪은 상황을 경험한 뒤로는 그를 이전과 다르게 보게 되었다. 그 후로 그에 대해 논의할 때도 더 이상 폄훼하는 발언은 하지 않았다. 팀 멤버들이 그의 병실에 들러서 이야기를 나누는 일도 많아졌다. 그러자 카렐로 씨도 좀 더 협조적인 환자가 되었고 이전보다 유쾌해졌다. 이렇게 생겨난 공감이 하루아침에 카렐로 씨의 중독을 치료할 리는 만무하다. 그렇지만 그의 병이 더 이상 악화되지 않고 점점 차도가 있으리라고 생각하기도 어렵지 않았다.

줄리아 이야기 - 1

줄리아의 스탈링 곡선이 곤두박질 친 날을 또렷이 기억한다. 월요일 아침이었다. 나뭇잎이 바스락거리는 가을이었고, 뉴욕은 풍요로움으로 가득했다. 병원 앞 정원은 금빛과 주홍빛으로 물들어 있었다. 솨 하며 나무를 스치는 바람 소리에 마음을 빼앗겼고, 쇠 담장 너머 뉴욕 1번가의 교통체증은 전혀 느낄 수 없었다. 알록달록 변해가는 청명한 가을, 마치 뉴잉글랜드에 온 것 같은 평안한 날이었다.

의사, 간호사, 의료기사, 환자, 사무직원들이 하루를 시작하기 위해 밀물처럼 병원으로 들어왔다. 그들 중 몇몇은 정원의 마법에 걸려들었다. 정원은 맨해튼이라는 콘크리트 뼈대에 박힌 보석 같은 장소였다.

월요일 아침 스탭 미팅에 늦은 이유도 순전히 정원 때문이었다. 나는 죄 없는 정원을 탓하며 컨퍼런스룸 근처 진료대기실 앞을 뛰어가고 있었다. 그때 텅 빈 대기실에 혼자 앉아 있는 줄리아가 눈에 들어왔다. 나는 미끄러지듯 걸음을 멈췄다. 그 작은 몸이 의자에 푹 꺼져 있었고, 숨결은 이상하리만치 거칠고 또 아주 느렸다.

그녀의 피부는 창백하고 누르스름했다. 도무지 기력이라고는 찾아볼 수 없었다. 줄리아는 10년 동안 내 환자였고, 그 세월 동안 그녀의 스탈링 곡선은 무너지지 않았다. 숱한 투약, 그녀를 거쳐 간 심장내과 의사들, 무엇보다 그녀의 끈질긴 힘이 있었기에 그 시간을 버틸 수 있었다. 스탈링 곡선은 심장생리학의 신조 같은 것으로 의대생들에게는 무척 익숙한 그래프다. 심장은 심실로 들어오는 혈류가 증가하면 팽팽해진다. 팽팽해진 심장은 더 강력하게 수축한다. 그래야 심장으로 들어오는 혈류와 나가는 혈류의 균형, 아주 중요한 그 평형 상태를 유지할 수 있다.

줄리아의 심장은 유전학적 불운 탓에 날이 갈수록 약해지고 있었다. 심장의 근섬유는 알 수 없는 원인으로 30대 초반부터 늘어지기 시작했다. 그로 인해 폐와 다리 쪽으로 혈액이 과도하게 몰렸고 울혈성 심부전이 왔다. 다른 면에서는 그나마 괜찮았는데, 그 덕분에 간신히 중요 장기로 혈액을 보낼 수 있었다. 그녀의 몸속에 있는 정맥들의 네트워크는 있는 힘껏 심장으로 피가 돌아오게 하고 있었다. 심장의 근섬유는 두터워져서 마치 수축한 이두근처럼 되었다. 그래야만 더 많은 피를 밀어낼 수 있기 때문이다. 좌심실 모양도 원통형보다는 구형에 가깝게 변형되었다. 그렇게라도 해서 좌심실 벽의 스트레스를 줄이려는 것이었다.

줄리아의 병은 수그러들 기미가 없었고, 심장의 근섬유들은 날이 갈수록 상태가 나빠졌다. 무리한 일을 강요당하고 있던 좌심실 벽이 팽팽해지고 얇아지고 있었다. 그런 그녀에게 스탈링 곡선은 마지막 남은 생리적 희망이었다. 그녀의 심장 근섬유들은 마치 고무줄처럼, 강하게 잡아당겼다가 다시 튕겨져서 돌아오기를 반복했다. 날이 갈수록 더 많이 쥐어짜기를 강요받았고, 그러기 위해서는 힘을 더 줘야만 했다. 그런 생리적 반응 덕분에 급성 심부전이나 감염, 그리고 응급 심장마비를 막을 수 있었다. 그러나 그런 반응은 만성적으로 약해진 심장에는 먹혀들지 않는다. 고무줄을 너무 강하게 자주 잡아당기면 탄력을 잃게 되는 것과 같은 이치다. 처음에는 강화되고 두터워지지만 결국에는 무질서하게 섬유화 되어 쓸

의사의 감정

모가 없어진다.

스탈링 곡선의 보상 기제는 이런 식으로 잠시 동안 먹혀들다가 결국 소용이 없어지고 만다. 어느 시점이 되면 모든 울혈성 심부전 환자는 의학계에서 쓰는 표현으로 '스탈링 커브를 떨어뜨려버린다.'

맨해튼이 붉게 물들었던 그날 아침, 그 따스한 기운이 마음 구석의 긍정의 기운을 자극했지만, 줄리아의 스탈링 곡선은 흔들흔들 떨어지려 하고 있었다.

줄리아를 처음 만난 건 8년 전이었다. 그녀는 서른다섯 살의 건강한 여성이었고, 아이들을 부양하기 위해 야간에 건물 화장실 청소를 했다. 이상적인 직업은 아니지만, 과테말라 출신 미등록 이민자가 구할 수 있는 직업 중에는 괜찮은 편이었다. 그녀는 꾸준히 일했고 그러던 어느 날 갑자기 숨이 가빠지더니 수건 한 장 들 수 없을 만큼 약해졌다.

줄리아는 심한 울혈성 심부전으로 벨뷰 병원에 입원했다. 응급실에서 입원수속을 할 때 우리 팀이 옆에 있었기 때문에 내가 있는 병동으로 입원하게 되었다. 울혈성 심부전 증상은 항 이뇨제를 비롯한 약물을 사용하면서 완화되었다. 그러다가 병에 관한 모든 상황을 그녀에게 이야기해야 할 때가 왔다. 우리는 그녀의 울혈성 심부전이 아무런 가역적 원인 없이 발생했다는 사실을 알고 있었다. 그녀의 심장은 부전증으로 일방통행하는 과정을 거치고 있었다. 환자에게 치료가 어려운 진단에 대해 이야기하기는 결코 쉽지 않다. 그럴 때는 늘 감정이 격해진다. 그건 의사와 환자 둘 다 마찬가지다.

줄리아의 경우에는 고통을 느낄 수밖에 없는 요소가 하나 더 있었다. 사실 줄리아의 부전증은 치료할 수 있는 가능성이 있었다. 다른 곳에 문제가 없는 비가역적 울혈성 심부전 환자의 경우, 심장이식이 표준적인 치료법이다. 줄리아가 과테말라로부터 1,500마일 북쪽에서 태어났다면, 우리는 심장을 이식받을 대기자 명단에 그녀의 이름을 등록하는 방법을 의논했을 것이다. 그러나 그 날 아침 우리는 그런 말을 해줄 수 있는 좋은 상황이 아니었다. 우리가 해야 했지만 차마 하지 못한 말은 '지금 상태로는 심장을 이식해야만 치료가 가능한데, 당신이 불법 이민자이기 때문에 대기자 명단에 올릴 수 없다'는 이야기였다.

감정적으로 무척 힘들었다. 합리적인 의사로서의 자아는 그녀에게 분명하게 사실을 전달하라고 했지만, 감정적이고 인간적인 자아는 운명의 무서운 장난에 대해 이야기하지 못하고 있었다. 잠재적인 치료법이 있지만 환자가 그 치료를 받을 수 없고, 그래서 결국 죽게 된다는 이야기를 해야 한다는 사실이 나를 견디기 어렵게 했다.

줄리아에 대한 이야기를 내 책《Medicine in Translation》에 짧게 적은 적이 있다. 그녀의 스탈링 곡선이 곤두박질 쳤을 때였다. 우리는 8년을 가깝게 지내왔다. 그녀의 죽음이 언제 시작될지 모른다는 공포와 두려움이 펜을 들어 종이 위에 뭔가를 적게 했다. 적는 일만으로도 적잖이 고통스런 경험이었다. 그녀가 거쳐 온 롤러코스터 같은 우여곡절을 따라가는 일이었기 때문이다. 그러나 무엇보다 힘들었던 때는 우울하고 무서운 진단에 대해, 그리고 치료가 불가능하다는 사실에 대해 어떻게든 그녀에게 이야기해야 하는 순간이었다. 나는 그 때의 상황을 요약해서 '의사와 감정'이라는 제목으로 〈뉴욕타임스〉 오피니언 란에 기고했다.[1]

우리는 거울을 보는 것처럼 비슷했다. 키와 체격이 비슷하고 나이도 30대 중반이었다. 그리고 집에 아이도 둘 있었다. 만일 우리가 여기가 아닌 다른 세계에 태어났더라면 서로 친구처럼 지냈을 테고 옷도 같이 입었을지 모른다. 그러나 지금 현실 속에서 나는 하얀 가운을 입고 있고, 그녀는 사망 선고를 받은 상태다. 다만 그녀가 그 사실을 모르고 있을 뿐이다.

줄리아가 병원에서 퇴원하던 날 아침이었다. 병상 옆에 쌓인 심장내과 약들을 정리하고 있었다. 그녀가 약병 하나하나에 대해 나에게 물었다. 이 약은 나한테 좀 좋을까요? 이런 질문을 계속 들어야 한다는 게 너무 힘들었다. 어떻게든 자세하게 설명했다. 증상을 통제하거나, 호흡을 좋게 하거나, 체액의 불균형을 최소화 하거나, 심장에 오는 부하를 더 잘 견디게 해준다는 이야기를 했다. 모든 약에 대해 말해 줄 만한 사실을 다 이야기했다. 그러나 도저히 궁극적인 진실은 말할 수 없었다. 그녀의 심장이 비극적인 운명을 암시하고 있다는 것, 그래서 그녀에게 남은 유일한 기회가 심장이식이라는 것, 그러나 그녀가 불법 이민자이기 때문에 심장이식이 거의 불가능하다는 것, 그런 이야기들은 하나도 하지 못했다. 그리고 결국 아이들이 엄마 없이 자라게 될 거라는 이야기도 할 수가 없었다.

줄리아가 자기 병의 예후에 대해 다 알지 못한 채로 병원을 빠져나갈 때까지 나는 의사로서 내 의무를 다 하지 못했다. 나는 잘 알고 있었다. 의사로서 환자인 그녀와 아주 개방적으로, 정직하게, 환자 중심적인 방법으로 의사소통해야 한다는 사실을. 그러나 그렇게 하지 못했다. 나는 나 자신을 가다듬고 이 젊은 여성에게 곧 죽게 되리라는 사실을 말했어야 했다. 그러나 그렇게 하지 못했다.

아마도 환자와 나 자신을 지나치게 동일시했을 수도 있고, 내 감정을 그녀보다 우선시 했을 수도 있다. 아니면 내가 완전히 겁쟁이였을 수도 있다. 사실 이 모두가 내가 말을 하지 못한 이유였을 것이다. 이런 진실 때문에 힘들어하고 있는 의사는 나뿐만이 아니었다. 그녀를 진료하는 모든 의료진, 즉 인턴과 레지던트, 심장내과 펠로우, 심장내과 전문의, 이 모든 사람들이 의사 전문 직업성 헌장Charter on Medical Professionalism에 명시된 기준에 미치지 못하고 있었다. (그 헌장에는 환자와의 정직한 의사소통이 절대적으로 중요한 윤리 원칙이라고 되어 있다.) 우리 안에는 젊은 사람, 나이 든 사람, 남자, 여자, 감정적인 사람, 엄포를 놓는 사람도 있었지만, 그 중 어느 누구도 그녀를 마주 보고 해야 할 말을 제대로 하지 못했다.

이런 내용으로 에세이를 기고하자마자 피드백이 쏟아졌다. 많은 사람들이 나를 맹비난한 이유는, 그날 줄리아에게 모든 사실을 알려주지 않은 일 때문이었다. 모든 피드백에서 반복적으로 등장하는 내용은, 그녀가 자기 질병에 대해 직접 듣고 앞으로 남은 시간을 잘 써야 하는데, 그럴 수 있는 시간을 그녀에게서 빼앗았다는 지적이었다. 물론 정확한 비판이다. 그녀에게 닥칠 고난의 상황을 낱낱이 전달하지 않은 것은 내 잘못이다.

그렇다. 나는 그녀에게서 시간을 빼앗았다. 이 순간에 대해 글로 옮기는 이유는 나의 부족함을 모조리 자백하고 잘못을 인정하기 위해서다. 그러나 그것만은 아니다. 감정이 의사들의 진료 방식에 얼마나 강하게 영향을 미치는지 이야기하고 싶었고, 또 그것이 환자들에게 어떤 영향을 미치는지도 이야기하고 싶었다. 사실 내가 위로받았던 사실 한 가지는 나 말고 우리 팀에 있는 다른 모든 의사들도 감정적인 어려움 때문에 옴짝달싹 하지 못했다는 점이다. 이런 반응이 보편적이라는 관찰, 그것 역시 이 책을 쓰는 동기의 일부분이다. 우리 중 어느 누구도 감정적인 어려움을 피해갈 수 없었다.

줄리아가 자신에 관한 진실을 알게 된 것은 퇴원 후 처음으로 외래 방문을 했을 때였다. 예상했던 대로 그 순간은 정말 힘들었다. 어떻게든 그 문제를 말해보려고 애썼다. 목이 메어 말이 나오지 않고 눈물이 그렁그렁한 건 의사였다. 오히려 줄리아가 더 잘 인내하고 있었다. 그녀는 천천히, 아주 천천히 고개를 끄덕이면서 하나하나 귀담아 들었다. 그 고요함이 마치 모든 사람의 상처를 쓰다듬는 것처럼 느껴졌다. 모든 게 다 화창하고 낙관적인 것은 아니었지만, 그래도 이제 현실감이 들면서 계획이라는 것을 세워볼 수 있게 되었다.

무엇 때문에 이 이야기를 하기까지 이렇게 오래 걸렸을까? 의사들이 먼저 진단에 대해 자신을 가다듬으려고 해서였을까? 이기적으로 들릴지 모르지만 그런 면도 없지 않다. 한편으로는 무의식적으로 줄리아에게 숨 쉴 틈을 주려고 했던 것도 같다. 그러나 그 역시 우리의 기분이나 챙기려는 합리화에 지나지 않을지 모른다. 진실은 달라지지 않는다. 우리가 그녀에게 모든 사실을 이야기하지 않았다는 것, 정직하지 못했다는 것 그리고 우리가 제 때에 그렇게 했어야 했다는 진실은 말이다.

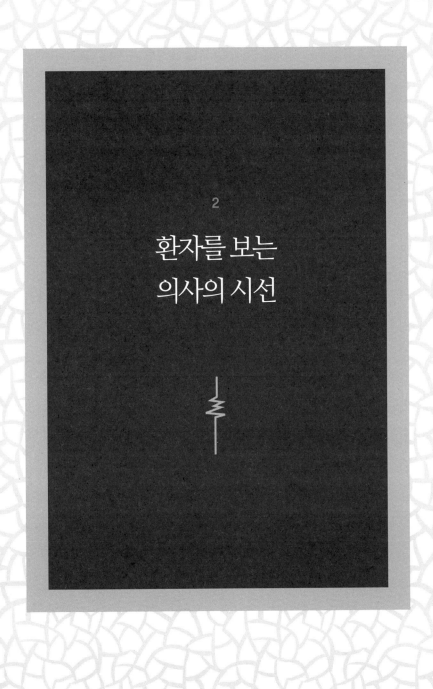

2

환자를 보는
의사의 시선

의료에서 공감이 중요하다는 사실에는 의문의 여지가 없다. 그러나 공감(혹은 공감의 결핍)이 타고 나는 것인지, 아니면 인생을 살면서 배우는 것인지에 대해서는 논란이 있다. 물론 두 가지 모두 영향을 끼치겠지만, 어느 쪽이 더 많이 기여하는지는 알기 어렵다. 이탈리아의 연구자들이 공감에 대해 흥미로운 실험을 한 적이 있다. 이 실험에서는 주사기에 손이 찔리는 영상을 활용했다.[1]

연구자들은 주사기에 찔리는 영상에 나타난 손의 부위와 그 부위에 해당하는 피험자의 뇌 부위 신경의 변화를 살펴봄으로써 생물학적인 공감 반응에 대해 알 수 있다는 가설을 세웠다. 그러니까 엄지와 검지 사이에 있는 살집에 주사기가 들어가는 모습을 보면 자기 손의 같은 부위에 통증을 느끼거나, 적어도 해당 부분을 통제하는 뇌 부위에서 통증을 느낄 거라는 가설이다. (영상에 나온 손을 면봉으로 문지르면 관찰한 사람의 신경 활성에 아무런 변화가 없고, 통증이 있어야만 활성이 생긴다.) 이를 통해 타인의 입장이 되어 신경학적 반응을 보이는지 알아보는 실험이었다.

실험 전 설문에서는 모든 피험자들이 높은 공감 점수를 보였고, 인종에 따른 차이도 없었다. 그런데 비디오 실험 결과는 조금 달랐다. 백인 피험자는 백인의 손에 주사기가 들어가는 모습을 볼 때만 반응을 나타냈다. 흑인 피험자는 흑인의 손에 바늘이 찔리는 모습을 볼 때만 반응했다. 피험자들은 공감 능력이 높고 인종차별주의자도 아니라고 인식하고 있었지만, 그들의 뇌는 본능적으로 인식을 배반하고 있었다. 그들은 자기와 비슷한 피부색의 손에 바늘에 찔릴 때만 통증을 느끼는 것처럼 보였다.

연구자들은 특이한 실험을 추가했다. 피험자들에게 보라색으로 물들인 손에 바늘이 찔리는 영상을 보여준 것이다. 흑인 피험자의 손이나 백인피험자의 손과는 다른 피부색이었다. 보라색 손이 주사기에 찔리는 모습을 보여주자, 백인과 흑인 양쪽 다 반응을 보였다.

실험을 통해 알 수 있는 사실이 있다. 피부색과 상관없이 타인을 공감하는 능력을 타고 나지만, 성장해가면서 특정 유형의 사람에게는 공감하지 말라고 무의식적으로 배우는 것 같다는 사실이다.

공감이 천성적인가 아니면 학습된 것인가에 관한 논란에 충격을 던지

의사의 감정

는 조사결과가 있다. 의대생들이 수련을 받는 과정에서 공감 능력을 점점 상실하는 것으로 보인다는 일관되고도 실망스러운 결과가 그것이다.[2] 의학교육 체계 안의 무언가가 입학 첫날에는 갖고 있었을 공감능력을 없애 버리는 역할을 하는 게 아닌가 싶은 생각이 들 정도다.

이 연구는 공감 능력을 가장 많이 잃어버리는 때를 의대 본과 3학년 시기로 보고 있는 것 같다. 만약 이게 사실이라면 상당히 낙심할 수밖에 없는 결과인데, 왜냐하면 의대 3학년은 환자를 실제로 진료하며 배우기 시작하는 시기이기 때문이다. 대부분의 학생들은 3학년이 되는 날을 손꼽아 기다린다. 2년이라는 긴 시간 동안 강의실에서만 공부하다가, 비로소 병원에서 환자를 진료해볼 수 있기 때문이다. 환자 진료에 첫발을 내딛는 이 시간은 학생들이 의대에 입학했을 때 품었던 이상이 열매를 맺는 시기라고도 할 수 있다. 막대한 분량의 난해한 사실들을 외우면서 시험받았던 바로 그 이상 말이다.

그러나 현실에서는 반대의 일이 일어나는 것 같다. 환자를 실제로 접촉하는 중요한 임상 경험 후에 의대생들의 공감 능력이 바닥나버리는 것으로 보인다. 그들이 품고 있던 의료 전문직의 이상이 임상의학의 실제 세계로 첫발을 내딛자마자 사라져버리는 것이다. 이렇게 사기가 꺾인 상태로 수련의 과정으로 보내지고, 거기서 임상 의사가 되는 데 가장 크게 영향을 끼치는 경험을 축적하게 된다.

의대생들이 임상교육을 받는 동안에 공감 능력을 상실하는 이유가 뭘까? 여러 가지 이유가 있겠지만, 병원이라는 실제 세계에서 경험하는 무질서와 피로가 크게 작용하는 것으로 보인다. 질서정연하게 계획대로 진행되는 교실에서의 2년을 겪자마자 무질서하고 바쁘고 피곤한 상황이 그들을 기다린다. 학생들의 세계는 정해진 스케줄과 분명한 커리큘럼, 때를 맞추어 어김없이 치러지는 시험으로 구성되어 있다. 지식에 대한 요구가 엄청나지만, 적어도 그 때는 깨어 있는 모든 순간에 무엇을 해야 하는지 알 수 있다.

수요일, 오전 8:30~10시, 병리학 수업 :
주제 – 위궤양질환, 203호 강의실, 오브레인 교수, 〈Robbins' Pathological Basis of Disease〉, 237~254쪽, 시험일자 12월 15일.

체계적으로 짜여진 강의, 실험실, 교실, 시험, 교수진. 이 모든 것들은 의대생들을 중심으로 이루어진 태양계와도 같다. 이 모든 것들이 그들을 위해 존재하며, 그들을 교육하는 것이 이 체계의 존재 이유다. 그러나 학생들이 정작 병동에 들어왔을 때는 정리된 테이블이 완전히 뒤집어지고 뒤죽박죽된다. 병원 세계는 의대 강의실과 전혀 다르다. 신출내기 학생들에게는 그야말로 무질서한 세계다. 이러한 무질서의 상당 부분은 의학의 본질상 어쩔 수 없다. 인간이라는 존재와 인간이 걸리는 질병은 스케줄이나 흐름을 따르지도 않고, 교과서대로 발생하지도 않기 때문이다.

항암제를 주입하는 프로토콜은 CT 스캐너의 사용 여부에 따라 상충하지만, 기관지경 검사는 반드시 CT스캔을 한 이후에만 가능하다. 그러나 호흡기내과 전문의가 응급실로 불려나가면 기관지경 검사 스케줄도 다시 잡아야 한다. 바라디 씨의 열이 치솟으면 항암제 투약도 취소되고, 옆에 있는 환자가 특이한 발진 증상을 보이면 이 환자를 격리실로 옮겨야 한다. 마침 그 때 응급실에 온 새 환자가 다섯 명이나 되고, 이들이 동시에 병실로 들어가는 상황이라면, 격리실 병상도 사라지고 격리 계획도 잠시 유보된다. 랭글리 씨의 가족이 이곳에서 의사와 이야기할 필요가 있는 상황인데, 그날따라 15번 서쪽 병동에 인력이 부족하다면 두 명의 간호사가 그곳으로 황급히 달려가야 한다. 또 서류가 제대로 준비되지 않아서 고령자용 휠체어를 사용하기 어려워지면 겜버슨 씨의 퇴원이 하루 더 지연된다. 바로 그 순간, 17번 북쪽 병동에서 코드가 발생하면 이 모든 프로세스가 일시에 정지된다!

병원은 언제 발생할지 모르는 질병이라는 리듬 위에 모든 요소들이 복잡하게 배열되어 끊임없이 움직이는 공간이다. 경험이 많은 의사와 간호사는 이 끝없는 난리법석을 감당해내는 데 익숙해져 있다. 그러나 새로 임상에 투입된 의대생들은 학교의 질서정연한 스케줄에 익숙해져 있기 때문에 금세 진이 빠져버린다. 병동에서 의대생들은 누가 봐도 눈에 띈다. 가운이 짧은 탓도 있지만, 의료 활동이 숨 가쁘게 돌아가는 모습을 멍한 표정으로 바라보고 있기 때문이다. 그들은 병동 구석에 어색하게 선 채로 사람들, 들것, 응급상황, 병원의 언어, 급하게 바뀌는 임상 상황을 멍하니 바라본다.

불편한 상황에 놓인 의대생들은 자신이 이곳에서 딱히 쓸모없는 존재라는 사실을 금세 알아차린다. 그들에게는 의사, 간호사, 약사, 채혈사, 호흡치료사, 방사선 기사, 원무직원, 보조직원, 영양사, 병실관리자, 전기기사들 같은 명확한 직무 기술이 없기 때문이다. 의대생들은 그저 배우기 위해 그곳에 서 있다. 모든 요소가 자신을 중심으로 돌아가던 교실에서, 전혀 그렇지 않은 곳으로 자리를 옮긴 그들은 극도로 불편한 상태가 되고 만다.

그들이 의료인이 되려는 이유가 남을 돕기 위해서가 아닌가? 의대생들은 누구나 병동에서 무슨 일이라도 해서 도움이 되고 싶어 한다. 그래야 아무 것도 하지 않음으로 인해 생기는 죄책감을 덜 수 있고, 자신을 가르친 인턴과 레지던트에게 보답할 수 있고, 또 도움이 필요한 사람을 도울 수 있기 때문이다. 그러나 무엇을 어디서부터 시작해야 할지 모른다. 기술은 부족한 반면, 주변의 모든 것들은 빠르게 움직이기 때문이다. 게다가 그 빠른 속도는 무질서하면서도 효율적이기 때문에, 의대생들은 자기들이 방해밖에 되지 않는다는 사실을 금세 알아차린다. 사실상 의대생들이 열심히 도와줘봤자 일만 더 늦어지고 일하는 사람들을 힘들게 만들 뿐이다.

물론 나중에는 이런 소동에 익숙해질 것이다. 그러나 적어도 이때는 자기가 쓸모없는 존재라는 느낌이 들 수밖에 없다. 자기가 존재하는 이유도 알 수 없고, 이 복잡한 공간 어디쯤에 서있어야 하는지도 알 수 없다. 결국 그 안에 참여하고, 그들과 공감하고 싶다는 욕구를 무의식적으로 줄여버리게 된다.

공감을 잃어버리게 만드는 두 번째 요인이자 아마도 더 중요한 요인은 바로 의대의 '비공식 교육과정'이다. 의대의 공식적인 교육과정은 강의실에서 배우는 지식, 학교의 사명문에 구체적으로 나열된 내용, 역대 학장이나 연로한 교수들이 의학이라는 성스러운 세계에 대해 이야기한 말씀 같은 것들로 이루어져 있다. 이 같은 공식적인 교육과정은 임상 현장에 투입되자마자 몸으로 익히게 되는 비공식 교육과정으로 인해 금세 의미를 잃어버린다.

학생들을 가르치는 사람은 더 이상 위엄 있고 머리칼이 희끗한 과거의 영웅들이 아니다. 의사 신분증을 달고 가운을 더럽혀가며 현장에서 뛰는 인턴과 레지던트들이다. 학생들은 그들 뒤에 바싹 붙어서 그들이 말하고 생각하고, 기록하고, 처치하고, 복장을 갖추고, 도구를 사용하는 모습을 하나씩 흡수해나간다.

레지던트와 인턴은 전문 의료 분야의 모든 업무를 처리한다. 이들에게는 뭐든지 되게 만들어야 하는 의무가 있다. 임상적인 책임이나 법적인 책임은 궁극적으로 주치의가 지지만, 의료 현장의 실질적인 문제는 전부 레지던트와 인턴들의 책임이다. 수련의들은 일이 돌아가도록 하기 위해 무슨 일이든 한다. 손에는 항상 업무 목록이 들려 있고, 가운 주머니 속에는 필요한 물건들이 잔뜩 들어 있다. 그야말로 전형적인 실용주의자의 모습이다. 수련의들 역시 질병에 관한 이론이나 메커니즘에 대해 많은 관심을 가지고 있지만, 업무에 있어서는 실용주의를 최우선으로 할 수밖에 없다. 왜냐하면 전기기사, 병실관리자, 치료사, 의료기사, 병원 보조직원, 영양사, 간호사들과는 달리 수련의들의 직무기술에는 영역의 한계가 없기 때문이다.

엑스레이가 필요한데 휠체어를 밀어줄 보조직원이 없다면, 인턴이 직접 휠체어를 밀고 방사선 촬영실로 간다. 사회복지사에게 서류를 넘겨야 하는데 팩스가 고장 난 상태라면, 인턴이 계단을 뛰어 내려가서 직접 서류를 전달한다. 사무적인 일이나 행정 업무, 환자를 이동시키는 일, 즉 환자를 직접 진료하는 일이 아닌 일을 맡고 싶어 하는 인턴은 거의 없을 것이다. 하지만 정규 경로를 따라 느릿느릿 했다가는 일이 늦어질 게 뻔하기 때문에, 그걸 참느니 차라리 직접 해치우는 것이다.

그들은 자기 환자를 돌보는 시간이 지체되기를 원치 않는다. 환자에게 적기에 최선의 진료가 주어지기를 진심으로 바란다. 물론 자신을 위해서도 시간 지체를 원치 않는다. 시간이 지체되면 일이 많아지고, 일이 많아지면 결국 잠을 줄여야 하기 때문이다. 어떤 의사가 동료들과 수련하던 시절에 자주 하던 보드게임에 대해 이야기 한 적이 있다. '인턴 게임'이라는 제목이었는데, 그 게임에서 하나의 활동이나 아이템을 위해 지불해야하는 것은 돈이 아니라 시간이었다.

일이 이렇게 된 데에는 다 이유가 있는데, 똑똑하고 경쟁력 있고 완벽주의 성향을 가진 사람을 끝도 없이 여러 업무를 처리해야 하는 스트레스 심한 시스템에 집어넣었기 때문이다. 이들은 전문가로서의 책임감과 함께 수면부족에 시달린다. 하루가 24시간뿐이라는 변하지 않는 사실 때문에, 심지어 아예 잠을 한숨도 못 자고 일하기도 한다.

이렇게 '어떻게든지 일을 되게 만든다'는 태도는 세심함을 포기함으로써 효율성을 꾀하는 방향으로 흐르게 만든다. 그렇다고 해서 모든 인턴과 레지던트들이 극도로 지치고 냉담하다는 뜻은 아니다. 오히려 그들 대부분은 수련의로서 학생들에게 좋은 모범이 되어야 한다는 깊은 책임감을 가지고 있다. 어째 됐든 정신적 육체적 고통과 실용주의가 만나는 모습을 바라보면서, 의대생들은 낭만이라고는 찾아볼 수 없는 관점에 빠져들게 된다. 오슬러 경, 히포크라테스, 학장님, 교수님의 철학적인 사색은 이런 상황에서 전혀 힘을 발휘하지 못한다.

의대생들은 평소에 대단히 사려 깊고 인간적인 인턴들마저도 가차 없는 계산에 따라 움직이는 모습을 보게 된다. 물론 환자와 깊은 대화를 나누는 일은 무척 좋은 일이다. 보다 철저하게 진찰하는 일, 환자의 상태를 가족에게 꼼꼼히 설명하는 일, 희귀한 질병에 대해 논문을 찾아보며 공부하는 일, 의사소통에 관한 강의에 참석하는 일, 하루 서너 번씩 환자에게 방문하는 일, 의료 병력을 조사하기 위해 따로 전화해보는 일, 환자가 방해받지 않고 걸을 수 있게 해주는 일도 좋은 일이다. 그러나 이 모든 일들이 현장의 업무를 흘러가게 만들어주지는 않는다. 할 일은 할 일대로 남아 있을 뿐이다.

의대 본과 1, 2학년 시절에는 모든 학생들이 한 교실에서 같은 교육을 받는다. 같은 강의를 듣고 같은 교수에게 배우고 같은 랩에서 실험한다. 좋든 나쁘든 비교적 균일한 셈이다. 그러나 일단 병동에 들어오면 주사위 던지기나 마찬가지다. 학생들은 서로 다른 병원, 서로 다른 병동, 서로 다른 의료진에게 배분된다. 각각의 학생이 병동을 제대로 경험하느냐 그렇지 않느냐는 결국 그와 짝을 이뤄 일하는 인턴이 누구냐에 달려 있다. 운이 좋아서 상대방을 존중하며 성의 있게 가르쳐주는 인턴을 만난다면, 그 학생은 보람 있는 경험을 하게 된다. 만약 일이 너무 많거나, 질려 있거나, 환자를 경멸하는 인턴을 만난다면, 그 학생은 아마도 의료에 대해 무척 다른 관점을 갖게 될 것이다.

이스라엘에서 한 그룹의 의대생들을 감독한 적이 있다. 이 학생들은 3학년 임상실습을 하는 중이었다. 우리는 한 달에 한 번 만나서 실습이 얼마나 진척되고 있는지를 이야기 했는데, 그때마다 그들의 경험을 몇 단락의 글로 적어서 제출하게 했다. 그 때 나는 산부인과 경험에 대한 학생들의 극단적인 반응에 무척 놀랐다.

한 학생은 산부인과라는 분야가 너무 좋아서 스스로도 놀랍다고 했다. 그녀가 배속된 팀은 출산 때마다 그녀를 데리고 다녔고, 제왕절개 수술도 돕게 했다. 환자의 초기 검진 인터뷰도 담당할 수 있게 해주었다. 그녀는 의대에 입학할 때 소아과 의사가 되고 싶었지만, 이제 산부인과도 생각해 보게 되었다고 했다.

그 글을 읽고 나서 곧바로 다음 글을 읽었는데, 그 학생은 산부인과에서 특별히 글로 적을 만한 경험을 하지 못했다고 했다. 실습기간 내내 하는 일 없이 서 있었고, 팀이 너무 바빠서 그가 있는지조차 모르는 것 같았다고 했다. 정작 누군가가 그에게 중요한 이야기를 해줘야 한다는 사실을 떠올렸을 때는 아기가 이미 태어난 뒤였고, 그렇게 모든 것이 끝났다. 팀에서는 그를 장애물처럼 여겼고, 결국 도서관에서 교과서를 읽느라 시간을 다 썼다고 했다. 그 기억이 너무 쓰디쓴 나머지 나중에 산부인과를 할 생각은 꿈에도 없다고 적었다.

의대생들이 무엇을 배우든, 진정으로 믿는 것이 무엇이든, 의학의 이상, 공감이라는 제일의 미덕, 의사-환자 관계의 가치 등에 대해 어떻게 생각하든, 병동으로 들어가는 순간 모두 휩쓸려 사라져버린다. 심지어 가장 이상적이었던 학생조차도 새 환자가 오는 것을 일이 늘어나는 것으로, 환자가 원하는 모든 것을 일을 방해하는 것으로, 모든 일상적인 대화의 시간을 잠을 못 자게 만드는 시간으로 여기게 된다. 이렇다보니 임상 의학의 실제 세계에서 공감의 가치가 파괴되어버리는 일이 그리 놀랍지도 않다. 공감을 요구하는 모든 일들이 어떤 면에서는 매일의 생존으로부터 멀어지게 만드는 일들이기 때문이다.

의학용어는 의대생들이 임상 세계로 들어오면서 만나는 가장 중요한 요소들 중 하나다. 일상의 언어를 쓰던 학생들은 병동으로 오자마자 의학의 방언 속으로 빠져들게 된다. 그 중 일부는 그냥 약칭들인데, 의무기록에 적어두고 독특하게 발음한다.

입원 환자 기록의 첫 줄은 [82 WM w/ PMH of CAD, CVA, MIx2, s/p 3V-CABG, c/o CP, SOB 2wks PTA. BIBA s/p LOC. No F/C/N/V/D.] 라고 되어 있는 것이 보통이다. 신출내기 의대생이나 의학계 바깥에 있는 사람들은 해독이 불가능하지만, 의사에게는 환자에 대한 완벽하고 간결한 74글자의 기록이다. '82세의 백인 남성은 관상동맥질환과 뇌졸중 병력이 있고, 두 번의 심장마비를 겪었으며, 3중관 우회수술을 받았고, 우측 흉통과 숨 가쁨을 호소하고 있으며, 이 증상이 2주간 이어졌다. 그는 의식이 없는 상태로 앰뷸런스에 실려 왔고, 열이나 오한, 구토, 오심, 설사 증상은 없다.' 만약 이 내용을 일상의 영어로 적는다면, 글자 수가 309개가 된다.

약칭 외에도 배워야 할 용어가 많다. 구강건조증xerostomia, 장염전증volvulus, 철적혈모세포증sideroblastosis, 형광검사법fluoroscopy, 총담관결석증choledocholithiasis, 복명borborygmi, 이급후중tenesmus, 회결장염ileocolitis, 위우회로조성술Roux-en-Y, 진성적혈구증가증polycythemia vera, 촉지자색반palpable purpura 같은 용어의 사용에 익숙해져야 한다. 화장실조차 어딘지 몰라서 헤매는 의대생들에게는 혼란스러울 수밖에 없는 용어들이다. 한편으로는 이 어려운 용어들이 의대생과 환자를 이어주는 좋은 끈이 되기도 한다. 학생들은 이 낯선 의학용어들과 씨름하는 일이 어떤 건지 잘 알기 때문에, 환자와 가족에게 의학용어를 해석해줄 때 무척 관대한 편이다.

'제대로 된' 의학용어들 너머에는 영역과 경계를 만드는 병원 속어가 있다. 속어는 무리의 자격을 갖춘 멤버라는 사실을 보여주는 중요한 지표이기 때문에, 의대생들은 임상 세계에 퍼져 있는 특유의 언어를 들으려고 귀를 쫑긋거린다. 속어들 중 일부는 선의를 품고 있기도 하고 자조적인 느낌이 담겨 있기도 하다. 정형외과 전문의가 자기를 '본 헤드bone head'라고 부른다거나, 방사선과 전문의가 엑스레이 사진을 판독하기 위해 암실로 들어가면서 '동굴에 가서 숨겠다'고 말하는 게 그런 예다.

그러나 대부분의 속어나 블랙 유머에는 경멸의 의미가 담겨 있는데, 환자와 관련한 것들이 특히 그렇다. 의사들은 마리시마 알바레즈처럼 불평을 멈추지 않는 중미 출신 환자를 가리켜 '스테이터스 히스패니쿠스status Hispanicus'라는 속어로 표현하는데, 히스패닉 환자의 스테이터스 아스마티쿠스status asthmaticus라는 병명을 변형시킨 것이다. 스테이터스 아스마티쿠스란 과도한 천식 발작이 지속적으로 일어나는 상태를 말한다. 무례하고 비협조적인 약물 중독자에게는 '시민권이 없다not a citizen'고 표현하는데, 이 말은 약물 중독자에게만 해당하는 표현으로 이민자와는 상관이 없다.

이러한 경멸조의 용어들은 의사와 환자의 거리를 만드는 역할을 하는데, 이는 공감 능력을 줄이는 데 직접적으로 영향을 끼친다. 속어들 중에는 그저 냉담하게 사용하는 것들도 있지만, 사실 대부분은 두려움으로부터 비롯된 것들이다.

환자가 삶과 죽음을 넘나드는 상태는 정말로 무섭다. 이런 상태의 환자들과 공감하는 일, 즉 그들의 입장이 되는 일은 존재론적으로 불가능하다. 그래서 의사들은 무의식적으로 자신을 보호하기 위해 삶과 죽음 두 상태를 가르는 물길을 만든다. 건강한 상태인 자신과 나을 기미가 보이지 않는 죽어가는 환자를 가르는 해자 같은 것을 두는 셈이다. 그런 이유로 고령에, 치매가 있고, 실금증이 있으며, 말도 횡설수설하는 환자가 요양원에서 오면 '달갑지 않은 환자gomer, go out my emergency room'라고 하거나 '넋나간gorked out' 환자라고 말한다. 죽어가는 환자에게는 '끝이 머지않은circling the drain' 환자라는 말을 사용하기도 한다.

의대생들은 이 집단에 끼고 싶은 마음이 간절하기 때문에, 이런 표현을 익숙하게 자유자재로 사용하는 것처럼 보이려고 한다. 의학적인 은어나 집단의 조크를 아는 것이 내부자로 보이게 만들어주기 때문이다. 그런 표현을 모른다는 건 신출내기임을 드러내는 확실한 증표이기도 하다.

새내기 의대생이 그야말로 완벽한 사례 발표를 하던 때가 떠오른다.

그 날은 그 학생이 임상 현장에서 처음으로 의료 서비스를 수행하는 날이기도 했다. 당시 그 학생은 전날 밤에 입원한 환자의 임상기록을 발표하고 있었다. 입원 기록은 당직 인턴이 작성했고, 이 학생은 약어들을 정성껏 잘 알아내서 발표 자료를 준비했는데, 그 발표는 비뇨생식기 관련 시험이기도 했다.

발생학적으로 고환은 골반의 안쪽에서 생명을 시작해서 음낭 안쪽으로 내려온다. 고환은 음낭 안에서 일생의 대부분을 보내는데, 쾌적하고 선선한 환경이 정자를 생산하는 데 좋기 때문이다. 일반적인 신체 검진에서는 이상 음낭을 촉진(만져서 하는 진단)함으로써 고환이 둘 다 음낭 속으로 잘 내려왔는지를 체크하는데, 만약 고환이 잘 내려와 있지 않다면 외과적으로 교정할 필요가 있다. 일반적으로 인턴들은 양쪽 고환이 잘 내려와 있다는 뜻으로 임상기록에 화살표 두 개를 아래쪽으로 표시($\downarrow\downarrow$) 하고 고환이라고 적는다. 그걸 읽을 때는 "양쪽 고환이 잘 내려와 있다"라고 해야 한다. 그런데 이 학생은 자신감 있는 목소리로 "이 환자는 양쪽 고환이 너무 작다"고 읽어버렸다.

그때까지 가만히 경청하고 있던 우리는 도저히 웃음을 참을 수 없었다. 발표장은 온통 웃음바다였다. 학생은 직장 검사의 세부사항까지 읽어 내려가다가 갑자기 자기 머리를 손으로 치며 따라 웃었는데, 완전히 당황한 듯했다. 웃긴 웃는데 뭐가 웃긴지 모르는 눈치였다.

결국 누군가가 그에게 화살표가 아래로 표시된 건 양쪽이 잘 내려왔다는 뜻이지 너무 작다는 뜻이 아니라는 걸 말해주었고, 그 학생의 얼굴은 늦여름 체리토마토 마냥 새빨개졌다. 그를 당황하게 만든 건 실수를 했다

의사의 감정

는 사실도 사실이지만, 의학의 약어를 잘 모르는 초짜라는 사실을 만천하에 드러냈기 때문이었다. 모두가 뻔히 아는 걸 자기만 몰랐다는 사실 때문에, 그 정도쯤은 간단히 해독하는 진짜 의사들로부터 분리되는 기분을 느꼈던 것이다.

의대생들은 진짜 의사들이 말하고 표현하는 방식을 의식적, 무의식적으로 살펴보고 흡수한다. 그들은 외래교수로부터 비장을 촉진하는 방법을 배울 뿐만 아니라 하얀 가운의 단추가 잠겨 있는지 풀려 있는지, 가운 아래 입은 옷은 캐주얼인지 비즈니스 정장인지까지 신경을 쓴다. 심지어 일상적인 세부사항들이 알려주는 미묘한 메시지까지 어렵게 끌어 모은다. 예를 들어 청진기를 목에 두르고 있는지, 아니면 포켓 안쪽에 별일 없다는 듯 집어넣고 끝부분만 보이게 하고 있는지도 살펴본다. (전자가 목숨을 살리는 일에만 몰두한다는 자긍심이나 자만심을 표현하는 방식이라면, 후자는 자기 정체성을 요란스럽지 않게 보여주는 절제된 방식으로 해석될 수 있다.)

학생들은 자기 윗사람들이 간호사, 원무과 직원, 환자, 환자 가족들과 상호작용하는 방식을 그대로 흡수한다. 마치 라틴어의 어형 변화를 익히듯이 의학의 문법들을 자기 것으로 만들어간다. 그렇게 해서, 환자가 'endorse fatigue, but denies dyspnea(피곤한 건 인정하지만 호흡곤란은 거부한다)'라는 말이 'the patient is tired, but not short of breath (환자가 피곤해 하지만 호흡이 짧지는 않다)'라는 뜻이라는 것도 알게 된다. 임상에서는 다들 그렇게 말하기 때문이다. 학생들은 의학적, 사회학적 학습 과정을 거치면서 직감적으로 어떤 유머가 바람직하고 어떤 유머가 바람직하지 않은지도 파악하게 된다.

농담에 대한 의대생들의 반응에 관해서는 의외로 많은 연구결과들이 나와 있다.[3] 이 연구들을 통해 농담의 사용에 미묘한 규칙이 있다는 사실이 드러났는데, 이 규칙은 암묵적이고 보편적이다. 가장 높은 계급의 의사만이 농담을 시작할 수 있다. 농담을 주고받을 때 어느 수위까지 가능한지도 그가 제시한다. 높은 계급의 의사가 그어놓은 선을 넘어서는 안 된다. 조크를 하는 장소에 대한 규칙도 있다. 복도나 회의실이나 사적인 공간에서는 괜찮지만, 엘리베이터나 병실에서는 안 된다.

어떤 환자를 농담의 소재로 삼아도 되는지에 관해서도 굳이 말로 하지 않는 분명한 규칙이 있다. 약물 남용자는 괜찮지만 암 환자는 안 된다. 알코올 중독자나 비만 환자는 괜찮지만 유산한 임부는 안 된다. 조현병 환자나 경계성 인격 장애 환자는 괜찮지만 소아암 환자는 절대금지다.

은어나 유머는 의대생들을 결속하는 수단이 된다. 흰색 가운을 입은 덕분에 그들은 내부자가 되고, 비밀을 공유하게 되지만, 그런 한편으로 여전히 아웃사이더인 것 같은 기분이 남아 있다. 언어를 조잡하게 사용하는 것에 대해 염증과 혐오를 느끼지만, 내부자가 되기 위해서는 조크에 동의한다는 표시로 고개를 끄덕여야 한다고 생각한다. 본능적으로 윗사람을 따라 하면서 무의식적으로 흡수하고 배우기도 한다. '달갑지 않은 환자gomer' '시민권이 없다not a citizen' '끝이 머지 않은circling the drain' 같은 공감을 무너뜨리는 말들이 의식하지 못하는 사이에 윗사람에게서 레지던트에게 그리고 학생들에게로 빠르게 전달된다.

때때로 농담이 불편하긴 하지만, 실제로는 그 안에 그렇게 나쁜 진심이나 의도가 담겨 있지 않다는 것을 의대생들은 (윗사람도 마찬가지겠지

의사의 감정

만) 안다. 환자를 대상으로 한 농담이라기보다 상황을 표현한 것이라는 점도 알게 된다. (물론 환자가 엿들었을 때 그런 관점을 공유할 거라고 상상하기는 어렵다.) 의사들은 스트레스를 풀고 해결 불가능한 상황을 견디기 위해 이런 유머를 한다고 말한다. 중환자실 의사 중에 그런 유머를 자주 하기로 유명한 사람이 내게 했던 말이 있다. "여기에선 사람이 다들 죽어가고 있어요. 할 수 있는 게 농담 말고 뭐가 있겠어요?"

누구나 마찬가지겠지만, 의사들도 불편함을 회피하기 위해 유머를 활용하곤 한다. 아이들이 꾸중을 듣는 도중에 웃거나 키득거리는 것처럼, 의사들 역시 뭔가 어색한 상황을 피하기 위해 겉보기에 부적절한 유머를 사용한다.

모든 의사들, 특히 학생과 수련의들은 어떤 특정한 상황이 닥쳤을 때 견딜 수 없이 심한 압박감을 느끼거나 완전히 무기력해지는 경우가 있다. 감정을 다스리는 방법으로 유머보다 건설적인 것들이 많지만, 적어도 그 순간에는 그런 방법들을 쓸 수가 없다.

나는 벨뷰 병원 정신과 응급실에서 첫 밤을 보내던 날을 또렷하게 기억한다. 벨뷰 병원 응급실이 짐승의 뱃속과 같다면, 정신과 응급실은 뱃속 중에서도 대장 속 같은, 전설과 TV시트콤과 한밤의 코미디가 함께 있는 그런 곳이다.

그때 나는 의대 3학년 학생이었고, 병동에 처음 들어온 상태였다. 누구나 마찬가지겠지만, 임상 로테이션은 기초과학을 배운 뒤에 돌게 되는데, 내 경우에는 남들보다 한참 뒤에 그곳에 가게 되었다. 의대를 다니는 중간에 박사 과정을 했기 때문이다. 거의 3년 동안 의과학 연구 분야에 매몰된 채 실험실에 갇혀서 지냈다. 그때까지는 무서운 상황이라고 해봐야 잔뜩 쌓여 있는 피펫 더미 정도가 전부였다. 실험을 디자인하거나 가설을 설정하면서 몇 날 며칠을 삭막하고 고요하게 지냈다. 깨끗하게 닦인 시험관을 차례대로 진열하는 일로 하루를 시작했고, 폴리스티렌 시험관에 내 손가락이 닿을 때마다 마찰음이 일었다. 실험에서 발생하는 변수들만 통제하면 되는 그런 시절을 보냈다.

경험주의와 합리적 사고가 지배하는 질서정연한 세계를 벗어나 드디어 벨뷰 병원의 정신과 응급실로 오게 된 것이다. 그 당시 정신과 응급실은 메인 응급실에서 멀리 떨어진 누추한 장소에 있었다. 비좁고 창문 없는 대기실로 이어지는 좁은 문 하나가 있었다. 환자를 인터뷰할 수 있는 옷장만한 방이 세 개 있었고, 환자나 레지던트나 의대생, 간호사, 보조직원들은 다들 대기실에 머물렀다. 경찰이 뉴욕의 정신질환자들 중에서도 최악인 사람들을 데려 오는 곳이 바로 거기였다. 환자들은 대부분 노숙인들이었는데, 정신 질환이나 약물남용, 알코올 중독과 연관되어 있었다. 덩치 큰 흑인 경찰관이 문 앞에 서서 모든 사람과 사물들을 하나하나 경계하는 눈빛으로 바라보았다. 문이 다 가려질 만큼 체구가 커서 아무것도 빠져나갈 수 없을 것 같았다. 그 경찰관 옆으로 대기실을 드나들 때면 권총집이 거의 몸에 닿을 정도였다.

정신과 응급실의 대기실은 눈과 귀가 혼란스러울 뿐만 아니라 악취가 진동했다. 환기구도 없고, 몸이 서로 가까이 있는 데다 샤워를 하지 않은 환자들이 대다수였기 때문에 자극적인 냄새가 넘쳐났다. 강간 피해자들과 함께 하던 시절에도 맡았던 냄새였지만, 환자들도 많고 꽉 막힌 공간이었기 때문에 그 때의 냄새와 비교하면 열 배는 되는 것 같았다. 다른 의료진들은 별로 신경 쓰지 않는 것처럼 보였다. 그러나 경험이 없는 나로서는 견딜 수 없는 수준이었다.

사실 나는 경험이 없어도 너무 없었다. 근 몇 해 동안 어떤 부류의 환자도 제대로 본 적이 없었다. 그 상황에 맞닥뜨리자 도저히 역겨움을 멈출수 없었다. 혐오스러운 냄새가 스멀스멀 기어 들어오더니 예전 응급실에서 겪었던 것과 똑같은 반응이 내 안에서 일어났다. 이 꽉 막힌 공간에서 어떻게 열두 시간을 보내야 할지 눈앞이 캄캄했다. 내가 맡은 환자는 젊은 백인 여성이었는데 20대쯤 되어 보였다. 지하철에서 옷을 반쯤 벗은 채로 망상에 빠져서 폭력을 휘두르다가 발견됐는데, 정신적인 파괴로 인한 극도의 고통을 겪고 있었던 것 같다. 간신히 진정시켜 데려왔지만, 응급실에서도 여전히 전투적인 모습이었다. 아마도 네 귀퉁이에 몸이 묶인 상태였기 때문에 더 그랬던 것 같다. 그녀는 들것에 묶인 채로 무척 딱하면서도 무서운 그런 모습을 하고 있었다. 거리에 살면서 생긴 몸의 때와 산패한 냄새의 강도로 볼 때, 정신적인 소용돌이가 여기 오기 한참 전부터 지속되었던 것 같았다.

같이 일하게 된 레지던트도 불편하기 짝이 없었다. 골드브라운 색상의 곱슬머리가 구레나룻을 지나 턱수염까지 이어져 있었다. 그래서인지 헤진 푸른색 수술복을 입고 있었는데도 꼭 성경에서 튀어나온 것 같은 모습이었다. 그 푸른색 수술복은 병원 보조 직원부터 외과 의사, 정신과 의사까지 벨뷰 병원 야간 근무자들 누구나 입는 옷이었다. 그가 나를 잡아당기더니 작은 방으로 데리고 들어가서 말했다.

"걱정 말아요. 이건 썩은 양말 증후군toxic sock syndrome이에요. 여기 오면 늘 걸리게 되죠."

영화 〈십계〉에서 튀어나온 사람과 한밤중에 정신 나간 상태로 함께 있는 것 같은 분위기여서 웃음을 참을 수 없었다. 그때까지 한 번도 썩은 양말 증후군이라는 말을 들어본 적이 없었기 때문에 그 말이 무척 히스테릭하게 들렸고, 환자를 경멸하는 말처럼 느껴졌다. 하지만 도무지 웃음을 참을 수 없었다. 그 말이 이 모든 상황을 정확히 묘사하는 것만 같았다. 나는 목구멍에서부터 배꼽까지 완전히 웃음보가 터져서 평정심을 되찾기까지 몇 분이나 걸렸다.

나는 닥터 모세를 따라 대기실로 향했다. 이제 냄새가 한결 참기가 쉬워졌다. 여전히 지독하고 힘든 냄새였지만 의식의 한쪽 구석으로 밀어둘 수는 있었다. 응급실에 있는 내내 그 냄새를 의식하지 않을 수 없었지만, 더 이상 압도당하지 않을 수는 있었다.

나는 아까 그 젊은 여성과 이야기를 해보려고 했다. 그러나 그녀는 내 질문에 대답할 생각이 없다는 듯 이렇게 말했다.

"화장실에 가야 돼요. 날 좀 풀어줘요. 화장실에 가야 한다니까요."

나는 겁이 났다. 이 여자가 바지를 적시는 걸 원치 않았기 때문이다. 하지만 억제장치를 풀어줘도 되는지 알 수 없었다. 그녀는 계속 조그만 소리로 읊조렸다.

"날 좀 풀어줘요. 제발 좀 풀어달라고요."

모세가 다른 검사실로 사라진 뒤였기 때문에 간호사 중 누군가가 도와줬으면 싶어서 살금살금 옆으로 걸어갔다. 간호사는 한숨을 푹 쉬더니,

그들이 자주 보이는 익숙한 표정을 하고 나를 쳐다보았다. 경험 많은 간호사들은 눈도 꿈쩍 하지 않고 의대생을 깔보곤 한다. 나는 간청했다.

"이 여자 환자가 오줌을 누어야 한대요. 진짜로요."

간호사는 나를 따라와서 환자에게 이런저런 질문을 했다. 결국 어쩔 수 없다는 듯 억제장치를 풀고 환자 스스로 일어설 수 있게 도와주었다. 환자는 잠시 머뭇거리다가 천천히 걸어 나갔다. 서 있는 모습을 보니 누워 있을 때보다 훨씬 더 앙상해보였다. 몸무게가 45킬로그램 정도밖에 되지 않아보였다. 그녀는 유유히 대기실을 가로지르더니 화장실로 가지 않고 입구를 막아 선 경찰관 쪽으로 다가갔다. 그런 다음 경찰관을 올려다보며 "이보시오, 흑인 양반." 하고 유쾌하게 인사를 했다. 그와 동시에 손을 뻗어 그의 바짓가랑이를 붙잡고 힘껏 잡아당겼다. 족히 120킬로그램은 되어 보이는 경찰관이 시멘트 자루처럼 바닥에 고꾸라졌고, 환자는 태연하게 화장실로 걸어갔다.

벨뷰 병원 정신과 응급실에서 처음 일하던 날 생긴 일이다. 그 사건은 압도적이었다는 말로도 부족한 경험이었다. 그런 일이 있은 후에 내가 왜 그렇게 썩은 양말 증후군이라는 말에 웃음을 터뜨렸는지 오랫동안 생각해보았다. 그건 정말로 무례하고 비인격적인 농담이다. 교수의 입장이 된 지금, 그 인턴이 하는 말을 다시 듣게 된다면, 아마도 혼쭐을 낼 것 같다. 과거를 회상해볼 때, 레지던트의 농담에 대한 나의 과도한 반응은 내 안의 불편하고 당혹스러운 느낌과 관련이 있었을 뿐, 그의 웃기는 능력과는 별 상관이 없었던 것 같다. 나는 환자가 없는 곳에서 레지던트와 한통속이 되어 웃고 떠든 일이 전혀 자랑스럽지 않다. 환자가 우리 얘기를 못 들은 게 정말 다행이다. 그 일을 겪고 나서 나 자신에 대해서도 조금 다르게 생각하게 되었다. 나는 그렇게 우리만의 농담에 결탁하며 팀의 일부가 되었다. 아웃사이더가 아니라 인사이더가 된 것 같았다.

그 일로 인해 나는 유머를 하나의 교육도구로 삼을 수 있지 않을까 생각해보게 되었다. 교육과정 속에 블랙 유머를 집어넣어야 한다는 뜻은 아니고, 그 경험이 생각할 기회를 만들어주었다는 뜻이다. 강의실에서 '지독한 냄새가 날 때 어떻게 해야 할까'라는 주제로 이야기하는 내 모습을 상상해보았다. 학생들에게 꽤나 도움이 될 거라는 건 상상하기 어렵지 않았다. 그 조크가 내 안에 있는 무언가를 풀어주었고, 내가 어떻게든 그 힘든 상황 속으로 한 걸음 더 들어가게 도와준 것만은 사실이었다.

그런 한편으로 그 냄새를 통해 뭔가 가슴 아픈 부분에 대해서도 생각해 볼 수 있었다. 환자의 고통에 대해 말해주는 무언가를 말이다. 지금도 그런 냄새가 나는 방으로 들어갈 때면 본능적으로 불편함을 느낀다. 그러나 냄새 때문에 아무것도 못하고 쩔쩔매지는 않는다. 그 일로 인해 환자의 취약성에 대한 나의 인식이 좀 더 높아질 수 있었다. 학생 시절에 강간 피해자를 대하는 간호조무사의 모습을 보았을 때처럼, 환자를 돌보는 일에 대해 다시 한 번 생각하는 기회가 되어 주었다.

의학수련을 받는 내내, 나는 사무엘 셈의 책《The House of God》을 회

의사의 감정

피했다. 내가 알기로는 그 책이 아주 경멸조인데다 성차별적이고 이미 한물간 공격적인 이야기였기 때문이다. 시대의 고전이 된 그 책의 25주년 기념 글을 써 달라는 요청을 받았을 때도 정중하게 거절했다. 그 책을 읽지 않았기 때문이다. 그런데 어느 순간 그 책을 한 번 펼쳐봐야겠다는 생각이 들었다. 이유는 하나였다. 그 책이 이미 문화의 아이콘으로 자리 잡았기 때문이다. 그 책은 내가 예상한 그대로였다. 경멸조인데다 성차별적이고 이미 한물간 공격적인 이야기였다. 400페이지를 읽는 내내 깔깔대며 웃었다. 옆에 누가 있었다면, 내가 간질 발작이라도 일으켰다고 착각할 정도였다. 그 책은 내가 가치를 두는 거의 모든 것에 대해 반대 입장이었다. 그런데 이상하게 웃음을 멈출 수 없었다. 내가 그 책을 재미있게 읽는 것이 부끄러울 지경이었다.

그러나 썩은 양말 증후군이 냄새 뒤에 숨어 있는 것들을 보게 해 주었던 것처럼, 그 책의 부분 부분도 어려운 주제의 핵심으로 들어갈 수 있게 해 주었다. 블랙 유머를 통해서 말이다.

《The House of God》에는 로이Roy라는 인턴이 116호실에 입원한 안나 오Anna O라는 반응이 전혀 없는 고령의 환자를 마주하는 장면이 나온다(물론 gomer라고 불리고 있다.) 그는 그녀가 죽었다고 확신했다. 자극에 전혀 반응을 보이지 않았기 때문이다. 맥박도 없었고 심박도 없었다.

"그녀는 죽은 게 확실해요. 보여줄게요." 팻맨이라고 불리던 레지던트가 말했다.

"안나는 말이죠. 청진기를 역방향으로 써야만 됩니다. 자, 보세요."

팻맨이 청진기를 꺼내더니 이어피스를 안나 오의 귀에 갖다 대고 메가폰처럼 그 안으로 소리쳤다.

"달팽이관으로 들어간다, 달팽이관으로 들어간다, 내 말 들려요? 달팽이관으로 들어간다."

갑자기 방이 폭발했다. 안나 오가 침대 위로 튀어 오르더니 털썩 떨어지면서 엄청나게 큰 목소리로 비명을 질렀다.

치매 환자와 소통해보겠다며 청진기에 대고 고함을 치는 레지던트의 이미지는 분명 무례하다. 환자를 생각해보면 그렇다. 이 환자도 누군가의 자매이고 누군가의 어머니일 텐데 말이다. 그렇지만 그 인턴이 심한 치매를 앓는 환자, 말도 못하고 아무 반응도 보이지 않는 환자를 돌보는 동안 느꼈을 무기력과 좌절감을 생각해보면, 왜 이 일이 공명을 일으키는지 헤아릴 수는 있다. 청진기에 대고 소리쳤을 때 안나 오가 깨어났다는 설정은 말도 되지 않는다. 그러나 그 장면은 파워포인트 슬라이드로는 강조할 수 없는 어떤 메시지를 던지고 있다. 이 풍자적인 장면은 심한 치매 환자와 의사소통하려는 바보 같은 의사가 바로 나 자신인 것 같다는 생각이 들게 했다.

나는 그 장면을 읽으면서 그 인턴과도 공감했고 안나 오와도 공감했다. 그 장면에서 그녀가 자신으로부터 얼마나 멀리 떨어져 나왔는지, 치매라는 질병이 한때 그녀 자신이었던 인격체로부터 얼마나 멀리 그녀를 떨어뜨려 놓았는지를 느낄 수 있었다. 장면 자체는 바보 같고 어리석은 모습이었지만, 그녀 그리고 그녀와 고군분투하는 인턴을 둘 다 확실하게 보여주었다. 그 장면에서 나는 정신과 응급실에서 보냈던 첫 번째 밤, 환자와 내가 둘 다 무척 힘들었던 그 밤이 떠올랐다. 그 상황은 굉장히 두렵고, 어디로 뛸 지 모르는 상황이었다.

에이즈AIDS는 초창기에 굉장히 미스터리한 질병이었고 오늘날과 비교할 때 훨씬 더 공포스런 질병이었다. 에이즈에 관한 농담이나 은어도 넘쳐났다. 예를 들면 이런 것들이다. 열이 있는 후천성 면역 결핍 바이러스HIV 환자가 오면 (내가 레지던트 때였는데 한 명 걸러 한 명은 그런 증상으로 찾아왔다.) '덜덜 떨리게 만드는 HIV 환자'가 온다는 말이 돌았다. HIV 양성인 남자 동성연애자들 중 피임을 하지 않고 섹스를 계속해온 사람들은 '에이즈 테러리스트'라고 불렀다. 타투 알고리듬이라는 것도 있었는데, 신체검사 때 몸에 타투가 몇 개인지 세어 보고 환자가 양성일 확률을 계산하는 공식이었다. 에이즈 주사위도 있었다. 벨뷰 병원 에이즈 병동은 17번 서쪽 병동이었고, 그곳에 닥터 스테이션에 있었다. 누가 만들었는지는 잘 모르겠는데, 외과용 테이프로 똘똘 뭉쳐 만든 주사위 두 개가 엑스레이 라이트박스 양쪽에 있었다. 하나는 진단용이었고, 다른 하나는 예후용이었다.

진단용 주사위에는 에이즈 환자의 입원 사유 중 흔한 질병들이 적혀 있었다. 이를테면 주폐포자충 폐렴pneumocystis pneumonia, 거대세포 바이러스cytomegalovirus, 세포 내 계형 결핵균mycobacterium avium-intracellulare, 카포시 육종Kaposi's sarcoma, 비호지킨 림프종non-Hodgkin's lymphoma, 결핵tuberculosis 등으로, 각각 약자로 PCP, CMV, MAI, KS, NHL, TB라고 적혀 있었다. 예후용 주사위는 90년대 에이즈 환자들의 임상 결과에 맞춰서 DNR심폐소생금지,

ICU중환자실, ECU, 12-E 등의 표시가 있었다. ECU extended care unit는 사망에 대한 은어였고, 12-E는 죽음에 임박한 환자를 입원시켰던 12번 동쪽 병동을 뜻했다. 이 병동에는 1인실도 있었는데, 벨뷰 병원에서 1인실은 매우 드물었다. 당연히 이 병동은 늘 만실이었다.

새 입원환자가 왔다는 호출이 응급실에서 오면 다들 주사위를 던져서 진단과 예후를 확인한 다음, 얼른 응급실로 가서 환자를 입원시켰다. 그런 다음 주사위에서 봤던 진단과 예후가 새 입원환자와 맞아떨어진 사람이 이기는 게임이었다.

생각해보면 그 주사위는 아주 무례하고 냉소적이고 모욕적인 물건이었다. 하지만 우리는 딱히 나쁠 것도, 하지 말아야 할 것도 아니라고 생각했다. 에이즈라는 게 그 당시 인식으로는 도박에서 돈을 깡그리 잃는 것 같은 불운이었기 때문에 주사위를 던지는 게 뭐 어떠냐는 식으로 대수롭지 않게 생각했다.

의학 수련을 받는 사람의 입장에서 보면, 90년대는 아주 우울한 시대였다. 삶이 HIV로 가득했다고 해도 과언이 아니다. 지금 학생들에게는 그때 상황을 말로 표현하기가 어려운, 그런 면이 있다. 자기와 같은 세대 사람들이 죽어나가는 광경을 목격한다는 건 나 같은 겁쟁이한테는 굉장히 힘든 일이다. 당시에 기분 나쁜 유머가 만연했던 이유는 죽음의 물결이 불러일으키는 두려움과 공포와 일정 부분 연관되어 있는 것 같다. 그런 유머가 환자와 우리 사이의 거리를 멀어지게 하고, 공감 능력을 줄어들게 하는 일인지도 그 때는 잘 몰랐다.

물론 에이즈 주사위나 블랙 유머같은 모욕적인 방법 말고도 감정을 처

의사의 감정

리하는 보다 정교한 방법들이 있었을 것이다. 하지만 당시 수련의들에게는 그 방법을 대체할 만한 다른 수단이 없었고, 그렇게 할 시간도 없었다. 에이즈 환자가 퇴원하거나 죽어갈 때, 또 다른 환자가 응급실에서 사망 선고를 받았다. 병동 복도마다 이송용 침대 위에 환자들이 줄지어 있었다. 질병과 사망의 사이클이 무자비하게 공격해왔다. 숨 쉴 틈도 없는데, 생각하고 성찰할 시간은 더더욱 없었다.

에이즈가 만연하기 전인 초창기에는 기초 지식조차 알려져 있지 않았기 때문에 공포와 불안이 더 심했다. 1986년에 나는 의과대학 1학년이었다. 에이즈 바이러스는 HTLV-III라고 불렸고, 처음으로 AZT라는 이름의 에이즈 치료제가 등장했다. 당시에 이 약은 FDA 승인조차 받지 못한 상황이었다. 한창 예민하던 1학년 때 우리 학과에 떠돌던 조크 하나가 있다. 질문과 대답으로 된 조크다.

질문 : 너, 부모님한테 에이즈에 걸렸다고 말씀드릴 때 가장 힘든 대목이 뭐지?
대답 : 내가 아이티 이민자라는 걸 설명해야 한다는 거지.

당시 우리 학과에는 백인과 아시아계 중상층 학생들이 많았는데, 이런 조크가 아주 재치 넘친다고 생각했다. 실제로 게이라고 해도 게이라고 인정하지 못할 거라는 사실, 그리고 약을 하더라도 인정 못할 거라는 사실, 무엇보다 에이즈라는 당혹스럽고 섬뜩한 불치의 전염병에 대한 우리의 공포까지 몽땅 웃어넘길 수 있는 그런 수단이었다. 당시 우리가 무의식적으로 매달리던 희망이 있었는데, 백인과 아시아계 중상층 의대생이라는 우리의 정체성이 에이즈의 위험으로부터 멀리 떨어져 있다는, 그래서 에이즈에 걸릴 일이 없을 거라는 희망이었다.

그런 조크 자체는 금세 터무니없는 것이 되어버렸다. 아이티 이민자들이 더 이상 고 위험 집단이 아니었기 때문이다. 이어진 20년 동안 에이즈는 그저 일상적인 만성질환이 되었고, 더 이상 예전처럼 미스터리하거나 치명적인 질병이 아니다. 벨뷰 병원의 에이즈 병동은 급성 환자가 없어서 문을 닫았다. 17번 서쪽 병동도 에이즈 병동에서 일반 병동으로 바뀌었다. 죽음에 임박한 환자를 위해 마련한 12번 동쪽 병동은 사무실로 개조되었다. 이제 에이즈는 당뇨나 고혈압 같은 평범한 만성질환과 함께 외래에서 다루고 있으며, 환자의 차트에도 과거 병력으로 기입하는 그런 질병이 되었다. 전문 직업인이자 사회의 일원으로서, 우리는 에이즈에 익숙해졌다. 그 결과 이전과 같은 농담이나 은어도 많이 사라졌다. 에이즈 주사위도 병원 건물을 보수하면서 함께 사라졌다.

지금까지 의과대학에 들어온 학생들의 공감 능력을 서서히 없애버리는 요인들을 살펴봤다. 비공식 교육과정, 경멸조의 유머, 레지던트들이 전하는 복합적인 메시지, 피로, 그리고 이 모든 요소들이 주는 압박감 같은 것들이었다. 이제 이런 질문이 나올 수 있다. 모든 것들을 이대로 받아

들여야만 할까? 의사를 만드는 수련 시스템은 공감을 약화시키는 과정일 수밖에 없는 걸까?

의대 재학 중에 공감능력이 떨어진다는 기록을 앞에 두고, 이를 예방할 수 있을지에 대해 많은 연구자들이 고민했다. 나올 만한 제안은 이미 다 나왔다. 의료인문학, 유연한 교육과정, 성찰기록, 롤플레잉, 휴가연장, 교수진 멘토링, 영양가 있는 점심, 또래 지지 집단, 조기 임상 노출 같은 것들이다. 이 중 대부분은 엄격하게 과학적으로 검증하기 어려운 것들이다. 제안된 방법들은 대부분은 관찰연구나 개인적인 철학, 영감, 희망으로부터 나왔다.

공감의 감소 또는 감소의 예방에 대해 보다 실제적으로 연구하기 위해서는 공감을 측정할 수 있는 객관적인 수단이 있어야 한다. 이 말이 비상식적으로 들릴 수도 있는데, 공감이라는 게 눈으로 봐야만 알 수 있는 것이기 때문이다. 그러나 제대로 된 과학적 연구라면 느낌이 아니라 수치로 나타낼 수 있어야 한다. 그런 이유로 공감을 수치로 측정하는 도구가 개발되었다.

필라델피아 제퍼슨 의과대학 연구진은 JSE Jefferson Scale of Empathy라는 매우 간단한 측정 도구를 개발했다.[4] 한 페이지에 20 문장으로 구성되어 있고, 각 문장에 대해 1(강하게 반대한다)부터 6(강하게 동의한다)까지 점수를 매기게 되어 있다. 이들에 따르면 공감은 동정 sympathy과 전혀 다르다. 동정이 환자의 감정을 똑같이 느끼는 것이라면, 공감은 환자의 감정을 그대로 느낀다기보다, 환자의 감정을 이해하는 일종의 사유 과정이다. 자의식을 유지하는 것이 공감의 기본이다. 이 정의를 다르게 표현하자면, 자기 신발을 벗지 않고 다른 사람의 신발을 신어볼 수 있는 능력이라고 할 수 있다. 공감하는 의사가 되려면 이런 이해를 환자와 분명하게 소통할 수 있어야 한다. 자신의 감정을 의사가 이해한다는 사실을 환자가 직접 느낄 수 없다면 공감이 아니라는 말이다.[5]

JSE의 문장은 무척 명료하다. 대부분의 의대생들이 무엇에 강하게 동의해야 하고 또 무엇에 강하게 반대해야 하는지 다 알 것 같다.

- 의사가 자기감정을 이해해줄 때 환자가 더 좋은 기분을 느낀다.
- 의사가 환자를 진료할 때 환자 입장에 서 보려고 해야 한다.
- 나는 공감이 의료에 있어서 중요한 치료 요소라고 믿는다.

또는

- 나는 감정이 질병의 치료에 아무런 역할도 하지 않는다고 믿는다.
- 환자에게 개인적으로 무슨 일이 있었는지 물어보는 건 환자의 신체적인 불편을 이해하는 데 도움이 되지 않는다.
- 환자의 질병은 오직 내과적 또는 외과적 치료로만 개선될 수 있기 때문에, 환자와 의사의 유대감은 질병 치료에 영향을 끼치지 못한다.

어느 정도 수준까지 공부한 학생이라면 윗사람들이 어떤 말을 듣고 싶어 할지 대강 눈치로 안다. 따라서 위쪽 세 문장에 대해서는 강하게 동의한다고 답할 것이고, 아래쪽 세 문장에 대해서는 강하게 반대한다고 답할

게 틀림없다.

적어도 내가 볼 때 놀라운 점은, JSE라는 공감 척도를 가지고 의대생들을 굳이 집단으로 나누려는 사람들이 있다는 거다. 공감 척도로 측정한 점수가 높은 학생들과 낮은 학생들로 나눠서, 전자는 사람지향적인 전문과목, 즉 일차 의료, 소아과, 정신과 같은 분야에 지원할 것이고, 후자는 시술지향적인 전문과목, 예를 들면 외과, 방사선과, 마취과 같은 쪽을 택할 것이라는 식이다. 또, 전자의 학생들 중에서 임상 로테이션에서 좋은 성적을 받는 학생이나 프로페셔널리즘 측면에서 모범적인 학생, 수련의 과정을 총괄하는 책임자 또는 환자들에게 공감을 잘 한다고 칭찬받을 학생이 나올 거라고 보는 것이다.[6] 그리고 이런 도구로 공감을 측정할 수 있다고 생각하는 연구자들은, 공감의 퇴보를 정량화하는 연구도 할 수 있고, 그 연구를 바탕으로 공감에 개입하는 요소들을 연구해서 공감의 침식까지도 예방할 수 있다고 보는 것 같다.

뉴저지의 로버트우드 존슨 의대에서 수행한 연구에서는 의대 3학년 학생들을 '휴머니즘과 프로페셔널리즘' 프로그램에 참여하게 했다.[7] 이 프로그램은 학생들과 교수진이 함께 만들어낸 것으로 외과, 내과, 소아과, 산부인과, 정신과, 가정의학과를 로테이션 할 때마다 한 시간씩 미팅을 갖는 방식이었다. 교수들이 조언자 역할을 맡았고, 학생들은 진료 과정의 힘든 점, 직접 마주했던 어려운 상황, 자신이 만난 긍정적인 역할 모델과 부정적인 역할 모델, 휴머니즘이나 프로페셔널리즘과 같은 가치를 잃게 만드는 상황, 그런 상황에서 휴머니즘과 프로페셔널리즘을 유지하기 어려웠던 구체적인 문제 같은 것들을 주제로 토론하는 시간을 가졌다. 학생들이 블로그에 자신의 경험을 글로 남기기도 했는데, 그 글이 토론의 소재가 되기도 했다. 추가적으로, 학생들에게 의사와 환자들에 관한 읽을거리도 주어졌으며, 이 역시 의료현장의 경험에 대해 성찰할 수 있는 도구가 되었다.

두 그룹의 3학년 학생들이 프로그램에 참여하기 전, 그리고 학년 말에 JSE 검사를 시행했다. 검사 결과, 두 그룹 모두 공감 점수의 감소가 없었다. 연구자들은 이 결과를 토대로 집중적인 토론과 읽기, 인식 고양 프로그램을 활용하면 3학년 말에 찾아오는 힘든 슬럼프를 예방할 수 있다고 결론 내렸다.

이 연구에는 직접적인 대조군이 없다는 한계점이 있다. 대상을 두 그룹으로 나누어 절반은 프로그램에 참여하고 나머지 절반은 참여하지 않는 식으로 설계하지 않았기 때문이다. 이 프로그램의 수혜를 받지 못한 학생들에게 JSE 검사를 해두지도 않았다. 그러나 이 연구와 이전에 언급한 연구의 3학년 학생들의 시작 단계 공감 점수가 동일했다는 점은 특기할 만하다. 이전 연구에서는 임상 로테이션을 마치고 나서 학생들의 공감 점수가 줄어들었고, 이 연구에서 휴머니즘과 프로페셔널리즘 코스에 참여한 학생들은 공감 점수가 줄어들지 않았다.

UCSF University of California at San Francisco 와 하버드 대학에서는 조금 다른 접근이 시도되었다. 그들이 준비한 건 이전 같은 인문학적 보완책이 아니었다. 그 대신에 3학년 교육과정 전체를 새롭게 바꿨다. 사실 대단한 결단이었다. 기존의 로테이션 과정은 전문과목 별로 각각 4~8주를 돌았는데, 마치 회전문을 들락거리듯 병원과 병동, 의료진과 환자의 삶 일부에 드나들기를 반복했다. 정신도 없고 안정감은 더더욱 없었다. 정신을 좀 차리려는가 싶으면 끝나버리는 식이니 당연히 그렇지 않겠는가? 처음 겪는 병원 생활이 이상하고 혼란스럽기만 한데, 그런 상황에서 어떻게 환자, 동료, 멘토와 긴밀한 관계를 가질 수 있겠는가? 그렇게 '일시적인 상황을 반복해서 강행하는 일'은 환자에 대한 공감을 방해할 뿐만 아니라, 돌보는 사람의 정신 건강에도 좋지 않은 영향을 미치고, 결국 환자의 치료 측면에서도 결과가 좋지 않을 것이다.[8]

교수진은 부산한 로테이션 과정을 없애기로 결단하고, 의료 분과들을 합쳐서 1년짜리 통합 프로그램을 만들었다. 말하자면 학생들에게 하나의 '홈'을 주고, 병원 세계의 모든 측면에 참여해 볼 수 있게 해주는 제도였다. 이 프로그램에 참가하는 학생들은 환자들을 장기적으로 보살피는 능력을 키울 수 있었다. 중환자실 치료부터 퇴원 후 외래나 재택 방문치료까지 참여할 수 있게 된 것이다.

임산부의 임신 과정 전체를 살피고, 출산과정에 참여하고, 태어난 아기가 소아과 외래 진료를 받을 때까지 계속 보살필 수 있었다. 말기 환자를 돌보다가 호스피스 병동에서 일하고, 환자가 사망한 뒤에는 가족들과 미팅하는 자리에도 참여했다. 각 학생에게는 한 명의 멘토 교수가 할당되어 안정적으로 임상 경험을 할 수 있었다. 물론 학생들이 원한다면 다른 외래교수와 함께 다양한 임상 실습도 할 수 있었다.

도시나 그 주변 지역에서는 새로운 접근 방법일 수 있겠지만, 사실 시골 병원에서는 이런 방식이 기본이다. 대다수 시골 지역 의사들은 모든 연령의 환자를 진료할 뿐만 아니라 환자의 생애 과정 내내 안정적인 관계를 맺는다. 미네소타 의과대학 같은 경우에는 학생들이 1년 내내 시골 지역 의료 방식을 체험하며 일하고 배운다.

두 말할 필요 없는 사실 한 가지는, 그런 프로그램은 관리하기가 훨씬 더 복잡하다는 것이다. 적어도 기존 로테이션 기반의 임상 실습보다는 말이다. 조직을 구성하기도 복잡하고 소요되는 비용도 교수 참여가 요구되는 만큼 많이 들어간다. 병원 입장에서는 외래 교수가 환자를 진료하지 않고 교육에 시간을 뺏기는 만큼 재정적으로 손해다. 이 프로그램을 설계할 때는 이 부분을 기본적으로 생각해야 한다.

하버드 의과대학에서는 학생들을 두 그룹으로 나누어 한 그룹은 통합 실습에 참여하게 하고, 다른 한 그룹은 기존 로테이션 실습을 하게 해서 둘을 비교했다.[9] 그 결과, 학업성취도나 임상기술 측면에서는 두 그룹 학생들 사이에 별다른 차이가 없었다. 그러나 윤리적 딜레마에 접근하는 차원이나 환자와 가족의 의사결정을 돕는 차원에서는 통합 실습에 참여한 학생들의 점수가 높았다. 통합 실습에 참가한 학생들은 다들 환자와 의미 있는 관계를 수립했다고 응답했고, 기존 방식으로 실습한 학생들은 50% 정도만 그렇다고 답했다. 통합 실습을 한 학생들은 기존 방식으로 실습한 학생들보다 불확실한 상황에서 더 편안함을 느꼈고, 자신들의 약점과 강점에 대해 성찰할 수 있는 기회도 더 많이 가졌다고 응답했다. 전반적으로 통합 실습을 받은 쪽이 교육 경험과 관련해서 더 행복해 했고, 그들이 생각했던 의료의 이상을 내려놓지 않아도 된다고 느꼈다.

내가 보기에 이런 연구들은 의과대학이 공감을 가르쳐야 하는가, 아니면 공감 지수가 높은 학생들을 선발해야 하는가의 문제를 넘어선다. 사실, 두 가지가 다 필요하다. 기존 의과대학 입학시험 안에 윤리, 철학, 인문학, 사회학을 집어넣는 쪽으로 정비하는 것으로 알고 있다.[10] 시험을 그렇게 바꾼다고 해서 학생들의 공감 능력이 보장되지는 않겠지만, 좀 더 넓은 분야로 시야를 넓혀줄 것은 확실하다. 그리고 인문 교육, 환자와의 장기적인 만남, 1대1 멘토링 같은 프로그램이 학생들의 윤리적인 퇴보를 최소화하고 의과대학 교육 과정에서 발생하는 부정적인 영향을 줄이는 데 도움을 줄 수 있을 것이다.

한 가지 분명한 사실은, 학생들이 의과대학에 입학할 때는 강한 휴머니즘과 높은 공감 능력을 가지고 있다는 것이다. 의대생들 수백 명과 일해 본 내 경험으로는, 학생들의 휴머니즘과 공감 능력은 전혀 부족하지 않다. 따라서 의과대학이 직면한 도전은 바로 학생들의 이런 자질이 교육 훈련 중에도 유지되고 강화될 수 있게 해주는 것이다.

이런 교육은 병태생리학과 달라서 강의실에서 파워포인트 슬라이드를 이용해 가르칠 수 없다. 그보다는 학생들이 목격하는 윗사람들의 행동, 그들이 모델로 삼는 행동들을 통해 배울 수 있다. 다행히도, 여러 의과대학에서 이런 부분에 초점을 맞추어가고 있는 것 같다.

나는 공감에 관한 교육을 다문화주의 교육에 비교하곤 한다. 다문화주의라는 주제는 정치적으로 매우 올바른 것으로 인식되고 있다. 그런 이유로 의과대학과 병원에서도 문화 감수성 세미나, 문화 다양성 인식의 날 행사를 계속 하고 있다. 이 프로그램들은 의미도 좋고, 아주 열심히 진행되고 있지만, 사실 유용성이 크지는 않다.

오히려 임상진료에 있어서 내게 더 크게 영향을 준 것은, 학생 시절에 외래 교수였던 나이 많은 백인 남자 의사들로부터 배운 교훈이다. 그들은 녹말풀을 먹여서 다린 셔츠를 입고 있었고, 아주 보수적인 문양의 타이를 매고 있었다. 진료를 할 때는 늘 단추를 모두 채우고 있었다. 그들이 의대에서 공부하던 시절의 풍경은 그들의 모습과 똑같았다. 문화 다양성 인식의 날도 없었고, 사회적 약자 우대정책도 없었고, 문화적 영향에 대해 이야기하지도 않았다.

그러나 내가 본 그들은 문화적 인식이 가장 높은 부류의 사람들이었다. 물론 그들이 정치적으로 올바른 말을 쓰는 경우는 거의 없었던 것 같다. 어떤 면에서는 더 할 나위 없는 구닥다리 의사의 모습이었다. 그러나 환자의 침상 옆으로 다가가는 일은 그들에게 신성한 행위였다. 환자가 알코올에 중독된 에콰도르 출신 노숙자든, 베일을 쓴 무슬림 여성이든, 미국에 잠시 방문한 스위스 외교관이든 상관없이 철저히 상대를 존중하는 태도로 진료에 임했다. 그들은 환자로부터 더 많이 듣고 배우려 했다. 환자의 이야기 속에 답이 있다는 공리가 그들에게는 전혀 진부한 말이 아니었기 때문이다.

이 나이 많은 의사들은 임상적 호기심으로 가득했고 환자들을 이해하려고 노력했다. 그래야만 환자들의 신체에 발생한 의학적 상태들에 대해 자세히 설명할 수 있기 때문이다. 그들은 철저함, 참을성, 호기심 같은 것들이 몸에 배어 있었다. CT나 MRI 같이 환자 몸을 금세 들여다 볼 수 있는 도구가 없던 시대에 수련을 받았기 때문일 지도 모르겠다. 그러나 최신의 진단 도구를 언제든 이용할 수 있게 된 지금까지도 그들은 이전과 똑같은 태도로 환자를 진료하고 있다. 그렇게 하는 것이 각각의 환자들이 가진 질환의 특징과 그들의 인격적 존엄성을 깊이 인식하는 데 도움이 되기 때문이다.

그들 중에는 네팔에 백팩 여행을 다녀온 사람도, 우간다에서 평화 봉사단원으로 활동한 사람도, 온두라스에서 인권 캠페인을 벌인 사람도 없었던 것 같다. 그렇지만 그들은 모든 환자를 존중했고, 각각의 환자들에 대해서 되도록 더 많이 듣고 배우려 했다.

벨뷰 병원에서 그들과 회진했던 때가 기억난다. 학생 시절이었는데, 내 눈에는 풀 먹인 하얀 가운을 입은 백인 의사가 히스패닉, 아시아인, 흑인들로 가득 찬 병동에 서 있는 모습이 사뭇 특이하게 보였다. 그들은 그곳의 환자들과 전혀 다른 교육적 배경을 가지고 있었다. 환자들 대다수는 가난하고 교육도 제대로 받지 못한 이민자들이었다. 나는 이 의사들이 환자들과 맺는 관계의 정도가 무척 제한적일 거라고 생각했다. 그들 사이에는 너무도 커다란 사회적, 경제적, 문화적 거리가 있었기 때문이다. 환자들이 무척 불편해 할 거라는 생각도 했다. 하얀 가운을 입은 권위 있는 모습의 남자 의사에게 위축되고 불편한 마음이 들 거라고 생각했다.

그러나 전혀 딴판이었다. 이 의사들은 전통적인 의대에서 배운 그대로 환자들을 존중하며 진료했고, 진정한 호기심으로 그들의 삶을 바라보았고, 환자들은 거기에 진심으로 답했다. 나는 나이 많은 남자 의사들이 섬세하게 살피며 던지는 질문들, 문화나 배경에 대해 이야기를 나누는 모습을 보면서 경이로움마저 느꼈다. 그들은 그렇게 공감을 몸소 보이고 있었다. 환자에게 진지하게 병력을 묻고, 환자가 누구인지 알기 위해 진심으로 물었다. 환자의 삶이 어떠한지, 어쩌다가 병에 걸리게 되었는지, 질병을 가지고 살아가는 그들 주변에 어떤 자원이 있는지에 대해 관심을 가졌다. 바로 이런 것들이 공감의 기초였다.

의대생들과 인턴들에게 공감을 가르치는 책임은 커리큘럼을 설계하는 사람이나 핵심역량을 선정하는 사람의 아니라 병동에서 그들을 감독하는 의사들에게 있다. 학생들은 강의실에서 듣고 배운 것보다 현장에서 겪은 경험이 얼마나 더 중요한지를 기억하게 될 것이다. 오래 전에 내가 여성 노숙인을 도와주던 간호조무사에게서 배웠던 것처럼 말이다.

요령 있는 임상 교수라면 환자에게 공감을 전하기 위해 어떻게 행동하고 말해야 하는지 좀 더 분명히 가르쳐 줄 수 있을 것이다. 예를 들어 학생에게 환자가 무엇을 말하고 어떻게 교정해주길 원했는지 떠올려보게 하는 것도 방법이 될 수 있다. 환자에게 "자, 이렇게 하고 나서 상태가 어떤지 보겠습니다."라고 말하는 것도, 의사가 이야기를 잘 들을 뿐만 아니라 환자의 관점을 이해하려고 노력하고 있음을 보여줄 수 있다.[11]

의대에 입학한지 한 달 정도 지났을 때, 나를 비롯한 의대생들이 닥터 프랭크 스펜서의 진료실에 들어갔던 적이 있다. 환자와 어떻게 인터뷰해야 하는지 배우기 위해서였다. 닥터 스펜서는 흉부외과 의사였는데, 심장우회술과 동맥 출혈 수술 분야의 선구자였다. 병원 전체에 무섭기로 소문이 자자한 분이기도 했다. 환자 케어에 대해서 질문할 때마다 레지던트나 학생들은 벌벌 떨었다. 그가 레지던트를 질책하는 걸 본 적도 있었다. 악명 높기로 유명한 M&M병의 이환과 사망, Morbidity and Mortality 컨퍼런스 도중이었는데, 흉부외과 인원이 전부 모인 자리였다. 왜 실수가 발생했고 결과가 나빴는지 검토하는 회의였다. 그는 표준 이하로 보이는 진료를 낱낱이 거론하면서, 텍사스 출신 특유의 비음 섞인 말투로 쏘아붙였다.

"당신 말이야, 이 따위로 환자를 볼 거면 애초에 수술은 왜 한 거야? 데리고 나가서 총으로 쏘는 거랑 뭐가 달라?"

그러나 환자들은 그를 경외했다. 왜 그런지는 금방 알 수 있었다. 그가 고함 치고 엄포를 놓는 건 레지던트에게 망신을 주기 위해서가 아니라 (물론 몇몇은 그렇게 듣기도 했지만) 환자 한 사람 한 사람 최선을 다해 진료하라는 뜻이었다. 조금이라도 완벽하지 않다면 안주하지 말라는 가르침이기도 했다. 환자들은 금세 알아차렸다. 닥터 스펜서가 환자를 위해 최선을 다하는 분이라는 걸 말이다. 그런데 닥터 스펜서를 처음 만난 그날 진료실에서 내가 배운 건, 그와는 또 다른 통찰이었다.

그는 말없이 철제 의자를 끌고 검진 테이블 쪽으로 다가갔다. 학생들은 벽에 붙어 서서 그를 지켜봤다. 의자 높이를 가장 낮게 한 다음, 머리가 검진 테이블 높이쯤 되게 해서 앉았다. 그가 말했다.

"환자에게 말을 걸 때는 환자의 눈높이나 그 아래쪽에 앉아야 합니다. 절대로 환자를 위에서 내려다보면 안 됩니다. 아픈 사람은 그들이고 문진을 받는 사람도 그들이지 당신이 아닙니다."

아주 단순한 제스처였지만 환자에게 어떻게 다가가야 하는지를 보여주는 행동이었다. 그 당시 나는 어떤 의사가 되어야 하는지를 고민하고 있었기 때문에 그 순간이 무척 강렬하게 다가왔다. 의사들 중 가장 높은 위치에 있던 그에게 환자를 어떻게 겸손하게 대할 것인가라는 문제가 없었으니 당연했다.

그 후로 나는 수련을 받는 내내 윗사람들이 환자에게 말하고 행동하는 모습을 유심히 지켜봤다. 그리고 환자들이 어떻게 반응하는지, 의사들의 행동이 작용하는지 안하는지도 관찰했다. 모든 분들이 닥터 스펜서처럼 분명한 건 아니었다. 그러나 그들은 매일 매순간, 의식하지는 않았지만 가르침을 주고 있었다.

닥터 스펜서를 처음 만난 지 25년이 흘렀다. 그러나 그는 여전히 변한 것이 없었다. 단정한 옷차림에 정중했으며, 주름 없는 얼굴에 눈매는 또렷했다. 잘 정돈된 그의 연구실에는 사진이 가득했고, 그 중에는 한국전쟁에 참전했던 기념으로 간직하고 있는 사진과 물건도 있었다. 메스키트 나무가 허허벌판에서 서 있는 사진도 걸려 있었다. 그 나무에서 50 피트쯤 떨어진 곳에 살면서 목장일과 농사일을 하는 가족 출신이라고 했다.

그가 군 복무 시절의 이런저런 추억을 떠올리다가 대동맥 출혈이 있는 군인을 만났을 때 크게 충격 받았던 일을 이야기해주었다. 당시에 그런 환자는 동맥을 묶고 다리를 절단하는 것이 일반적이었다. 하지만 그는 동맥을 치료하고 나서 다리를 구하는 수술이 가능하다는 사실을 알고 있었다. 그런 이야기를 했더니 의사들이 야전교본을 꺼내서 동맥 출혈이 있으면 묶고 나서 절단 치료를 해야 한다고 적힌 페이지를 보여줬다고 한다.

닥터 스펜서는 의료진을 모아놓고 동맥을 묶지 않고 수술해보겠다고 이야기 했다. 규정에 어긋나는 일이었지만, 동료들을 확신시키며 함께 하자고 했다. 그리고 이런 말도 했다.

"이 일로 용감한 군인에게 주는 메달을 받을 수도 있고 군법에 회부될 수도 있습니다."

그들은 군법을 어겼다. 그 결과 수백 명의 군인들이 한국에서 다리 하나가 아니라 두 다리로 멀쩡히 돌아올 수 있었다. 용기 있는 군인에게 주는 메달이 그의 벽에, 바로 그 메스키트 나무 사진 옆에 걸려 있었다.

프랭크 스펜서로부터 가장 깊게 인상을 받은 점은 환자들에게 헌신하는 모습이었다. 그는 의사들을 향한 환자들의 분노, 그로 인해 발생하는 의료 소송 대부분이 의사들의 공감 부족이나 진심 어린 소통 부족으로부터 비롯된다고 여기고 있었다.

환자들로부터 감정적인 거리를 유지하기 위해 '평정심'을 가져야 한다고 했던 오슬러 경의 이야기를 꺼내자, 그가 콧방귀를 뀌며 말했다. "쓰레기는 깡통 속에 넣어도 여전히 쓰레기죠." 남부 억양에 조롱 섞인 말투였다. "그가 대체 뭘 알겠어요? 그는 캐나다 초원 출신의 젊은 병리학자였어요. 환자 침상에서 지켜야 할 매너도 카데바 옆에서 배웠을 걸요."

프랭크 스펜서 같은 선생님으로부터 배운 학생이든 그렇지 않은 학생이든, 그들이 결국 만나는 사람은 위기에 처한 환자다. 조사 결과, 공감하는 의사에게 환자들이 더 만족하는 것이 분명하고 또 놀라운 일도 아니다. 그러나 공감과 환자의 신체적인 건강 사이의 인과관계는 아직 분명하지 않다.

의사의 공감과 환자의 건강 사이의 인과관계는 아직 더 많이 연구되어야 할 영역이다. 그러나 예비 연구결과는 무척 흥미롭다. 한 연구에서는 높은 공감 점수를 받은 의사의 환자들이 콜레스테롤이나 혈당을 더 잘 관리했다고 보고했다.[12] 복약의 협조도 역시 공감 점수가 높은 의사들의 환자에게서 더 높게 나타났다.[13] 종양내과 환자의 경우, 공감 점수가 높은 의사들에게 치료 받았을 때 삶의 질이 더 높았고, 우울 정도도 약한 것으로 나타났다.[14] 심지어 감기마저도 영향을 받는 것처럼 보였다. 공감 점수가 높은 의사에게 진료 받은 감기 환자들이 증상 정도도 낮았고 회복 속도도 빨랐다.[15]

이런 종류의 연구 중 2만 명의 당뇨병 환자와 242명의 의사들을 대상으로 분석한 대규모 연구가 있었다. 이 연구는 입원하거나 혼수에 이를 정도로 과혈당과 저혈당을 반복하는 환자들을 대상으로 분석되었다. 실험에 참가한 의사들은 모두 JSE 공감테스트를 받았고, 점수에 따라 상·중·하로 그룹을 나눴다. 그런 다음, 환자들에게 발생하는 심한 당뇨병 합병증을 조사한 결과, 공감 점수가 높은 의사에게 진료 받은 환자들이 공감 점수가 낮은 의사에게 진료 받은 환자들보다 합병증 발생률이 40%나 낮았다.[16] 이 정도면 집중적인 당뇨 치료에 필적할 만한 결과다. 집중적인 당뇨 치료에서는 심각한 부작용이 발생하는 경우도 있었지만, 공감 점수가 높은 의사에게 치료 받은 환자들 중에는 이상 반응이 나왔다는 기록이 없었다.

의사가 환자의 이야기를 잘 들었기 때문인지, 다른 의사들이 놓친 중요 사항을 놓치지 않았기 때문인지, 환자들이 더 안정감을 느끼고 치료를 위해 자기가 할 바를 더 잘 했기 때문인지는 명확하지 않다. 구체적으로 무엇이 무엇에 기인하여 일어났는지는 분석하기 어렵지만, 그걸 꼭 하나

의사의 감정

의 원인으로 몰고 가는 환원주의자가 될 필요도 없을 것 같다.

오슬러 경은 병리학자이기도 했지만 내과 의사이기도 했다. 그는 스펜서의 말처럼 카데바도 많이 봤지만 환자 진료도 많이 했다. 그가 남긴 유명한 말이 있는데, 아마 히포크라테스가 했던 말을 반복한 것인지도 모르겠다. "중요한 건 어떤 환자가 질병에 걸렸는지 아는 것이다. 환자가 어떤 질병에 걸렸는지 아는 것은 그보다 덜 중요하다." 나는 이 말이 공감에 대한 그 어떤 정의보다도 탁월한 조작적 정의라고 생각한다.

제임스 이스턴 씨는 두 다리를 절단해야 할 만큼 심각한 궤양 병소가 있는 고령의 환자였다. 내가 만난 어느 환자보다도 힘든 축에 끼는 환자였다. 사실 해야 할 처치는 분명했다. 항생제를 처방하고 드레싱을 바꿔주는 것이다. 그러나 그의 몸을 바라보는 이들마다 경악을 금치 못했고, 특히 우리 팀의 레지던트가 그랬다. 그녀가 머리를 절레절레 흔들며 혼잣말 하는 걸 들었다.

"이 상태로 살아있을 수 있다니, 정말 알 수 없는 일이야."

온몸의 상태가 좋지 않았고 수술 자체도 엄청났기 때문에 다리를 절단하는 결정을 내리기 힘들었다. 윤리적으로도 진퇴양난이었다. 이 환자의 삶의 질은 최악이었고 남아 있는 신체가 너무도 왜소해서 혼수상태에 빠진 사람보다 더 나빠 보일 정도였다.

제임스 이스턴 씨가 입원한 지 얼마 되지 않은 어느 날, 레지던트가 닥터 스테이션에 있는 내게 뛰어와서 숨찬 목소리로 외쳤다.

"이스턴 씨 가족이 왔어요."

가족? 이스턴 씨에게 가족이 있었단 말이야?

우리는 그런 상황의 환자에게 가족이 있으리라는 상상조차 하지 못했다. 그의 신체나 정신을 배에 비유하자면, 마치 외닻으로 정박한 상황이었다. 우리는 그 모습을 보면서 그가 사회적으로도 외닻으로 정박했으리라고 가정해버렸다. 극단적인 외양만 보고 다른 모든 면도 그럴 거라고 생각한 것이다.

그런 생각을 하기까지 우리 사이에 공유된 인식 같은 건 없었다. 회진 때 이스턴 씨가 사람이라고 생각하기 힘든 모습을 하고 있다고 이야기한 적도 없다. 하지만 지금 와서 생각하면, 그 때 우리가 어떤 느낌이었는지 알 것 같기도 하다. 우리는 이스턴 씨의 몸 상태 때문에 안절부절못했다. 살 수 없을 것 같은 몸으로 살아 있었기 때문에, 평소의 도덕적인식을 차단시킴으로써 어려운 상황에 대응했던 것 같다.

그러나 그의 부인이 병실에 도착하자마자 모든 상황이 달라졌다. 다부지고 상식도 풍부해 보이는 사람이 녹색 구두, 꽃무늬 모자, 교회 갈 때 입을 법한 초록색 정장을 입고 나타났다. 남편은 상황이 무척 좋지 않았지만, 그녀는 제법 활기차 보였다. 데이지 꽃을 한 아름 안고 와서, 의자와 스탠드를 제자리로 옮기고, 벽에다 기도문을 붙였다.

이스턴 씨 부인이 도착한 덕분에 레지던트는 한결 부담을 덜 수 있었다. 그 레지던트는 환자를 대하는 일 때문에 무척 힘들어 했던 게 분명했다. 그런데 지금 이 환자를 아는 사람이 나타난 것이다. 그녀가 입에 달고 있던 말, '어떻게 이 상태로 살아있을까'라는 말은 더 이상 입 밖으로 나오지 않았다.

이스턴 씨 부인은 우리에게 그가 자주 뇌졸중을 겪었고 그 때문에 얼마나 힘들어했는지 알려주었다. 내내 침대에 누워 지내야 했고, 엄청난 당뇨가 찾아왔고, 헤로인 때문에 치유 능력이 거의 파괴되었고, 감염과 궤양이 계속 생겨서 의사들도 놀랐다고 했다. 요양원 이곳저곳을 전전하는 동안 궤양이 그의 다리를 점점 깊숙이 파고들었다고도 했다. 그녀가 말했다.

"이 양반은 설교를 하던 사람이에요. 그런데 이제는 자기 머릿속으로만 설교를 하겠죠. 설교할 때 모습을 보시면, 아, 얼마나 눈이 빛났는지 아실 텐데."

마치 우리가 그 동안 초점이 맞춰져 있지 않은 현미경으로 어두운 얼룩만 들여다봐온 것 같은 형국이었다. 그러다가 이스턴 씨 부인이 현미경 다이얼을 조정해주고 나서야 이전에 실수로 잘못 봐온 이미지를 제대로 볼 수 있게 된 것 같았다. 부인이 등장하고 나서 갑자기 이스턴 씨가 보통 사람으로 보이게 되었다. 인생 이야기도 있고, 인간관계도 있고, 그가 처한 열악한 몸 상태 너머에 여러 차원이 있는 그런 사람으로 말이다. 우리는 어떤 사람이 질병을 갖게 되었는지를 알고 놀라게 되었다. 그 전까지는 이 사람이 가진 질병 때문에 놀랐지만 말이다.

당신이 이렇게 항변할지 모르겠다. 부인이 나타나지 않았어도 이스턴 씨의 인간성을 볼 수 있어야 했다고 말이다. 맞다, 우리는 그랬어야 했다.

그러나 그러지 못했다. 공포와 불안과 편견과 근시안이 우리를 지배했다. 그러나 다행히, 우리와 우리가 만날 미래의 환자들을 위해서 이스턴 씨 부인이 은혜를 베풀어주었다.

의사의 감정

줄리아 이야기 – 2

　줄리아의 스탈링 커브가 떨어진 그 눈부신 가을날은 그녀에게 처음 죽음을 알린 지 8년쯤 지난 날이었다. 그 사이, 그녀의 건강은 놀랄 만큼 좋았다. 심장은 점점 나빠지고 있었지만 다른 장기와 근육과 힘줄은 튼튼하게 그녀를 지탱하고 있었다. 그 점을 이용해 심장내과 팀은 약을 강하게 쓰면서 울혈성 심부전 증상을 저지하고 있었다. 줄리아는 약의 용량을 변화시킬 때도, 약을 추가하거나 중단할 때도, 약 때문에 내원 약속을 할 때도, 약물의 균형 상태가 불안정해지지 않도록 여러 번씩 혈액 검사를 할 때도 언제나 잘 협조했다. 영어 한 마디 못하는 그녀에게는 결코 쉽지 않은 일이었다. 줄리아는 끈기 있는 사람이었고, 두 아이를 위해 어떻게든 살아야 한다는 생각으로 버티는 같았다.

　그렇게 8년이 지나는 동안 우리는 외래 약속을 자주 잡았다. 수시로 바뀌는 심장내과 처방에도 꾸준히 잘 따르고 있었다. 완벽하게 건강해보였고, 정신적으로도 건강했다. 아파트 계단을 세 개씩 뛰어오르면서 아이들을 챙겼고, 인생의 고난을 성공적으로 헤쳐 나갔다. 만약 그녀가 고혈압, 당뇨, 비만, 심장마비를 견뎌야 하는 65세의 여성이었다면, 아마도 이미 이 세상 사람이 아니었을 것이다. 그러나 줄리아는 젊고, 건강하고, 진료도 잘 받고, 운도 좋아서 그녀의 병에 관한 교과서적인 내용들을 전부 다 뒤집어놓고 있었다.

　그냥 보면, 아무도 알 수 없었다.

그러나 나는 알았다. 그리고 그녀도 알고 있었다. 그녀를 병원에서 만날 때마다 초현실적인 기분이 들었다. 내 눈은 건강한 젊은 엄마를 보고 있었지만, 내 가슴은 그녀가 얼마나 취약한 존재인지 알고 있었다. 그녀의 심장에서 들리는 가느다란 소리를 들을 때마다 내 심장을 쥐어짜는 것만 같았다. 헤어질 때마다 "잘 가요." 하며 다음 약속을 기약했다. 그러나 이게 마지막은 아닐까 늘 두려웠다.

그 순간이 왔을 때, 그녀의 심장이 점점 약해지다가 마침내 그녀를 부숴버릴 때, 심장내과 의사들도, 그녀의 가족과 친구들도 교회에서 기도를 하는 것밖에는 할 수 있는 게 없었다. 잔인한 죽음 앞에 굴복해가는 그녀를 지켜보는 우리로서는, 심장이식이라는 말이 그저 잔인하게만 느껴졌다. 그녀가 불법 이민자였기 때문이다.

8년 사이에 그녀에게나 나에게나 많은 일이 있었다. 그녀가 미국에서 낳은 딸 루시타는 유치원에 들어갔다. 내 작은 딸 아리엘은 내가 코스타리카에서 안식년을 보낼 때 태어났다. 줄리아와 나에게는 딸들의 복잡한 시민권 문제가 있었고, 스페인어와 영어를 잘 해내야 하는 문제도 있었다.

줄리아의 큰 아들 바스코는 할머니와 함께 과테말라에 남겨져 있었다. 줄리아와 남편은 돈을 모았고, 바스코가 여덟 살 되었을 때 국경을 넘어 데리고 올 수 있는 비용 4,500달러를 마련했다. 그러나 쉽지 않았다. 바스코는 사막 언덕을 오르내리다가 신발 한 짝을 잃어버렸고, 이민국 공무원들이 그걸 붙들고 늘어졌다. 코요테를 피하다가 없어졌다는 말을 하지 못했다. 뇌수막염을 앓고 나서 학습장애가 생기는 바람에 가짜 이름을 기억하지도 못했다. 결국 아이는 텍사스에서 수개월 동안 붙들려 있었고, 그

동안 서류를 작성해서 줄리아의 오빠가 아이를 데려왔다. 바스코는 마침 내 부모와 살게 되었지만, 장애와 연관된 행동 문제 때문에 학교에서도 곤란을 겪어야 했다.

그 세월 동안 줄리아를 만날 때마다 마음이 아팠다. 그녀는 미래에 대해 이야기하기를 꺼렸고, 나도 그녀의 뜻을 조용히 따랐다. 솔직히 말해서 나도 그게 편했다. 나는 현실을 부정하는 방어기제 뒤에 숨어서 그날 그날의 일에만 집중했다. 그런 한편으로 죄책감을 느꼈다. 마치 최후의 날이 오지 않을 것처럼 줄리아와 내가 함께 거짓으로 꾸미고 있는 것 같은 기분이었다. 나는 그게 가짜라는 걸, 신기루라는 걸 알았다. 그러나 어떻게든 현실이 되기를 간절히 바랐다.

어느 가을날 아침, 부정의 끝이 찾아왔다. 병원에 들어가고 있을 때였다. 가을 향기가 물씬 나는 활기찬 아침이었다. 창백하고 파리한 얼굴을 보자마자, 그녀가 괜찮지 않다는 걸 알아차렸다. 줄리아가 말했다. 몸을 조금만 움직이려고 해도 '진흙 속에서 헤엄치는 것 같은' 기분이 든다고. 맞다. 문제가 생긴 거다. 곧바로 심장내과 의사에게 콜을 하고, 줄리아를 중환자실로 입원시켰다. 그래도 혹시 모르는 일이라고 생각했다. 감염일 수도 있고, 투약한 약 때문일 수도 있고, 뭔가 균형이 조금 무너져서 생긴 문제일 수도 있으니까. 나는 그런 희망에 매달렸다.

불행히도 그게 아니었다. 그냥 그녀의 병이 악화된 것이다. 강한 약으로 심장의 혈압을 내리는 동안, 나는 심장내과 의사에게 압박을 가했다. 그에게 간청했다. 심장이식 명단에 올릴 방법이 없을까요?

장기 기증 재단에 전화해서 알아보니 1% 정도는 외국인에게 간다고 했다. 대상이 미등록 이민자인지, 외국의 왕족이나 여행자인지는 알려주지 않았다. 어쨌든 아주 작은 희망은 있었다.

심장내과 의사는 장기를 이식받는다고 해서 끝나는 문제가 아니라고 했다. 이후에도 계속 면역억제제를 투약하며 견뎌야 하는 문제라고 했다. 보험이 없으면 1년에 만 달러나 들기 때문에, 이식 후보자는 보험이 있거나 돈이 있어야 했다. 그뿐이 아니다. 언제 문제가 생길지 모르는 그녀를 도와줄 안정적인 사회적 네트워크도 필요했다.

그 즈음 나는 《Medicine in Translation》이라는 책을 집필하던 중이었다. 줄리아에게 정확한 진단을 이야기하기 힘들었던 사연은 이미 적었고, 줄리아의 마지막 난관과 심장내과 의사와 나눈 대화를 책에 더하고 있었다. 그 역시 희망이 없는 눈치였지만, 그래도 뭐든 해보고 싶어했다.

"제가 콜롬비아에서 레지던트 과정을 했는데요." 심장내과 의사가 말했다. "거기에 장기이식 팀이 있는데, 제가 줄리아 이야기를 해볼게요. 그녀를 데려가도 되는지 물어볼게요."

"그들이 안 된다고 하면요?" 내가 물었다.

"그러면 시나이 병원에도 연락해볼게요. 프로그램 규모가 작은 곳이지만, 시도는 해볼 수 있어요."

"그 사람들도 안 된다면요?"

"몬테피에로에도 한 번."

"거기도 안 된다면요?"

이번에는 답이 없었다.[1]

의사의 감정

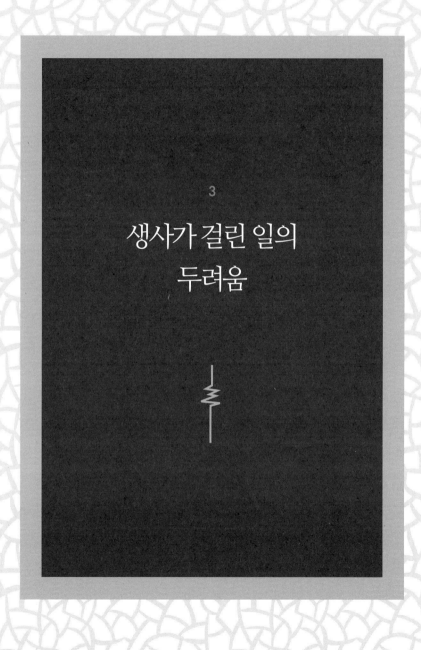

3

생사가 걸린 일의
두려움

내 호출기에 심정지 응급콜이 울렸다. 그 순간 병원 전체에 방송이 흘러나왔다. "코드4. 심정지. 내과계 중환자실." 방송에서 같은 주문을 또박또박 반복했다. 내가 못 듣기라도 할까봐 그러는 것 같았다. 23층짜리 병원 전체에 되풀이해서 메아리치는 방송도 그렇고, 끝없이 진동하는 허리춤의 호출기도 그렇고, 내 양쪽에서 압박의 물결이 거세게 몰려드는 기분이었다. 결국 올 것이 왔다.

내가 책임져야 하는 첫 번째 코드.

레지던트로 2년을 지내고 나니 코드가 내 책임이 되었다. 그 2년 동안은 괜찮았다. 뭔가 극적인 일을 한다는 흥분, 팀의 일부가 되었다는 스릴, 사람을 구하기 위해 필요한 여러 일들 중 하나를 맡았다는 감사함, 그리고 무슨 일이 있더라도 내과 책임자가 감독해줄 거라는 안도감, 이런 것들이 있었기 때문이었다. 그런데 이제 상황이 달라졌다. 지시를 내려야 하는 사람도 나, 케어를 감독하는 사람도 나, 업무를 할당해야 하는 사람도 나, 결정을 내려야 하는 사람도 나다.

내과 책임자로 일한 지 일주일도 되지 않은 때였다. 한 달 내내 관상동맥은 잘 흐르고, 폐포는 산소로 가득 차고, 혈전은 스르르 잘 녹아내리기를 희망하면서 하루하루를 세고 있었다. 그러나 바람대로 되지 않았다. 그리고 드디어 일이 생겼다. 내가 담당해야 할 첫 번째 코드다.

제기랄!

손으로 가운 양쪽 주머니를 꽉 눌러서 의료도구, 카드, 포켓가이드 같은 물건들이 빠져나오지 않게 하고 내과 중환자실로 달려갔다. 중환자실 안으로 뛰어 들어갔을 때, 목구멍은 사하라 사막처럼 타들어 갔고 맥박은 셔츠가 터질 것처럼 뛰었다. 병동을 주욱 훑어봤다.

5번 베드 주위에 사람들이 몰려 있었다. 사람들을 밀쳐 내고 침대 머리맡으로 다가갔다. "제가 내과 책임자입니다." 긴장한 티가 나지 않게 소리를 꾹 눌러 말했다.

그 다음부터는 뇌가 쪼개진 것 같았고 머릿속이 캄캄했다.

레지던트가 여러 가지 사실들을 보고했다. 환자는 72세의 남성으로 당뇨와 관상동맥 질환을 앓고 있다. 작년에 뇌졸중과 폐렴으로 입원했고, 항생제 알러지 반응과 신부전 병력이 있다. 3일 전에 울혈성 심부전으로 내과 중환자실로 이송되었으며, 지난밤 열이 치솟았고, 섬망이 있었지만 말은 할 수 있었다. 그런데 지금은 반응이 없다. 맥박은 희미하게 유지되고 있으며, 혈압은 70으로 떨어져 있다.

의사의 감정

아니, 아마 그렇게 이야기했던 것 같다. 그가 말을 끝낸 지 20초 밖에 되지 않았는데, 20년은 지난 것처럼 아무 것도 되뇔 수 없었다. 그의 말들이 내 머릿속에서 갈 길을 잃고 사라져버린 것만 같았다. '말 좀 해봐' 나는 스스로에게 애원했다. "흉부압박." 드디어 입을 열었다. "산소를 계속 주세요. 라인 연결하고 심전도 체크하세요."

'바보가 아니고서야 이런 환자를 살리는 기본사항 쯤은 다 아는 거잖아. 그런데 뭘 해야 하지?' 머릿속이 뒤죽박죽 엉켜서 패닉 상태가 되어 버렸다. ACLS Advanced Cardiac Life Support, 전문심장소생술 연수 때 배운 게 하나도 생각나지 않았다. 그 때 배운 프로토콜은 모두 다 논리적이었고, 마네킹 실습을 할 때는 너무 쉽고 간단해서 웃음이 날 정도였다.

그러나 지금 이 사람, 실제로 살아 있는 사람, 내가 키를 쥔 바람에 더 오래 살기 힘들 것 같은 사람 앞에 선 순간, 그 때 배운 프로토콜의 매듭이 하나도 풀리지 않았다.

전기 쇼크를 먼저 해야 하나, 에피네프린을 먼저 줘야 되나? 심정지 알고리듬에 따라 에피네프린만 주면 될까? 무맥성 전기 활동 알고리듬을 따라야 할까? 아니, 무맥성 심실 빈맥 알고리듬을 따라야 하는 걸까?

누군가가 내 손에 심전도 기계를 쥐어주었다. 손에 뭔가가 잡히자 감정이 잠시나마 누그러졌다. 마치 부적을 손에 쥔 것처럼, 해결책을 직감적으로 알 수 있을 것 같았다. 공포에 질린 뇌 속을 다시 점화시킬 수 있을 것 같은 기분이었다.

심전도를 뚫어져라 처다봤다. 눈을 가늘게 뜨고 지그재그로 움직이는 모양을 계속 처다봤다. 그런데 그게 산스크리트어처럼 뒤죽박죽으로 보였다. 생각해 봐, 나에게 다그쳤다. 생각을 해 보란 말이야! 심전도를 다각적으로 봐야 한다고 선생님들이 그렇게 강조하셨잖아. 리듬, 속도, 축, P웨이브, ORS콤플렉스, T웨이브를 체계적으로 보라고 말이야. 그 모든 가르침이 몸서리쳐지는 차가운 현실 앞에서 모두 증발해버리고 말았다.

생각을 해, 나 자신에게 외쳤다.

맞아. T웨이브야. 아, 그런데, 그냥 피크가 좀 있는 게 아닐까? 피크가 있는 T웨이브는 포타슘 레벨이 높아졌다는 뜻이지. 그런데 그게 아닐 때도 있잖아. 피크가 있는 것처럼 보이지만 실제로는 피크가 아닌 경우도 있어.

약간 피크가 있어 보였다. 그렇게 생각했다. 어쩌면 그저 초급성의 T웨이브일 수도 있었다. 아니면, 초기 재분극 때문에 확대되어 보이는 것일 수도 있었고, 그게 아니라 그냥 크게 보이는 것일 수도 있었다. 너무 겁에 질려서 나 자신을 믿을 수가 없었다. 과칼륨혈증 치료를 지시할 수도 있었다. 피크가 있는 T웨이브가 맞다면 말이다. 그런데 겁이 나서 내가 틀릴 수 있다는 생각을 했다. 실제로는 과칼륨혈증이 없는데 정맥으로 칼슘을 주사한다고 치자. 그러면 완전히 큰 일 아닌가?

"여기 누가 담당하고 있는 거죠?"

새로운 목소리였다. 갑자기 몸이 바싹 굳었다. 심장내과 전문의가 군중을 뚫고 들어와서 엉망진창으로 돌아가는 상황을 보고 있었다. 올려다보면서 내가 코드를 진행하고 있다고 슬그머니 알렸다.

그와 내가 서로를 알아보는 당황스런 순간이 잠시 스쳤다. 미첼은 의대에서 같은 클래스의 동급생이었고 우리는 2년을 같이 보냈다. 친구들과 함께 여행을 간 적도 있었다. 내가 박사 학위를 받느라 떠나 있던 동안 미첼이 나보다 먼저 수련을 마쳤다. 나는 3년차 레지던트였지만, 그는 심장내과 전문의가 되어 있었다.

만약 그가 나를 알아보지 못했다면 코드를 좀 더 공격적으로 실행하지 못한 걸 두고 질책을 했을 게 뻔하다. 그러나 하고 싶은 말을 꾹 참는 눈치였다. 그가 내 옆으로 다가와서 심전도를 보려고 몸을 기울였다.

"T웨이브가 피크네요. 과칼륨혈증."

그가 분명하게 말했다. 조롱하는 기색은 전혀 없었다. 그건 인간적인 행동이었다. 나에게 일말의 존엄을 허용했다.

"자, 칼슘을 좀 줍시다. 바이카브 한 앰풀, D50 그리고 인슐린."

환자는 점점 괜찮아졌다. 코드를 벗어나 살아났다. 응급상황은 성공적으로 마무리되었다. 환자가 안정되자, 나는 슬그머니 빠져나와서 흰 가운의 물결 속으로 사라지고 싶었다. 컨퍼런스나 회진, 응급실의 물결 속으로 말이다. 코드를 제대로 실행하지 못할 거라는 두려움 때문에 어쩔 줄 모르던 내 자신에게 짜증이 났다. 도대체 내가 그동안 받았던 수련은 다 뭐지? 내가 참여했던 코드들은 또 어떻게 된 거지? 그리고 내가 들었던 강의, 내가 공부한 시간과 책들은 다 뭐란 말인가?

나 자신에게 화가 난 가장 큰 이유는 내가 충분히 제대로 할 수 있었다는 사실 때문이었다. 그건 과칼륨혈증이었고, T웨이브도 확실히 피크였다. 그걸 그렇다고 말하지 못한 나 자신에게 화가 났다. 모범적인 레지던트가 될 수도 있었는데, 코드를 진행하는 내과 책임자의 역할을 제대로 했다면 말이다. 그러나 나는 공포에 사로잡혀 있었을 뿐, 더 이상 나아가지 못했다. 상황이 잘못 될까봐, 그래서 환자가 죽기라도 할까봐, 내가 바보처럼 보일까봐 두려웠다.

편도체amygdala는 인간이 공포를 처리하는 시작 지점이다.[1] 편도체를 내 눈으로 뚫어져라 바라보던 첫 번째 순간을 기억한다. 신경해부학 클래스에서 부엌용 칼로 뇌를 얇게 잘라서 관찰했다. 이게 편도체인가? 그런 생각을 했었다. 측두엽 바로 아래 5센트 동전만 한 이것이 공포의 자리란 말인가? 그렇게 생각하면서 크게 실망했었다. 이름처럼 뭔가 시적이면서도 아몬드 모양 같은 걸 기대했는데 그게 아니었다.

편도체는 뇌에서 감정을 담당하는 기관인 변연계의 우두머리와도 같다. 변연계는 해마, 시상, 편도체, 대뇌피질의 오래된 부분이 서로 엉켜서 만들어져 있으며, 인간의 공포, 호감, 기억 같은 요소들에 눈금을 매기는 계기판 같은 역할을 한다. 기본적이고 생리적인 욕구, 즉 음식과 섭식, 성, 분노 같은 것들이 변연계와 관련되어 있다. 정신분석을 위해 신경해부학적인 연구를 해야 한다면, 그 대상은 아마도 변연계가 될 것이다. 변연계가 레이저 광선처럼 정확하게 초점을 맞추기를 원한다면, 그리고 그 주제가 공포라면, 편도체의 해당 부위에 초점을 맞춰야 한다.

양쪽 편도체가 손상된 특이한 여성 환자에 대한 글을 읽은 적이 있다. 다른 감정은 다 정상인 것 같은데 공포만큼은 느낄 수도 표현할 수도 없

의사의 감정

었다고 한다. 연구자들은 그녀가 놀라고 공포를 느끼도록 하기 위해 할 수 있는 건 다 해봤다. 뱀이나 거미를 풀어놓기도 했고 공포영화를 보여주기도 했다.[2] 그녀를 데리고 귀신이 나온다는 집들을 돌아다니기도 했다. 그러나 그녀는 움찔하는 정도밖에 반응을 보이지 않았다. 그녀가 무슨 강철 같은 신경을 가져서 그런 게 아니다. 그냥 공포를 느끼지 못하기 때문이었다.

의대생 시절이나 인턴 시절에는 내가 그녀 같았으면 하고 바랐다. 감정적인 차단막 같은 걸 간절히 원했다. 순간순간 나를 공포에 빠지게 하는 일들을 막아주는 그런 차단막 말이다. 내 편도체와 변연계를 한 데 모을 수 있다면 얼마나 좋을까? 한울타리 안에 모아서 묶어버릴 수 있다면, 의사로 일하는 게 힘들지 않을 것 같았다.

공포는 의학에서 원초적인 감정이다. 공포에 질렸던 일에 대해 이야기해보라고 하면 의사들마다 상상 이상으로 많은 에피소드를 이야기해줄 수 있을 것이다. 실수할지 모른다는 공포, 자기 잘못으로 돌이킬 수 없는 해악을 끼칠지 모른다는 공포, 그런 공포는 수십 년이 지나도 사라지지 않는다. 신출내기인 의대생이나 인턴 시절에는 실수에 대한 두려움이 무척 크다. 그러나 그게 끝이 아니다. 그 두려움은 의사 인생을 살아가는 내내 길게 이어질 사슬의 첫 번째 고리에 불과하다. 가끔씩 엄청난 공포가 밀려오고 이내 사그라진다. 그러나 환자에게 해를 끼칠 수 있다는 공포 그 자체는 임상과 단단히 묶여서 떠나지 않는다.

비즈니스 세계에서 일하는 친구들과 나 자신을 비교해볼 때가 있다. 그들에게 최악의 공포가 뭐냐고 물어본 적이 있는데, 이런 답이 돌아왔다. 재정적인 실수를 하는 것, 중요한 프로젝트를 망치는 것, 투자를 했다가 완전히 실패하는 것, 보스를 실망시키는 것, 가족을 실망시키는 것, 뭐 그런 것들이었다. 대답을 듣고 나서 이렇게 말하고 싶은 걸 억지로 참았다. 그게 다야? 그게 공포의 전부야?

그렇다. 의학의 공포는 누군가를 죽일 수 있다는 것, 신체적으로 심각한 해악을 끼칠 수 있다는 것이다. 어네스트 베커Ernest Becker의 실존주의 고전《죽음의 부정The Denial of Death》[3]을 읽던 때가 생생하게 떠오른다. 베커는 '사람이란 누구나 자신이 죽을 수밖에 없다는 사실을 두려워하는 존재'라고 했다. 그래서 우리가 취하는 모든 행동은, 그것이 개인적인 수준이건 사회적인 수준이건 상관없이, 다가오는 죽음에 대해 무의식적이고도 필연적인 부정이 유도하는 것이라고 했다.

내가 수련 받는 내내 겪었던 공포는 어네스트 베커의 말과 정확히 일치했다. 내 경우에는 전적으로 의식적이었다는 점만 달랐다. 나는 나 때문에 누군가가 죽게 될까봐 두려웠다. 내가 하는 모든 행동은 공포의 지배를 받았다. 의대생들은 자신이 마땅히 가져야 할 능력이나 타인과의 경쟁심 때문에 그야말로 커다란 공포를 느낀다. 일반적인 인구 집단에 비해서도 그렇고, 다른 전문직을 추구하는 또래들보다도 그렇다.[4] 딱히 놀랄 것도 없는 것이, 다른 사람 몸에 날카로운 도구를 사용할 때 공포를 느끼는 건 너무도 당연하다. 치명적인 약제를 처방할 때도 그렇고, 자칫 생명을 위협할 수 있는 치료를 시작할 때도 마찬가지다. 공포심이 없다면 의대생보다는 사무직이 더 어울리는 무신경한 사람이 아닐까 싶다.

이 공포는 때때로 통제 범위를 벗어나 학생이나 인턴을 압도해버리기도 한다. 그런 일이 아주 드물다면, 즉 정신 건강에 문제가 있는 상태로 의료계에 진입한 사람들에게만 일어나는 일이라면 문제가 아니겠지만, 그게 그렇지가 않다. 심리적인 문제가 없고 환경에 잘 적응하는 수련의에게도 견딜 수 없이 심한 공포가 찾아온다. 의학 수련 과정을 거치는 의사들이라면 누구나 한 번은 생기는 문제다. 내 말이 믿기지 않는다면, 누구든 아는 의사에게 한 번 물어보기 바란다.

커티스 클라이머는 이곳저곳 여행하기를 좋아하지만, 마음만큼은 한곳에 뿌리를 내리고 있는 사람이다. 그는 자기가 나고 자란 오레건의 시골 병원에서 임상 진료를 하고 있다. 가족은 1800년대 초부터 오레건 주에서 살아왔다. 할머니는 10남매였는데, 할머니의 자손들 중 대학에 들어간 건 커티스와 그의 사촌 한 명이 전부였다. 커티스는 가족 중에서 처음으로 의사가 된 사람이다.

의과대학은 그에게 충격적이었다. 이전에는 조그만 단과대학에 다녔었는데, 거기서는 수업 중에 질문하기를 독려하는 분위기였고, 이상한 유머를 해도 다들 들어주었다. 커티스는 거대한 종합대학의 보수적인 사람들과 섞이는 게 쉽지 않았다. 아무도 그의 농담을 받아주지 않았다. 그가 수업 시간에 손을 들 때마다 동급생들이 조롱하듯 바라보았고, 학교에서 해마다 열리는 시상식에서는 '올해의 가장 웃기는 질문상'까지 받았다.

벌목꾼처럼 덥수룩한 턱수염도 도움이 되지 않기는 마찬가지였다.

2학년 때는 좀 나았다. 여름캠프에서 체조를 가르치며 신선한 공기를 쐬고 왔는데, 그 덕분에 기분이 좀 나아졌다. 사실 단과대학 시절에는 내내 체조선수를 했었다. 그렇게 새 기분 새 마음으로 면도까지 깨끗이 하고 강의실에 들어갔더니, 동급생들이 누군지 잘 모르겠다는 듯이 쳐다봤다. 시간이 흐르면서 동급생들과 점점 가까워졌고, 그들이 커티스를 이상하게 여기는 일도 갈수록 적어졌다. 다들 커티스에게 비슷한 감정을 느꼈던 것 같다. "너 그거 알아? 난 네가 좀 이상한 사람인 줄 알았어." 잘못 들으면 모욕적으로 들릴 수 있는 칭찬을 하기도 했다. "너 사실은 평범한 애로구나."

인턴이 되었을 때는 꽤 잘 나갔다. 커티스는 임상의학이라는 전문 분야를 사랑했다. 교실에서는 질병의 이름을 죄다 외워야만 했다. 전부 다 중요하게만 보였기 때문이다. 그러나 병동에 오고 나서 환자의 증상 리스트가 조금씩 좁혀지자, 자주 발생하는 질환 위주로 살펴보고 주의를 기울이면 되었다. 문제는 매일 끝없이 이어지는 일 때문에 기진맥진해졌다는 점이다. 잠을 제대로 잔 적이 없었다. 계속 콜을 받으며 몇 가지 일을 동시에 하다 보니, 전기는 빠져나가는데 충전은 못 시킨 배터리가 된 기분이었다.

1월의 어느 아침, 그날도 여느 날과 다르지 않았다. 36시간 콜 데이가 시작되었다. 열 명의 환자가 그의 담당이 되었고, 네 명의 새 입원 환자가 그를 기다리고 있었다. 컴컴한 겨울날이었고, 언제 마지막으로 햇볕을 쐬었는지조차 기억나지 않았다. 아침에 일어나자마자 환자 한 사람이 위궤

의사의 감정

양으로 출혈을 일으켰다. 커티스는 열일을 제치고 계단을 뛰어 내려갔다. 머릿속으로는 해야 할 일들을 되뇌었다. 바이탈 체크, 큰 정맥주사 2개, 수액을 주고, 헤마토크릿을 체크하고, 혈액은행에 연락해서 혈액 2개를 준비하고, 대변에 피가 섞여 있는지 직장 검사를 하고, 위 세척을 위해서 비위관을 준비하고, 환자에게 문제가 생기면 소화기내과에 콜을 한다, 이런 식이었다.

소화기 출혈 환자를 안정시키고 있는데, 병동의 저 끝에 있는 다른 환자의 심장에서 혈전이 튀어나왔다. 그러더니 환자가 몸 왼쪽을 움직일 수 없게 되었다. 커티스는 '기어를 바꾸고 불을 끄러' 가야 했다. 머리로는 급성 뇌졸중 프로토콜을 휙휙 움직여야 했다. 바이탈 체크, 급히 신경학적 검사를 하고, 응급 두부 CT 촬영, 신경내과에 콜을 한다. 네 명의 새 입원 환자는 아직 응급실에서 그를 기다리고 있다. 보고서도 써야 했고, 회진도 있었고, 정오에는 컨퍼런스도 있었다. 그렇다고 해서 이 날이 여느 날과 다르지도 않았다.

그렇게 저녁까지 일이 이어졌다. 크고 작은 응급 상황 때문에 간호사들의 콜이 계속되었고, 밤에는 퇴근한 동료들이 하지 못한 일들을 처리해야 했다. 그 사이에도 콜이 계속 떨어졌다. 투약을 바꾸고, 정맥주사를 바꿔주고, 이런저런 서류를 작성하고 오더를 내렸다. 그날 밤 10시 30분, 커티스는 자기 할 일을 제대로 하지 않은 동료들에게 짜증이 났었다는 사실을 나중에야 기억해냈다.

4C 병동 데스크에 앉아서 차트에 경과 노트를 작성하고 있었는데 갑자기 콜이 울렸다. 대체 몇 번째인지 모를 만큼 여러 번 콜이 계속 울려댔

다. 전화를 돌리면서 계속 노트를 적고 있었는데 간호사가 타이레놀 오더를 요청했다. 인턴에게 타이레놀 오더는 에너지를 조금만 쓰면 되는 일이다. 의식의 지평 위에 무언가를 군이 떠올려야 하는 그런 일이 아니다.

그런데 그 순간, 무슨 말을 해야 할지 아무 생각이 나지 않았다. 타이레놀을 얼마나 많이 얼마나 자주 투여해야 하는지, 기본사항조차 떠오르지 않았다. 그는 그 때를 이렇게 회상했다. "내 안에 있는 어디쯤이었어요. 낭떠러지로 떨어지는 기분, 내 옆으로 바람이 부는 것 같았어요. 내가 떨어진 절벽 끝이 점점 작게 보였고, 바닥이 보이지 않는 나락 속으로 깊이 떨어지는 것 같았어요."

그는 전화에 대고 알 수 없는 말을 더듬거렸다. 놀라서 아연실색한 간호사가 650mg PO, q4H, prn이라고 알려줬고, 그가 알겠다는 듯이 웅얼거리면서 눈물을 글썽이기 시작했다. 전화를 내려놓고 자리에 그대로 앉은 채 말없이 눈물을 흘렸다.

"나한테 무슨 일이 일어난 건지 전혀 모르겠더라고요." 그때를 회상하며 말을 이었다. "그냥 아무 결정도 내릴 수 없다는 것밖에는 아무 생각이 안 났어요." 그 때 또 한 번 콜이 왔다. 수면제를 처방해주면 되는 일이었다. 그 전 달에도 십 수번 했던 일이다. 그러나 아무 것도 떠오르지 않았다. 가까스로 얼버무리고 나서 레지던트인 마이크에게 콜을 했다.

"무슨 일이야?" 마이크가 태연하게 물었다. 일 잘하는 레지던트는 인턴들이 할 일을 한두 가지씩 챙겨주곤 한다.

"잘 모르겠어요, 마이크. 뭔가 잘못된 거 같아요."

"무슨 일 있어?" 상황의 심각성을 알아챈 것 같은 목소리였다.

"난… 잘 모르겠어요." 커티스가 대답했다. 눈물이 다시 흘러내렸다.

"거기 그대로 있어. 곧장 그리로 갈 테니까 움직이지 마."

커티스는 의사 스테이션 의자에 기대어 앉은 채 눈물을 쏟았다. 더 이상 콜이 울리지 말라고도 기도했다. 마이크가 병동에 금세 도착했다. 그러나 울고 있는 인턴을 보면서도 별로 놀라는 것 같지 않았다. 무슨 일인지 이미 아는 눈치였다.

"네가 할 일 목록 나한테 줘 봐." 마이크가 차분하게 말했다. "일단 휴게실 가서 한숨 자. 자고 싶은 만큼 푹 자." 커티스가 흔들거리며 일어섰다. 몸은 작동을 하는 것 같았지만 내면은 완전히 멈춘 상태였다. 마이크가 오더를 내렸다. "아주 중요한 일 아니면 내일 오전까지 아무 일도 하지 마. 내일 점심 때까지는 무슨 수를 써서라도 나가 있어. 남은 일은 내가 다 할 테니까."

커티스는 휘청거리며 휴게실로 향했다. 레지던트가 보여준 연민에 대한 고마움도 제대로 표시할 수 없었다. 낡은 침대는 헝클어져 있었다. 네 명의 인턴이 거쳐 가는 동안 한 번도 바꾸지 않은 것 같은 시트였다. 하지만 신경 쓰지 않았다. 그는 꿈도 없는 깊은 잠 속으로 떠내려갔다. 잠에서 깨어났을 때도 여전히 절벽 위에 있었다. 하지만 지금은 끝에서 4피트 쯤 안쪽으로 들어온 것 같았다. 4피트의 안정감, 그렇지만 여전히 나락으로부터 4피트 정도밖에 떨어져 있지 않았다. 언제든 다시 떨어질 수 있었다.

아침 일거리를 조심스럽게 해치우면서 내면의 이상한 모습이 겉으로 드러나지 않도록 애썼다. 남들 눈에 띄는지 어떤지는 확실치 않았다. 회진을 돌고 나서 같은 팀 인턴인 캐서린이 그에게 다가와 슬쩍 물었다.

"커티스, 무슨 일 있어?"

커티스는 그녀에게 타이레놀과 낭떠러지와 끝도 보이지 않는 나락에 대해 이야기했다. 가만히 듣고 있던 캐서린이 부드럽게 이야기를 꺼냈다.

"너 이거 처음이지, 그렇지?"

커티스가 그녀를 뚫어져라 바라봤다. 놀라서 아무 말도 할 수 없었다. 그녀가 말을 이었다.

"다들 몇 번씩 겪었어. 인턴 시작한 첫 달에 겪는 사람도 있고 말이야."

커티스는 너무 놀랐다. 한 번 겪은 것도 이렇게 무시무시한데 그걸 반복적으로 겪어야 하다니. 상상조차 할 수 없는 일이었다. 어쨌든 마이크의 도움으로 정오까지 병원을 벗어나 있을 수 있었다. 집으로 돌아와서 뜨거운 물에 몸을 담근 다음, 침대에 처박혀서 열일곱 시간 동안 꼼짝도 하지 않았다. 다음날 일어났더니 비로소 낭떠러지에서 20피트쯤 떨어져 있는 것 같았다. 기분도 나아졌다. 이제 평소의 자아를 찾은 기분이었다. 20피트 거리라면 떨어지지는 않을 것 같았다. 그러나 언젠가 다시 떨어질 수 있다는 것을 그는 알고 있었다. 한 번 그런 경험을 하고 나면 결코 이전 상태로 되돌아 갈 수 없다.

커티스가 겪은 건 '급성 스트레스 반응'으로 일련의 비슷한 반응을 망라하는 심리학 용어다. 공통점은 충격적이거나 스트레스가 심한 일 때문

의사의 감정

에 심각한 반응이 나타난다는 점이다. 교감신경이 과도하게 작동해서 호르몬이 물결치고 뉴런의 발화로 아예 다른 사람이 된다. 때에 따라서는 정말 심각하게 달라진다. 중상을 입은 환자가 심각한 쇼크 때문에 오히려 통증을 아예 못 느끼기도 한다.

같은 스트레스 인자에 대해 사람마다 다른 반응을 보이며, 경우에 따라서는 정반대의 반응을 보이기도 한다. 의식을 잃고 쓰러진 사람을 보고 패닉과 불안에 빠져서 옴짝달싹 못하는 사람이 있는가 하면, 집중력이 더 예민해져서 어떻게든 그 사람에게 달려가 심폐소생술을 시도하는 사람도 있다.

커티스가 경험한 것은 해리반응이다. 자신으로부터 완전히 떨어진 것 같은 느낌이 들고, 자기 주변에서 일어난 사건으로부터도 떨어져 있는 것 같은 느낌이 든다. 비현실감이 들면서 현실 세계가 서서히 사라진다.

의사와 간호사들은 그들 말로 '모멘트'라는 것에 대해 이야기하곤 한다. 모멘트라는 건 의료 세계가 자신을 압도한 나머지, 그 안에서 아무 일도 할 수 없었던 시기를 일컫는다. 이런 반응에 대한 연구는 아직까지 거의 이루어지지 않았는데, 심한 스트레스가 여러 정보를 통합해서 처리해야 하는 업무의 수행력을 악화시킨다는 정도의 연구보고는 있었다.[5] 그러나 집중력을 요하는 구체적인 업무, 예를 들어 정맥주사를 놓는 일 등은 어느 정도 스트레스가 있을 때 더 잘할 수 있다고 알려져 있기도 하다.

서로 이질적인 일에 하나하나 집중해야 하는 복잡한 일은 스트레스 상황을 일으킬 가능성이 높다. 멀티태스킹이나 저글링은 병원에서 일용할 양식처럼 매일 반복되는 일이다. 위통이 있는데 발진도 생긴 환자가 3일분의 약을 놓친 상황을 처리하다가 다른 환자 가족 중에 아주 불안해하는 사람으로부터 전화 연락을 받을 수도 있고, 격분한 보험회사 직원에게 연락을 받으면서 의무기록을 해야 할 때도 있다. 나트륨 레벨이 너무 낮아서 위험해진 상황에 대처하면서 환자의 전체 체액 상태에 따라 치료를 달리 해야 한다는 사실을 기억해내야 하고, 그와 동시에 나트륨 저하가 단순히 저혈당에 수반된 것은 아닌지 체크하는 일도 잊지 말아야 한다.

커티스가 겪은 급성 스트레스 반응은 그리 드문 일이 아니다. 그 주위의 다른 인턴들처럼 말이다. 커티스의 반응은 그에게 주어진 복잡한 상황 때문에 발생했다. 그러다가 간호사가 타이레놀을 요구했을 때 절벽 끝에 다다랐다. 뭔가 조치를 취해야 한다는 분명한 신호가 그에게 나타났다. 다행히 커티스 옆에는 상황을 즉각 알아본 레지던트가 있었다. 그러나 그와 같은 초기 신호를 놓치는 경우도 종종 있다.

몇몇 의과대학이나 레지던트 수련과정에서 이러한 일들, 즉 공포와 스트레스가 수련의를 압도하는 문제를 해결하기 위해 조치를 취하기 시작했다. 이 점은 아주 중요하다. 심리학 관련 연구들을 보면, 공포를 심하게 느끼는 사람은 비관적인 전망을 하기 쉽고, 부정적인 결과로 인한 위험을 과대평가하기 쉽다.[6] 따라서 그런 사람들은 자신의 행동을 선택할 때 위험회피적인 쪽으로 치우칠 가능성이 매우 높다.

첫 번째 코드 당시를 떠올려 볼 때, 나는 매우 위험회피적인 반응, 즉 아무 것도 하지 않는 쪽을 선택했다. 칼륨 레벨이 올라갔다고 정확히 진단하고서도 말이다. 그 순간 아무것도 하지 않는 게 위험을 최소화하는 방법처럼 보이지만, 전혀 그렇지 않다. 심장내과 펠로우가 나타나서 도와주지 않았다면 환자는 과칼륨혈증에 의한 심정지로 즉사했을지 모른다.

도대체 무슨 일이 일어나는 걸까? 왜 이런 압도적인 불안이 생겨서 의사결정에 심각한 장애를 일으키는 걸까? 여기서 편도체와 변연계가 등장한다.[7] 감정을 흔들어놓고 중요한 단서를 놓치게 만든다. 중요한 것을 과소평가하게 만들고 중요하지 않은 것을 과대평가하게 만든다. 나는 그 모든 자극의 물결을 기억한다. 소리 지르는 사람들, 삑삑 울려대는 기계장치와 번잡하게 움직이는 장비들. 그것들이 내 사고처리 과정에 어떻게 침투했고, 중요한 임무를 어떻게 방해했는지도 모두 기억난다.

몇몇 수련 프로그램에서는 스트레스 관리 워크샵, 지원자 그룹, 명상 등을 제공한다.[8] 이밖에 위험 행동을 보이는 수련의들을 파악해서 치료하거나, 학제적인 팀워크를 확대하거나, 스케줄을 조정하거나, 껌을 쉽게 하는 방법도 동원되고 있다. (껌도 스트레스를 줄이기는 한다. 적어도 학부 때는 그렇다.)[9] 그러나 대다수 레지던트들은 너무 바쁘기 때문에 그게 아무리 유익하더라도 일과 안에 끼워 넣을 수가 없다.[10] 어쩌면 임상을 하는 동안에는 껌을 씹는 일마저도 어려울 것 같다.

그리스의 어느 외과 레지던트 과정에서는 절반의 인원을 대상으로 2개월간 스트레스 감소 기법을 가르쳤다. 근육이완이나 심호흡 같은 방법이었다. 그 결과, 과정을 수료하지 않은 대조군에 비해 스트레스 수준이 유의미하게 감소했고, 의사결정 능력은 높아졌다고 한다.[11]

이런 프로그램들이 의학수련 과정 전반의 스트레스를 줄이기 위해 기획되지만, 그 중 어느 것도 공포 그 자체, 수련 과정에 갑자기 찾아오는 패닉 상황에 초점을 맞추지는 못하고 있다. 의사라면 누군가에게 해악을 끼칠 수 있다는 두려움을 잃지 말아야 한다고 주장하는 사람들도 많다. 생명을 다루는 분야인 만큼, 경외와 겸손을 유지시켜주는 건강한 공포가 필요하다는 것이다. 그럼에도 불구하고 의사들은 자기 자신이나 동료가 이런 공포 때문에 심하게 압도당하고 있지 않은지 경계할 필요가 있다. 마찬가지로 그들에게 환자의 생명이 달려 있기 때문이다.

수년간 임상을 거치면서 자신감이 쌓이고 나를 누르던 공포의 강도도 감소했다. 그러나 결코 완전히 사라지지는 않았음을 느낀다. 여러 연구들도 이를 뒷받침하는 증거를 제시하고 있는데, 수련과정을 지나면서 전반적으로 스트레스가 감소한다고 한다.[12] 내 공포는 어네스트 베커의 이론과 평행을 그리는 것 같다. 나는 무의식적 또는 반쯤은 의식적으로 내 행동을 조정하고 있다. 완전히 패닉에 빠지는 모멘트는 적어졌지만, 공포 그 자체는 여전히 사라지지 않는다.

하오 종Hao Zhong 씨는 32세의 남자로 약 한 통을 몽땅 삼키고 손목을 칼로 그은 상태로 입원했다. 레지던트가 나에게 "이제 안정을 찾았습니다."라고 말했다. 당시 나는 그 병동을 한 달간 책임지고 있었다. "그런데 가족들이 마운트 시나이 병원으로 옮기겠다고 합니다."

중상층 환자들이 공공병원에 오게 되었을 때 이런 일이 자주 있다. 앰뷸런스가 응급 환자를 가장 가까운 시설로 실어오기 때문이다. (종 씨는

의사의 감정

극적인 자살 시도로 벨뷰 병원으로 온 경우다.) 그들은 자기가 어느 병원에 있는지 확인하고 나서 사립병원으로 전원을 요구한다.

전원을 하려면 부담금을 내야 한다는 사실을 알고 나서 마음을 바꾸어 그냥 머무는 경우도 많다. 그 뒤에 이곳도 깨끗하고 넓은 병원이라는 사실과 사립병원 못지않은 의사들이 있다는 사실에 기뻐하곤 한다. 그러나 누구에게도 벨뷰 병원에 머물라고 강권하지 않는 것이 내 방침이다. 단, 의학적인 상태가 전원하기에 안전하지 않을 때만 예외다. 그런 경우만 아니라면, 환자가 사립병원을 선호하고, 그럴 여건만 된다면 편한 곳으로 옮기는 게 맞다.

종 씨의 경우는 본인은 이러나저러나 신경을 안 쓰는데 가족이 원하는 경우였다. 마운트 시나이 병원의 안락한 환경으로 그를 옮기고 싶어 했다. 레지던트가 내게 수속을 밟는 중이라고 전했다. 정신과에서는 응급실에서 환자를 이미 봤고, 약을 삼킨 환자이기 때문에 병동에서 계속 모니터링 하기를 원했다. 나는 병원 원무과에 전화를 걸어서 전원에 필요한 세부사항들을 확인했다. 원무과 직원은 이렇게 말했다. "앰뷸런스를 원하고 돈을 낼 수만 있다면 가는 건 자유에요. 하지만 수속을 해 줄 책임은 우리한테 없어요. 가족이 알아서 해야 합니다."

나는 그 말을 건성으로 들었다. 그 병동에서 일을 시작한지 이틀 째였고, 레지던트 두 팀을 감독하고 있었으며, 각 팀에서 열여덟 명에서 스무 명의 환자를 맡고 있었다. 아직 하루가 반나절도 지나지 않았는데, 나는 이미 곤경에 처해 있었다. 종 씨와 같은 입원 환자들이 계속 밀려들었고, 그 외중에 기존 환자들을 진료하느라 애를 먹는 중이었다.

나는 종이에 인쇄된 39명의 환자명단을 훑어보았다. 그 밑에 수기로 작성한 새 환자 명단도 있었다. 병동에서 일을 시작할 때면 늘 끔찍했다. 모든 환자들과 익숙해지기는 어렵더라도, 되도록 차트는 다 살펴보고 짧게라도 병실에 들어가 본다. 병동의 모든 환자에 대한 책임이 궁극적으로 나에게 있기 때문이다. 최소한으로 주의를 기울인다고 해도 모든 환자를 보는 데 몇 시간이 걸렸다. 무언가 레이다에 걸리지 않은 건 없는지 늘 노심초사했다.

16번 서쪽 병동으로 가면서 환자들을 체크하고, 리스트에 적힌 일들이 잘 되고 있는지 하나하나 확인한다. 그러면서 내일은 환자 상태를 좀 더 깊이 리뷰해보자고 되뇐다. 내일은 다른 팀을 감독해야 하는데 새 환자가 들어올 것이다. 레지던트들은 허둥지둥 새 환자를 받는다. 그 동안 나는 기존 환자들에게 익숙해지느라 허둥댄다. 그러다가 서로 마주치게 되면 새로운 병리검사 소견이나 엑스레이 소견, 속속 발생하는 작은 위기 상황에 대해 의논한다. 모든 환자의 검사 소견을 나 혼자 검토하는 일이 불가능하기 때문에 레지던트들에게도 검토를 맡긴다.

내가 방에 들어갔을 때, 종 씨는 침대에 앉아 쉬고 있었다. 하얀색 셔츠에 낡은 팬츠를 입고 있었는데, 트렌디한 유럽식 안경이 그의 사회경제적인 지위를 말해주는 것 같았다. 최신식 랩탑 컴퓨터도 마찬가지였다. 종 씨가 거기에 열심히 타이핑을 하다가 말했다. "기업 공개가 며칠밖에 안 남았거든요. 보안 코드 문제를 손봐야 해서 말입니다."

그의 손목에 붙어 있는 반창고를 슬쩍 떼어 봤다. 칼에 베인 상처가 있었다. 봉합도 하지 않은 채였고, 외과에서 쓰는 접착용 스트립만 붙어 있었다. "내가 참 멍청하죠, 그죠?" 그가 입술을 깨물며 자신을 비난하는 투로 내게 말을 걸어왔다.

"글쎄요." 그의 침대 옆 벽에 기대면서 대답했다. 방문객용 의자는 다른 데서 가져가버린 것 같았다. "당신이 스스로 어떻게 보느냐에 달린 문제죠. 가족들과 의사들에게 당신 삶에 뭔가 심각한 일이 일어나고 있다는 메시지를 보낸 건 사실이니까요."

그가 "제가 뭐 죽거나 하는 걸 원한 것 같지는 않아요."라고 말하다가 멈췄다. "좀 이상하게 들리죠? 어쨌든 지금 제가 여기 벨뷰에 있으니까요. 제길." 눈을 이리저리 굴리더니 빈정거리는 듯한 미소를 지어보였다. "그러니까 제 말은, 제가 참 멍청했다는 뜻이에요. 새벽 3시에 스트레스를 없앨 방법이 없다는 이유 하나로 말입니다. 마지막 남은 버그까지 잡아내지 못하는 날엔 동업자가 나를 날려버릴 텐데. 그럼 아마 내 컴퓨터를 칼로 그어야 할지도 몰라요."

약을 과량 복용했기 때문에 응급실에서 위를 세척했고, 세척으로 부족할지 몰라서 차콜도 1회 분량 투여했다. 치료 효과가 있어서 좋지 않은 영향을 거의 겪지 않아도 되었다. 병리검사나 심전도도 정상 소견이었다. 종 씨는 기분이 괜찮다고 했고, 자살 시도에 대해서도 잘못한 일이었다며 멋쩍어했다. "이제 정신과 주치의한테 다시 진료를 받아야겠죠? 뭐 선생님이 말 안 해도 알아요." 그래도 난 말을 해야 했고, 계속 치료를 받아야 한다고 강조했다.

그에게 자살에 대한 생각이나 구체적인 계획에 대해 더 물어봤다. 그는 고개를 저었다. "내가 자살해서 기업공개를 망쳤다가는 동업자가 날

죽이러 올 겁니다." 그는 말을 멈추고 당혹스럽다는 표정을 지었다. "아, 아니에요, 그런 일은 없을 거라고요."

나는 병동에서 계속 진료를 했다. 에버렛 씨는 열이 내려갔다. 리앙 씨는 항암치료를 받고 있었다. 초두리 씨는 스트레스 검사를 받기 위해 내려와 있었고, 지메네즈 씨는 요양원에서 받아주기로 했는데 아직 빈 침상이 없어서 대기 상태였다. 소화기내과로 온 셸윈 씨는 내시경 검사를 받았고, 헤이스팅스 씨는 안과 의사만 보고 나면 퇴원할 예정이었다. 사바티니 씨는 정맥 주사를 거부하는 중이었다. 아바자 씨는 오전 8시 이후로 투석을 받는 중이었고, 리야드 씨는 이틀 더 항생제 치료를 받으면 된다. 잠시 뒤에는 심장내과에서 블라딕 씨를 처치실로 데려갈 예정이었다.

늦은 오후까지 할 일을 거의 다 마쳤다. 물론 새 환자가 계속 들어오고 있었지만 말이다. 신우신염이나 심장내과와 무관한 흉통은 조금 미뤄두었고, 소화기 출혈 환자는 곧바로 체크했다. 전담 의사 한 명이 40명의 환자를 맡을 수 있는 이유는 인턴과 레지던트가 환자의 일차 의료를 맡아주고 직접적인 일을 처리해주기 때문이다.

차트 여섯 장을 펼쳐 놓고 의사 스테이션의 낡은 의자에 앉을 때쯤 이스트 강으로 해가 가라앉고 있었다. 리스트에 있는 환자 차트를 점검하고 노트를 적고 있는데, 레지던트가 뛰어 들어왔다. "앰뷸런스가 와서 종 씨를 시나이 병원으로 옮기려고 하는데요."

간호사 스테이션 앞에 기사들이 들것을 들고 서 있었다. 스포티한 파란색 파카를 입고 있었다. 레지던트에게 물었다.

"검사결과는 다 괜찮은가요?"

"옙, 약을 삼킨 지 24시간이 지났고 변화는 없습니다."

"정신과에서도 봤죠?"

"예, 응급실에서 봤습니다."

"종 씨를 진료하던 개인병원 정신과 의사한테도 전화했나요?"

"옙."

"서류와 전원 양식, 앰뷸런스는 가족들이 알아서 챙기는 거죠?"

"옙."

"좋아요, 잘 나았으면 좋겠군요. 샌더스 씨 두부 CT는 찍었나요?"

"학생들이 휠체어로 데려 오고 있습니다. 결과가 나오면 전화로 알려 드리겠습니다."

레지던트는 말을 마치기 무섭게 일거리 세 개를 손에 들고 문 앞까지 가 있었다. 나는 들것이 가족에게 둘러싸여 있다가 차로 올라가는 모습을 지켜봤다. 종 씨가 차창 밖으로 나를 쳐다보다가 들고 있던 랩탑을 가리키며 가위로 자르는 시늉을 해보였다. 나는 그저 미소를 지을 수밖에 없었다. 기사들이 시트로 그를 덮었고, 환자가 미끄러지지 않도록 오렌지색 벨트로 들것을 고정시켰다. 서명을 모두 마쳤고 그는 떠난다. 나는 손을 흔들고 나서 차트를 다시 들여다봤다. 내가 움직일 때마다 의자는 짜증난다는 듯 소리를 냈다.

램버트 씨의 열이 다시 치솟았다. 헤스티나 씨는 이비인후과 진료가 필요한데, 내일까지는 두고 볼 참이다. 외과에서 킨사와 씨 수술 때문에 내과 승인을 기다리는 중이라서 그 일을 처리해야 한다. 데미르 씨에게 주는 항생제는 특별허가를 따로 받아야 하는 약이라서 서류가 필요하다.

제닝스 씨는 약을 거부하고 있다.

전화가 울렸다. 리스트를 살펴보면서 전화를 받았다. 내가 통화했던 원무과 직원이었다. "그 왜 마운트 시나이로 가고 싶어 하던 환자 있죠? 그 사람 기록을 보니까 자살 기도로 입원했던데, 정신과에서 봤나요?"

"네, 응급실에서 봤어요." 그렇게 답하면서 항생제 특별허가서에 환자 정보를 기입했다.

"네, 그런데 그건 응급실에서 하는 거고요. 16번 서쪽 병동에 입원하고 나서 정식으로 정신과에서 봤나요?"

그 말을 듣는데 등 쪽으로 긴장이 몰려왔다. "16번 서쪽 병동이요?" 나는 더듬거렸다. 머릿속으로는 기어를 바꾸고 있었다. "음, 응급실에서는 봤다고 알고 있고요. 정신과에서 병동으로 왔는지는 모르겠고, 우린 그저 응급실에서 환자가 괜찮다고 했다는 이야기만 들었어요." 나는 항생제 허가 양식을 밀쳐내고 책상 위에 있던 차트들을 뒤적였다. 종 씨의 기록이 있는지 찾아봤지만 역시 없었다.

"닥터 오프리." 원무과 직원의 목소리가 딱딱하게 굳었다. "선생님 지금 자살 기도 가능성이 있는 환자를 병원 밖으로 내보내신 거죠?"

"기사들과 앰뷸런스로 가고 있어요." 나는 내가 알고 있는 사실만으로 상황을 어떻게든 만들어보려고 하고 있었다.

"그 사람 지금 민간 앰뷸런스로 가족들의 보호를 받고 있는 거잖아요. 어디든 원하는 곳으로 데려갈 수 있다고요. 집으로 갈 수도 있고 거리에 내려줄 수도 있고요." 그 직원은 계속해서 내게 강의를 했고, 내 신경은 불안으로 가득해서 도무지 집중할 수가 없었다. "무슨 일이라도 생기면,

만약에 그 환자가 다시 자살 기도라도 하는 날에는 우리가 전부 뒤집어 쓰는 거라고요. 그런 식으로 환자를 병원 밖에 내보내시면 안 되는 거잖아요."

나는 황급히 간호사 스테이션으로 뛰어갔다. 퇴원 환자 차트에서 종 씨의 기록을 끄집어내서 미친 듯이 훑어봤다. 맨 처음 작성한 응급실 시트를 찾아냈고, 24시간 동안 수기로 작성한 기록도 전부 살펴봤다. 맨 밑에 정신과 기록이 있었다. "사회적 지원이 좋고, 가족 네트워크도 좋음. 지금은 자살 기도를 반복할 의향이 없지만 위험한 상태임. 1대1로 관찰하다가 정신과에서 정식으로 진료할 예정임."

정신과에서 정식으로 진료한다고? 어떻게 이걸 놓칠 수 있지? 자살 기도를 방지하기 위해서 1대1로 관찰하다가 정식으로 정신과 진료를 받아야 하는 환자를 퇴원시킨 거잖아. 무슨 일이라도 생기면 어쩌지? 생각을 가다듬기 힘들었다. 차트를 내려놓고 양손을 입으로 가져갔다. 엄청난 무게에 눌려 가라앉는 것만 같았다. 내가 맡은 젊은 환자였고, 법적인 측면에서 보면, 버틸 재간이 없는 상황이었다.

의사 스테이션으로 돌아와서 의자를 끌어다 앉았다. 의자에서 거슬리는 소리가 나든 말든 무시했다. 전화기를 들고 교환원에게 마운트 시나이 병원의 전화번호를 물었다. 머릿속으로는 종 씨가 앰뷸런스를 빠져나와 3번가로 들어가는 상상, 밤 속으로 들어가 익명의 도시에 삼켜지는 상상을 했다. 그가 지하철 트랙으로 몸을 던진다면? 달리는 택시 앞에서 우물대다가 사고라도 당한다면? 편의점에서 타이레놀 칸을 몽땅 쓸어다가 삼켜서 급성 간부전이라도 발병한다면 어떡하지?

나는 마운트 시나이 병원의 전화번호 여러 개를 적어 놓고 하오 종 씨가 거기에 도착했는지 확인하기 시작했다. 원무과 직원들에게 계속 전화를 걸었지만, 다들 개인 정보 보호 규정을 들먹이면서 요청을 거절했다. 전화기를 내려놓고 이를 갈았다. 내가 어떻게 그렇게 멍청할 수 있지?

레지던트가 팀원들과 빠르게 걸어오는 모습이 보였다. 다들 차트와 일거리를 들고 이야기를 나누면서 기록도 하고 있었다. 그들을 비난할 수는 없었다. 한꺼번에 너무 많은 일이 일어나버렸다. 그들은 응급실의 누군가로부터 정신과에서 그 환자가 괜찮다고 했다는 말을 구두로 보고받았을 뿐이다. 그리고 그걸 나에게 전했다. 시간을 들여서, 아니 시간이 있어서, 좀 더 모니터링 해야 한다는 내용이 적힌 노트를 살펴본 사람은 아무도 없었다. 그리고 환자는 여전히 자살 기도 가능성이 있는 상태였다.

레지던트가 오는 모습을 보다가 퍼뜩 생각이 떠올랐다. 다시 마운트 시나이에 전화를 걸어 전화 교환원을 찾았다. "닥터 오프리입니다." 목소리를 잔뜩 깔았다. "입원을 담당하는 내과 레지던트를 연결해주세요." 전화교환원은 한 마디 대꾸도 없이, 시나이 병원의 의사인지도 묻지 않고 그날의 1,357번째 일일지도 모를 일을 즉시 처리했다.

30초 쯤 뒤에 전화기 너머로 젊은 목소리가 들려왔다. 나는 내가 벨뷰 병원의 내과 의사인데 환자 한 명을 그리로 보냈다고 재빨리 설명했다. 환자가 도착했는지 확인하기 위해 전화했다고 덧붙였다. 곧바로 키보드를 두드리는 소리가 들렸다. 환자 리스트를 죽 보고 있겠거니 생각했다. 난데없이 다른 병원 의사가 시키는 일까지 해야 한다는 사실에 약간 짜증내는 모습도 떠올랐다. 나는 발을 바닥에 대고 빠른 리듬으로 딱딱거렸고, 손가락으로는 전화 줄을 비비 꼬았다. 지하철 트랙이나 편의점은 상상하지 않으려 했다.

레지던트가 다시 전화로 이야기했다. "그 환자 이름 철자가 어떻게 되나요?"

"종이에요, Z-H-O-N-G." 대답하면서 나는 머리를 움켜쥐었다. "성은 하오예요, H-A-O."

"음, 내과에는 아직 없는데요." 다시 조금 뜸을 들였다. "오늘따라 컴퓨터가 느려서요." 아무래도 내가 찾아봐줘서 고맙다고 말하며 전화를 끊었으면 하는 목소리였다.

종 씨의 장례식 장면이 머리를 스쳤다. 슬퍼하는 가족들의 모습도, 법정에서 변호사와 함께 있는 모습도 머릿속에 떠올랐다. 내가 결국 일을 냈어. 자살 기도 가능성이 있는 환자를 퇴원시켜버렸어. 도대체 왜… 왜 그렇게 멍청했을까, 바보 같았을까, 부주의했을까, 한심했을까, 왜 그렇게 망신스런 실수를 했을까. 머릿속에 온통 잘못과 관련된 단어들이 몰려들었다.

"음, 이게 그 사람 같은데요." 레지던트의 말에 생각이 잠시 멈췄다. "아까 Z-H-O-N-G라고 하셨나요, Z-H-A-N-G라고 하셨나요?"

"O-N-G." 나는 쉰 소리로 소리쳤다. "종이에요." 의자의 찢어진 부분에 드러난 두꺼운 비닐 때문에 허벅지 피부가 쓸렸다. 의사 스테이션은 간호사 스테이션에서 버린 물건들로 가득 차 있었다. 이 의자는 두 번의 리노베이션 중에도 버려지지 않고 살아남은 물건 같았다.

"기다려 보세요, 여기 있네요." 레지던트가 말했다. 못 찾았으면 피곤하게만 들렸을 그 목소리에 승리의 분위기가 비쳤다. "종, 하오. 아직 응급실에 있어요. 정신과 병실을 기다리고 있네요."

"여하튼 그 병원에 있는 거죠? 맞죠?" 확실히 해두고 싶어서 다시 확인했다.

"네, 컴퓨터 시스템에 그렇게 나와요. 아, 지금 보니까 벌써 정신과로 입원했네요. 여기 있어요."

나는 의자에 그대로 주저앉았다. 의자의 기우뚱한 등받이가 위태롭게 처졌다. 그런 건 전혀 대수롭지 않았다. 안도의 물결이 나를 휘감았다. 이음새가 불량한 의자에 앉을 때 휘청거리는 것 정도는 전혀 아무렇지 않았다. 나와 종 씨는 가까스로 구렁텅이를 빠져나왔다. 나는 사과의 말을 큰 소리로 속삭였다. 나는 그의 삶을 위험에 빠뜨렸고 변명의 여지가 없었다. 그러나 진실은, 이런 일이 불가피했다는 점이다.

병동의 제1원칙은 인턴이나 레지던트처럼 시간이 드는 잡다한 일들을 (채혈이나 정맥주사, 진단 받기, 방사선과로 달려가기 등) 하지 않아도 되기 때문에 두 팀의 레지던트들을 한 명의 전담 의사가 감독할 수 있다는 것이다. 원칙이 그렇다는 말이다.

40명의 서로 다른 환자가 있고, 환자마다 수십 가지 데이터가 있기 때문에, 나 혼자서 환자들의 검사결과지, 엑스레이, 진료결과, 검진소견, 진행기록을 일일이 확인할 방법이 없다. 대개는 레지던트의 구두 보고에 의거해서 우선순위를 정하고, 급한 일부터 체크한다. 그러나 사실은 모든 일이 다 위급할 수 있다. 레지던트가 "검사결과들은 괜찮습니다."라고 말했을 때, 그의 진술에 포함된 환자 30명의 검사 수치 중에 중탄산염 수치

의사의 감정

가 낮은 경우가 섞여 있을 수도 있다. 해악이 일어날 가능성은 끝이 없다.

환자를 실제로 살펴보고, 말을 걸어보고, 검사 해보고, 차트를 읽어 보고, 노트를 적기 위해서는 시간이 필요하다. 적어도 환자 한 명을 진료하는 데 10분, 차트를 보는 데 10분이 걸린다. 다 합치면 거기에 드는 시간만 열두 시간이 넘는다. 거기에 회진이나, 교육, 컨퍼런스는 들어 있지도 않다. 샌드위치 먹을 시간도 화장실 가는 시간도 들어 있지 않다. 레지던트 수련 과정에는 한 명당 맡는 환자 수가 제한되어 있다. 그러나 전담 의사에게는 그런 규정이 없다.

레이더에서 뭔가가 빠져나간다는 건 늘 공포였다. 그런데 전담 의사를 맡자마자 그런 일이 생겼다. 다른 많은 일들도 빠져나갔을 거라 생각한다. 다행히 별 탈이 없었을 뿐이다. 종 씨의 경우는 비교적 큰일이었지만 다행스럽게도 비상 상황이 발생하지는 않았다.

며칠 뒤, 이 일을 주간 미팅에서 동료들에게 이야기했다. 주위에서 동정어린 말들을 해주었다. 한 가지 다행인 건 우리 레지던트들이 다들 양심적이고 성실하다는 점이다. 전담 의사들이 레지던트들에게 기대는 부분이 많기 때문에 무척 감사한 일이다. 성실하지 않은 레지던트들과 함께 일한다는 건 전담 의사에게 있어서 재앙과도 같다.

어쨌든 나는 기준 이하의 진료를 하고 있었고, 나도 잘 알고 있었다. 여태까지 레이더를 빠져나간 큰 일이 한 번 밖에 없었다는 걸로는 별로 위안이 되지 않는다. 중국 서커스단에서 접시돌리기를 하는 기분이었다. 내발 위의 막대기로 접시를 던진다. 나는 균형을 잘 유지하면서 돌려야 한다. 단원 중 한 명이 접시를 떨어뜨리면 모든 게 무너져버린다. 내가 접시를 떨어뜨리면 사람이 죽을 수도 있다.

그 달 내내 나는 온 신경을 곤두세운 채 병동을 걸어 다녔다. 다음엔 뭐가 떨어지려나? 마치 인턴 때처럼 얼어 있었다. 그래도 인턴에게는 기댈 레지던트라도 있지, 전담 의사에게는 실수를 만회해 줄 사람이 없다. 모든 책임이 내게로 돌아온다.

종 씨의 일이 있은 지 1년도 되지 않았을 때였다. 한 명의 전담 의사에게 두 팀의 레지던트를 배속하는 일이 지속가능성도 없고 안전하지도 않다는 사실이 분명해졌다. 전담 의사 한 명당 한 팀의 레지던트들만 감독하도록 할 필요가 있었다. 물론 돈이 문제였다. 전담 의사를 두 배로 고용하는 일은 예산상 작은 일이 아니기 때문이다.

병원에서는 더 많은 의사들이 입원 환자를 돌보도록 하는 방식으로 대처했다. 그랬더니 입원 환자에게는 도움이 되었지만 반대로 외래 임상 쪽에 난리가 났다. 외래 환자들이 약속을 잡는 데만 몇 달씩 걸렸고, 예약 명부는 그야말로 넘쳐났다. 내 레이더에서 중요한 일이 빠져나갈지 모른다는 공포도 입원 병동을 담당할 때보다 외래를 담당하는 기간에 더했다. 내 편도체는 전혀 동요하지 않고 불안과 공포를 계속 퍼 나르고 있었다.

공포는 그 범위가 넓다. 잘못해서 환자를 죽일 수도 있다는 패닉으로부터 일상에서 무언가를 빠뜨릴 수 있다는 낮은 수준의 불안까지 아주

　의사의 감정

다양하다. 내가 읽었던 책이 있는데, 어느 의사도 제대로 다루지 못하고 어려워했던 질환을 앓던 환자가 쓴 책이었다.[13] 그 책은 'How Patients Think'라는 시리즈의 일부였는데, 제롬 그루프먼의《How Doctors Think》라는 책의 보충이라고 할 수도 있고, 관점에 따라서는 그 책에 대한 공격이라고 할 수도 있는 책이었다.

저자는 일반적인 진단 범주에 넣기 힘든 다양한 증상을 수년째 갖고 있었다. 그녀의 병에는 '정신신체장애'라는 진단이 매겨졌다. 20년 전쯤에야 정확한 진단이 나온 희귀 질병이었다. 저자는 아주 희귀한 중증 근무력증을 앓고 있었다. 그런데 증상이 일반적인 중증 근무력증과 달랐고 그 정도가 심했다. 진단을 내리기가 건초 더미에서 바늘 찾기 수준으로 어려웠다. 가뜩이나 어려운데 바늘 모양까지 너무 달랐다고 할까? 찾아내기가 거의 불가능에 가까운 진단을 받기까지 환자는 너무나 큰 고통을 받았다. 오진도 오진이지만, 내내 치료가 잘 되지 않았기 때문이다. 그 환자가 의료시스템에 얼마나 격분했는지가 책에 뚜렷이 드러나 있었다.

그 책을 읽기 시작할 때는 초연한 문학비평가의 눈을 견지하려고 했는데, 책을 막상 읽으면서는 임상의로서의 공포가 부글거려서 견디기 힘들었다. 모호하고, 여러 가지 측면이 얽혀 있고, 언뜻 보기에는 연관이 없는 증상들을 가진 환자들 수백 명을 진료하는 일차 진료 의사 입장에서는 더더욱 그랬다. 책장을 넘기면서, 만약 이 환자가 내게 왔다면 나 역시 그 진단을 놓쳤을 거라는 생각이 들었다. 판단이 정당하건 정당하지 않건, 그녀가 가위표를 치고 무가치하다고 치부하는 의사의 대열에 내 이름이 추가되었을 것이다. 진료를 제대로 하지 못했을 테니까 말이다.

이런 환자가 바로 일반 임상 전문가들, 즉 내과 전문의, 가정의학과 전문의, 전문 간호사가 매일 상대하는 환자들이다. 특정한 질병만을 진료하는 전문 분과와는 전혀 이야기가 다르다. 예를 들어 심장내과 전문의는 심장에 문제가 있는 환자를 볼 것이고, 폐 전문의는 당연히 폐에 문제가 있는 환자를 볼 테지만, 일반 임상 의사는 인류를 힘들게 하는 통증과 고통의 바다에서 심각한 질병을 체로 걸러내는 어려운 일을 맡고 있다. 이것이 바로 우리가 두려워하는 이유이다. 수많은 환자들 중에 중병이 있는 환자가 한 명이라도 있을 수 있고, 우리가 그걸 쉽게 놓칠 수 있기 때문이다.

그리 오래된 일은 아닌데, 위에서 말한 타입의 환자에 대해 글을 한 편 쓴 적이 있다.[14] 비벌리 월튼이라는 환자였는데, 아주 걱정이 많은 타입이었다. 겉보기에는 건강한 50대였고, 교육을 잘 받은 백인 여성이었다. 장황한 이야기 속에 불특정하고 서로 연관이 없는 호소들이 들어 있었다. 마른 체형이고, 걱정이 많아서인지 얼굴에 주름이 많았다. 그녀가 그 목요일 아침에 휙 하고 종이 한 장을 펼쳤을 때, 손 글씨로 써내려간 그녀의 문제들을 보고 내 심장이 철렁 내려앉았다. 알바레즈 여사처럼 월튼 씨 역시 의사를 압도하는 타입의 환자였다. 시간과 임상적 추론과 공감의 여분을 다 빨아들여버리는 그런 타입이었다.

월튼 씨는 최근 고령의 어머니가 병상에 누우면서 다시 흡연을 시작했다고 말했다. 하루에 거의 한 갑을 핀다고 했다. 두통과 복통이 있고, 눈에도 통증이 있으며, 귀에서는 쿵쿵거리는 소리가 들리고, 숨도 가쁘고, 현기증도 있다고 했다. 삼킬 때마다 마른 느낌이 나고 가슴에서는 뭔가 바늘로 찌르는 것 같은 통증이 느껴지고, 소화기도 답답한 느낌이 난다고 했다. 밤에는 도무지 잠을 잘 수가 없다고 했다. 그럴 때마다 너무도 담배가 생각난다고 말하면서 초조한 듯 문을 응시했다.

이런 환자를 만나면 물에 빠지는 것 같은 기분이 든다. 일일이 문진을 할 필요도 없다. 이미 모든 질문에 "예"라고 답한 셈이기 때문이다.

의대생과 레지던트를 가르칠 때마다 이야기하는 것이 있는데, 환자의 증상을 생리학적인 패러다임 안에 놓고 생각하라는 것이다. 대개의 질병은 특정한 증상이 있고, 특수한 병리학적 소견과 맞아 떨어진다. 물론 전신에 증상이 퍼지는 질병도 있다. 내분비계 질환이나 류마티스 질환이 그런 편이긴 한데, 그런 경우에도 보통은 눈에 띄는 패턴이 있기 마련이다.

만약 신장이나 신경, 소화기, 폐, 심장 등에 유의미한 병리학적 소견이 동시에 있는 경우라면, 그 중 대다수는 중태일 테고 의사가 그걸 놓치기도 어려울 것이다.

그러나 외래 내과클리닉에서 수많은 증상을 호소하는 환자는 오늘 내 앞에 앉아 있는 이런 환자들이 대부분이다. 건강해보이고, 운동 능력도 정상이고, 신체 검진 소견도 완벽하게 정상이다. 월튼 씨의 경우는 1년 안에 시행한 심전도와 심장 운동 부하검사도 정상이었다. 이런 환자에게 다기관에 영향을 주는 중한 병이 있을 확률은 거의 없다.

내가 물에 빠진다는 은유적인 표현을 했는데, 적절한 비유이기도 하지만, 진단이 그렇다는 이야기이기도 하다. 그것이 하나의 단서가 될 수 있다는 말이다. 즉, 뭔가 다른 일이 일어나고 있을 가능성이 있기 때문에, 의사는 스트레스나 우울, 가정폭력, 섭식장애와 같은 다른 이슈가 있는지 면밀하게 검사할 필요가 있다. 나는 그래서 불안이나 우울에 대해 문진을 했고, 월튼 씨는 모든 질문에 높은 점수를 보였다.

지금 나타나는 증상들이 전부 불안 때문에 생길 수 있다고 말하자, 월튼 씨는 조금 안도하는 것 같았다. "어머니는 굉장히 힘든 사람이에요." 그녀가 말을 꺼냈다. "아플 때 병실에 있어 보려고 했는데, 그럴 때마다 얼마나 괴팍하게 구시는지 몰라요. 가슴에 통증이 처음 생긴 것도 그 때였던 것 같아요. 지난달에 어머니가 수술을 끝내시고 나서 병실로 찾아갔을 때 그랬어요. 지난주에 뵈러 갔을 때도 똑같이 가슴이 아프더라고요."

관자놀이에 손가락을 대더니 얼굴 전체를 꽉 누르는 시늉을 했다. "어머니를 모시고 병원에 가려고 직장을 나설 때마다 상사가 비난을 퍼부었어요. 아들놈은 또 어떻고요, 그 녀석은 나이가 스물여덟인데 아직도 독립을 못했어요. 그러니 제가 굴뚝처럼 담배를 피워대는 게 그렇게 놀랄 일도 아니죠."

삶의 모든 면에서 조임틀로 누르는 것 같은 긴장을 느끼는 그녀의 인생을 그려볼 수 있었다. 스트레스가 어떻게 신체적인 증상을 일으키는지 설명했고, 그녀가 자기 삶의 여러 가지 사실들을 바꾸기는 불가능하겠지만, 그래도 스트레스 증상 중 몇 가지는 치료를 해서 통증과 고통을 완화시켜 볼 수 있다고 이야기했다. 월튼 씨는 이런 접근에 대해 상당히 환영하는 눈치였고, 나 역시 환자의 필요에 맞는 도움을 주고 있다는 사실에 만족감을 느꼈다.

열네 시간 후, 깜깜한 밤이었다. 호출기가 울렸다. '익스텐션 3015' 응급실이었다. 느낌이 좋지 않았다. 전화를 걸어 인턴에게 소식을 물었다. 월튼 씨가 폐색전증으로 혈관이 막혀서 입원했다고 말했다.

폐색전증은 급사의 주요 원인이기 때문에 그 이상 나쁜 일을 생각하기 어려울 정도였다. 나는 의자에 털썩 주저앉았다. 죄책감에 사로잡혀 두 눈을 감아버렸다. 최악의 공포가 현실로 나타난 것이다. 모호하고 겉보기에 관련 없는 증상들을 가진 환자에게 생명을 위협하는 질환이 있었던 것으로 드러난 거다. 인턴이 말을 하는 동안, 내 머릿속은 월튼 씨를 만났던 일을 훑고 있었다. 나한테 적어서 보여줬던 그녀의 모든 증상들이 파노라마처럼 지나갔다.

있긴 있었다. 흉통이나 숨 가쁨 같은 증상이 그녀의 불안과 직장에 대한 걱정과 가족 문제의 바다 속에 잠겨있었다. 치명적일 수 있는 잠재적 증상이 내 앞에 패대기쳐지는 것처럼 느껴졌다. 그런데 나는 그녀에게 수면제를 처방하고 정신과 전문의를 만나 보라고 했다.

"양쪽 폐가 다 그래요." 인턴이 덧붙였다. 나는 고개를 푹 숙인 채 뭐라고 답해야 할지 모를 정도로 충격을 받았다. 양쪽 폐에 혈병이 있다는 건 환자가 여생 내내 혈전용해제를 달고 살아야 한다는 뜻이다. 양쪽 폐의 색전증 같은 건 어느 누구도 원치 않을 일이다.

월튼 씨는 '너무나 걱정이 많은 환자'라는 고정관념에 딱 들어맞는 사람이었다. 그녀가 다양하고 광범위하게 호소한 내용들은 정서적인 스트레스가 있는 사람들이 전형적으로 갖고 있는 증상들이었다. 오캄의 면도날Occam's Razor, 단순한 진단을 강조한 이 말은, 보다 간단한 설명, 단순한 진단으로 환자의 여러 증상을 담아내야 한다는 뜻을 담고 있다.

그러나 반대의 법칙도 있다. 바로 히캄의 격언Hickam's dictum이다. 환자는 생각할 수 있는 만큼 많은 질환을 가질 수 있다는 뜻이 담겨 있다. 월튼 씨의 경우, 정서적인 스트레스로 고통 받고 있었고, 그로 인한 증상도 많았다. 그러나 그녀가 내 진료실에 앉아 있는 동안에도 몸속에서는 혈전이 자라고 있었다. 의사들을 경악스럽게 하는 것은 히캄의 격언이다. 뭔가 가장 타당한 진단을 내린다고 내리는데, 다른 것이 숨어서 도사리고 있는 그런 무서운 사태 말이다. 만약 당신이 투자를 위해 주식을 샀는데 실수였다고 치자. 아니면 정부에 내는 소득세 신고서를 작성했는데 실수가 있었다고 해보자. 그러면 돈을 좀 잃을 수 있다. 어쩌면 클라이언트를 많이 잃을지도 모르겠다. 그렇다고 해서 누가 죽거나 하는 건 아니지 않은가. 누군가 죽을지 모른다는 공포, 의사의 일상적인 삶 속에는 바로 이런 공포가 안감처럼 덧대어져 있다.

제롬 그루프먼의 《How Doctors Think》[15]라는 책을 읽고 나서, 나는 수많은 실수에 대한 공포들이 나를 채우고 있다고 생각했고, 내가 오진을 하게 되는 인지적인 오류의 원인이 무엇인지 분석해봤다. 월튼 씨의 경우에는 숨 가쁨이라는 증상이 다른 여러 증상들 속에 섞여 있었고, 그 증상의 심각성이나 시간 경과 면에서 별로 두드러지지 않았으며, 그녀가 어머니를 만났을 때만 그런 증상이 일어나는 것처럼 보였다. 이렇게 증상이 혼재된 상황이 내 마음 속 거울에도 똑같이 비쳤다. 귀인편향이 있었음은 말할 것도 없다. 건강해 보이고, 교육도 잘 받은 백인 여성이 광범위한 목록을 들고 의사를 만나러 왔다는 사실에서 비롯된 고정관념이 내 판단에 영향을 주었다.

내가 어떻게 폐색전증을 짚어낼 수 있었겠는가? 현실을 있는 그대로 접근한다는 건 건초 더미에서 바늘을 찾는 일과도 같다. 증상 하나하나를 떼어내서 생각해 본다는 건 (내가 의대생들한테 가르치는 대로) 증상들마다 얼마나 오래되었는지, 경중도는 어떤지, 그런 증상을 일으키거나 줄이는 요인은 무엇인지, 동반되는 증상은 무엇인지를 물어보는 일이다.

사실 증상들 중 어느 것이라도 생명을 위협하는 질환을 가리킬 수 있기 때문에, 전면적으로 의학적인 조사를 하는 게 정당할 수 있다. 두통만 해도 뇌동맥류일 수 있다. 복통은 출혈성 궤양일 수 있고, 가슴을 찌르는 느낌은 협심증일 수 있다.

교과서처럼 완벽하게 세부까지 들여다보려면 각각의 증상을 살펴보기 위해 한 시간도 넘게 걸릴 것이다. 이런 기법은 책이나 영화, 임상의 전설 속에서나 사용이 가능하다. 실제 세계에서 대기실은 환자들로 꽉 차 있고, 그들이 생각하는 의사는 환자를 무시하고 시간을 자기 맘대로 쓰는 거만한 존재다. 의료기관을 질적으로 측정해서 책임을 묻는 시대이기 때문에, 비효율적으로 시간을 사용해서 목표를 달성하지 못했다가는 책임 추궁을 당하기 십상이다.

실제 현장에서 윌튼 씨의 이런 여러 증상을 평가하고, 진료하고, 기록하는 데 사용할 수 있는 시간은 기껏해야 20분 정도다. 병력을 체크하고 진찰을 하고 나서, 본능적인 직감에 따라 윌튼 씨에게 뇌동맥류와 출혈성 궤양과 협심증과 폐색전증이 있을 가능성이 지극히 희박하다고 결론 내렸다. 그 모든 것이 그녀에게 있을 리가 없었다. 그렇게 보였다.

나는 내 경험과 임상적인 판단, 고정관념 같은 것들에 의존해서 모든 증상이 스트레스로부터 왔을 거라고 생각했다. 그런데 틀렸다. 환자에게 해를 끼칠 수 있다는 공포, 내가 임상에서 보낸 시간동안 나를 눌러오던 공포가 활활 타올랐다.

그녀의 증례를 글로 썼을 때, 내 원래 의도는 의료에서 고정관념이 어떻게 작용하는지 검토하고, 교육을 잘 받은 백인 여성 신경증 환자에 대한 내 고정관념을 지적하는 것이었다. 그러나 생각지도 못한 일이 뒤따랐다. 온라인으로 독자들의 비난이 빗발쳤다.

어떻게 그렇게 무능력할 수 있지? 의사들은 도대체 환자 말을 들으려고 하지 않아! 아주 거만하고 이야기를 들을 시간조차 남겨두지 않지! 악착같이 돈이나 긁어모으려 하고, 의료시스템을 조작해서라도 자기들이 원하는 걸 얻어낼 생각만 하잖아!

낙담에 빠졌다. 월튼 씨의 이야기를 듣느라 시간을 들였기 때문에, 그녀의 병에 영향을 줄 수 있는 삶의 맥락을 알아내려고 애썼기 때문에 더더욱 실망했다. 같은 실수를 다시 할 수도 있겠구나, 또 다시 폐색전증을 모르고 지나갈 수도 있겠구나 싶은 생각도 들었다. 내가 읽었던 책에서 중증 근무력증을 놓쳤던 것처럼 말이다. 알바레즈 씨가 '사상 최악의' 증상들을 가지고 나타났는데, 내가 심각한 문제를 놓칠 수도 있는 것이다.

수년간의 경험과 수련에도 불구하고, 앞으로도 틀림없이 많은 실수를 저지르게 될 것이고, 어쩌면 환자에게 해를 끼치게 될 것이고, 또 어쩌면 법정에 서서 공격받게 될 수도 있을 것이다. 아마도 이런 부분들이 실존적으로 가장 깊은 공포, 즉 내가 의사가 되기에 부족한 사람일 수도 있다는 공포를 불러오는 것 같다. 아마도 간판을 내려놓아야 한다는 생각, 나보다 더 유능한 사람의 손에 환자들이 맡겨지도록 하는 게 낫지 않을까 하는 생각 말이다.

그렇지만 주변 동료들을 돌아봤을 때, 능력 면에서 수용 가능한 범위 안에 있다는 생각도 든다. 많이 뒤떨어지지도 많이 월등하지도 않은 수준이다. 내가 그들에게 이런 이야기를 꺼내면서 알게 된 게 있다. 그들 역시 비슷한 두려움을 갖고 있다는 사실이다. 환자들에게 해를 끼치게 될 지 모른다는 두려움, 충분히 유능하지 못한 게 아닌가 하는 두려움을 가지고 있었다. 동료 중 한 사람은 그 공포감을 집약해서 농담 반 진담 반으로 말하기도 했다. "면허증을 잃어버릴 기회가 매일 찾아오곤 하죠."

그 동료가 자신에게 있었던 일을 회상했다. 인턴의 증례 발표를 듣다가 정신이 혼미해졌던 일이었다. 그 증례는 그녀가 오후 내내 듣던 20여 가지 증례 중 하나였고, 단조로운 목소리로 발표되고 있었다. 시간이 한참 지났을 때였는데, 문득 커피라도 한 잔 더 마셔야지 안 되겠다는 생각을 하다가 마음을 다시 가다듬고 집중하기 위해 애쓰고 있었다. 바로 그때였다. 인턴이 환자의 발 색깔이 어둡고 탁해서 발 질환 전문의와 2주 뒤에 약속을 잡았다고 이야기하고 있었다. 그 순간 커피도 마시지 않은 그녀의 몸속에서 카페인이 솟구쳤다.

'어둡고 탁한 발dusky foot'이라는 건 의학에서 심장을 멈추게 하는 용어 중 하나다. 그것은 발이 혈류를 잃고 있을 가능성이 있음을 뜻하기 때문이다. 그런 증상이 있는 환자는 당뇨병이나 심혈관계 질환을 갖고 있는 경우가 많은데, 혈류를 공급하기 위해 응급으로 외과적 치료를 해야 할 수도 있다. 혈류의 부족이 너무 심해서 손상이 심할 수 있는 상황이라면, 극심한 괴저 현상을 피하기 위해 곧바로 절단을 해야만 하는 경우도 있다. 이런 환자는 곧바로 혈관외과 전문의에게 보내서 심각성을 파악하고 대처를 해야지, 2주 뒤에 발 질환 전문의에게 보낼 일이 아니다. 물론 그냥 피부가 변색된 것으로 판명날 수도 있다. 그러나 그럴 수 있다는 식으로 운을 잴 일은 아니다.

인턴은 상황의 심각성을 알지 못해서 자기 생각대로 처리했을 것이다. 그러나 전담 의사 입장에서는 잠시 집중하지 않은 그 순간 때문에 엄청난 착오를 저지를 수도 있는 것이다. 환자의 어둡고 탁한 발은 백신접종이나 유방촬영이나 다른 비응급 상황들 속에 섞여서 안개처럼 사라져버릴 수도 있었다. 만약 실제로 혈류에 문제가 생긴 거라면, 환자는 발을 잃어버릴 수도 있고, 만일의 경우 생명까지 잃는 위중한 상태가 될 수도 있다.

다음날, 월튼 씨의 병실을 방문했다. 호흡이 좀 나아진 것 같았다. 응급실에서 적절한 치료를 받은 덕분이었다. 우리는 폐색전증의 심각성에 대해 이야기했고, 재발을 막으려면 여생 동안 혈전용해제를 맞아야 한다는 이야기도 했다. 혈전용해제의 용량이 높으면 출혈을 일으킬 수 있고, 용량이 너무 낮으면 혈전이 생길 수 있다. 그날 이후로 월튼 씨는 혈전과 출혈의 골짜기에서, 폐색전증과 출혈성 궤양이나 뇌졸중 사이에서 치명적인 위험을 걱정하며 살아야 한다. 난 자백을 해야만 했다.

"당신에게 용서를 구해야겠어요." 내 목소리가 힘을 잃었다. "이 진단을 제가 놓쳤어요. 월튼 씨, 당신이 숨 가쁨과 가슴 통증을 이야기했는데, 다른 증상들 때문에 당신 폐 속에 있는 혈전을 생각하지 못했어요." 말을 하는 내내 고통스러웠다. 이렇게 간단히 줄여서 이야기하다 보니 내 행동 때문에 월튼 씨가 죽을 수 있었다는 사실이 점점 더 분명해지는 것 같았다. 폐색전증으로 갑작스럽게 사망하는 일은 실제로도 빈번히 일어나는

의사의 감정

일이다. "제가… 제가 미안합니다."

월튼 씨가 손을 저으며 말했다. "사실은 나도 가슴 통증을 그렇게 많이 생각한 건 아니에요. 게다가 수개월 전에 이 약속을 잡았고요. 그 때만 해도 가슴 통증이 없었어요. 그래서 혈전 같은 건 정말 우연히 생기는 거라고 생각하고 있어요."

그녀의 용서에 감사했다. 색전증이라는 게 언제 생길지 알기 어렵다는 점, 진단하기 아주 어렵다는 점이 조금이나마 내게 위안을 주었다. 그런 한편으로 나는 깨달았다. 의사로서 내 기술을 계속 가다듬어야 할 필요가 있다는 사실, 의학의 불확실성과 거기에 수반되는 불안을 안고 사는 방법을 익혀야 한다는 사실을 말이다. 태양이 떠오르는 것이 확실한 것처럼, 환자가 모호한 증상 목록을 들고 진료실로 들어왔을 때 실수가 생길 수 있다는 것도 확실하다. 부검을 해보면 10~15% 정도는 진단이 잘못된 것으로 추정된다고 한다.[16] 진단을 위한 추론이나 사고 과정에서 실수를 줄이는 방법에 대해 연구하는 특수한 학문분야도 있다.[17] 그러나 이런 연구들도 의사들이 의학이라는 불완전한 과학 속에 감춰진 다루기 힘든 불편함을 어떻게 처리해야 하는지를 연구하지는 않는다.

월튼 씨 사건 이후로 수많은 증상을 호소하는 환자에 대한 내 접근방식을 재검토하게 되었다. 증상을 하나하나 깊이 살펴볼 수 없을 때는 그렇게 하기 어렵다는 점을 환자에게 솔직히 말하고 받아들일 수 있게 했다. 그래서 이제는 이렇게 말한다. "걱정거리 중에서 오늘은 세 가지만 살펴보기로 하죠. 먼저 두 가지를 고르시면 제가 하나를 고를게요." 이렇게 하면 환자가 가장 걱정하는 두 가지 증상과 내가 보기에 심각한 병증이 숨어 있을 것 같은 증상 한 가지를 검토할 수 있게 된다. 결론에 이른 뒤에는 나 자신에게 다시 한 번 상기시키면서 묻는다. "결론이 이게 아닐 가능성은 없을까? 혹시 뭔가 중요한 걸 놓치고 있는 건 아닐까?"

이렇게 접근하다보면 진단의 정확도도 높아질 것이다. 그러나 여전히 모든 진료의 배경에 스며들어 있는 공포, 나를 절벽 끝으로 몰아가는 공포, 내가 의사라는 사실을 절대로 편하게 놔두지 않는 그 공포를 줄이지는 못한다. 어네스트 베커의 관점에 따르면, 죽음의 현실성을 의식에서 지우기 위해 부정이라는 기제를 사용한다. 죽음이라는 실존적 공포를 의식하지 않으려는 것이다. 그러나 의료에서는 죽음의 공포가 어느 정도 드러날 수밖에 없다.

그 공포에 대해 내가 딱히 할 수 있는 건 없다. 심호흡을 한 다음, 그 공포가 비정상이 아니라 오히려 임상의학의 일부라는 사실을 스스로 인정하는 수밖에 별 도리가 없다. 의사가 된다는 건 그런 공포를 달고 산다는 걸 의미한다.

임상 생활 내내 끝없는 불안과 공포가 흔들어댄다. 그러나 그걸 어떻게 헤쳐나가야 하는지 알려주는 쉬운 답 같은 건 없다. 지침이 될 만한 연구도 아직까지는 없다. 어떻게든 불안과 공포와 타협하고, 스스로 감정적인 휴전을 맺어야 한다. 불안과 공포가 늘 마음 한 쪽 구석에 자리 잡고 있어야 한다. 너무 완벽하게 차단해버리면 의사라는 복합적인 층위 안의 근본적인 부분을 잃어버릴 수 있다. 정도가 문제겠지만, 불안과 공포가 있어야 타인을 돌보는 일에 꼭 필요한, 뭔가 경건하면서도 경계를 늦추지 않는 층위를 유지할 수 있다. 따라서 의사들은 그것을 안전한 곳에 잘 숨

겨두고 숨은 쉴 수 있도록 해줘야 한다.

내가 환자였을 때가 있었다. 아이를 출산했을 때였는데, 임상 매너가 온화한 의사가 주치의였다. 모든 사람이 그를 좋아했다. 그날은 정기적인 진료가 있는 날이었다. 전에도 그를 만난 적이 있었기 때문에 마음이 편했다. 그는 아주 유쾌하고 따뜻했다. 좋은 손이 나를 치료하는 것이 느껴졌다. 그렇게 유유히 헤엄치듯 일이 진행되다가 갑자기 일이 생겼다. 태아 심장 모니터에서 최근 들어 속도가 줄어든 사실이 발견된 것이다. 산도 역시 정상이 아니었다.

나는 그 때 그가 어떻게 변했는지 뚜렷이 기억한다. 기분 좋은 유쾌함은 눈 녹듯 사라졌고, 그 자리에 집중과 긴장이 자리했다. 사소한 대화는 없어졌지만, 그렇다고 해서 그가 보여줬던 자상함이나 친절함이 가짜처럼 생각되지는 않았다. 그 때 나는 환자로서 그가 걱정하고 있다는 사실을 직감했고, 그가 산도를 다시 체크하고 이번 수치와 지난 번 수치가 서로 모순된다는 사실을 확인하면서 공포를 느끼고 있다는 걸 감지할 수 있었다. 나는 걱정 되고 무서웠다. 그런데 이상하게도 의사가 느끼는 공포를 감지하자, 뭔가 나를 안도하게 하는 게 있었다. 그는 그 어떤 작은 징후도 그러려니 하며 넘기는 법이 없었다. 그가 다른 의사를 불러들여 도움을 요청할 때, 이전보다 더 불안해하는 걸 느꼈다.

환자로서 나는 나를 진료하는 의사가 어느 정도 무서워하기를 바랐다. 여기서 말하는 어느 정도란 그가 하는 일의 심오한 무게에 스스로를 붙들어 맬 수 있을 만큼을 말한다. 그렇다고 그가 압도당하기를 원하지는 않았다. 분명 그랬다. 그러나 나는 결과를 통제할 수 없었다. 이 의사에게 내 아이의 운명을 양도하면서, 그가 진정한 의미의 경외, 즉 죽음과 삶을 바꿔놓을 수 있다는 공포에 관한 경외 같은 것을 느끼기를 바랄 뿐이었다.

모든 감정이 그렇지만 공포도 그 자체로 좋거나 나쁜 것은 아니다. 단지 정상적으로 존재하는 하나의 감정일 뿐이다. 그러나 질릴 정도의 공포는 사람을 꼼짝 못하게 할 수 있다. 나는 첫 번째 코드를 실행할 때 그 공포를 배웠다. 그러나 적절한 공포는 산부인과 의사에게서 본 것처럼 좋은 의료의 필수적인 부분일 수 있다. 특히 위기 상황에서는 그렇다. 나와 내 아기의 일은 다 잘 되었다. 그런데 그 때 한 가지를 인정하게 되었다. 적당한 공포는 의사와 환자에게 좋은 기여를 할 수 있다는 사실이다. 공포를 잘 인지하고 조절하는 것은 의사가 가져야 할 중요한 기술이다. 우리가 돌보는 환자의 삶이 거기에 좌우될 수 있기 때문이다.

의사의 감정

줄리아 이야기 - 3

줄리아는 그 가을날 아침 이후로 벨뷰 병원 중환자실에 몇 주 동안 입원해 있었다. 그녀에게 고용량의 이뇨제를 주었다. 심장의 압력을 줄이기 위해서였는데, 그러다보니 혈압도 바닥으로 떨어져버렸다. 아드레날린 같은 강한 승압제를 다시 정맥으로 투여해야만 생존 가능한 수준의 혈압을 유지할 수 있었다.

첫 주 내내 그녀는 죽음의 문턱을 왔다 갔다 했다. 승압제의 양을 낮추려고 할 때마다 혈압이 60/40으로 곤두박질 쳤다. 그렇게 두면 뇌와 신장 기능에 문제가 생긴다. 그래서 승압제를 고용량으로 유지했다. 그러나 거기에도 대가가 따른다. 지나치게 심장 근육과 신장을 쥐어짜면 부정맥을 유발하거나 심장을 너무 혹사시킬 수 있다. 환자는 깨어 있을 때나 잠을 잘 때나 내내 정맥주사에 묶여 있어야 했다.

환자가 중환자실에서 승압제를 맞아야만 심장 기능을 유지할 수 있다면, 심장이식을 해야 하는 타이밍이다. 그러나 말할 것도 없이 그건 우리의 대안 목록에 없는 일이다. 앞으로 무슨 일이 일어날지 생각하는 것 자체가 나로서는 힘든 일이었다. 줄리아는 승압제의 부작용이 엄청 커질 때까지 중환자실에 머무르게 될까? 결국 승압제를 그만두게 되는 때까지? 그런 뒤에는 심장이 스스로 멎을 때까지 기다리는 방법밖에 없는 건가? 이런 모든 생각을 내 머리 속에서 차단한 채, 그녀의 생징후가 순간순간 어떻게 변하는지에만 집중했다.

그건 사실 아슬아슬했다. 멈칫멈칫하긴 했지만 줄리아의 심장은 바닥 근처에서 기능을 유지하고 있었다. 이전의 평형 상태까지는 도달하지 못한 채 그저 생존 가능한 상태에서 머물러 있었다. 몇 주 동안 이뇨제와 승압제를 조심조심 줄여갔다. 그러면 며칠 되지 않아 다시 차질이 생겼고, 그러면 다시 처음부터 시작했다. 줄리아와 의료진이 엄청나게 수고해준 덕분에 드디어 중환자실에서 나올 수 있었다. 그 후 일반 병동에서 한 주를 지내고, 심장 재활 병동에서 2주를 지냈다. 그리고 나서 집으로 퇴원했다. 하지만 줄리아는 이전보다 극도로 약해져 있었다. 그러면서도 삶을 지탱했다. 일종의 집행유예처럼 주어진 시간이라고나 할까? 우리 둘 다 그 사실을 정확하게 인지하고 있었다.

줄리아는 집에서 가족들과 함께 지냈다. 심장 문제 말고는 나름 건강한 몸으로 조금씩 회복하고 있었다. 이전 상태로는 돌아가지 못했지만 건강을 약간은 회복했다. 이전보다 느려졌고 좀 더 조심하게 되었지만, 얼굴에는 밝은 빛이 돌기도 했다. 겨울이 굉장히 힘들었을 텐데 버텨냈다. 종교적인 신념이기라도 한 것처럼 약도 잘 챙기고 있었다. 브루클린에서 맨해튼에 이르는 그 긴 거리를 내원 약속에 맞추어 오고 갔다. 남편과는 그 즈음 별거 상태에 들어갔지만, 정서적으로 큰 타격을 입은 것 같지는 않았다. 여동생이 아이들과 함께 집으로 들어와서 도와주고 있었고, 그렇게 두 사람이 함께 가족들을 잘 챙기고 있었다.

그때 나는 《Medicine in Translation》이라는 책을 끝내려던 참이었는데, 그 해 3월에 눈보라가 뉴욕을 강타했다. 1피트나 되는 눈이 도시 전체를 덮었고, 맨해튼은 마치 〈초원의 집〉에 나오는 겨울과 흡사했다. 내 아이들이 학교에 안 가도 되어서 마음껏 눈을 즐기는 동안, 나는 병원까지 눈으로 진창이 된 거리를 터덜터덜 걸어서 출근했다. 내심 크로스컨트리 스키라도 있었으면 했다.

북극 같은 날씨에도 불구하고 내원 약속에 맞추어 수많은 환자들이 병원으로 왔다. 그리고 거기에 줄리아가 있었다. 줄리아의 볼은 추위 때문에 새빨갛게 물들었다. 그 눈을 뚫고 어떻게 여기까지 왔는지 도대체 알길이 없었지만, 하여간 왔다. 그녀의 신체뿐만 아니라, 그녀의 영혼도 병과 싸우고 있었다. 그녀는 '에스페란자esperanza, 희망'에 대해 이야기했다. 그때 나는 조금씩 낙관적인 궤도로 진입하는 기분이 들었다. 물론 내 지성은 이것이 무모하다는 사실을 알고 있었지만 말이다. 우리는 그날 서로를 꼭 안았다. 그러자 그녀의 활기가 나를 엄연한 사실로부터 떼어내는 것만 같았다.

일이 다 잘 될 수도 있다. 그 때 나는 줄리아가 죽음과 결투를 벌이고 있는 모습을 보았다. 어쩌면 그녀는 생물학적 법칙이 적용되지 않는 희귀한 예외일 수 있다. 그러지 말란 법이 있나? 그녀가 내 진료실을 나설 때, 어쩌면 잘 될 수도 있겠다는 확신이 들었다. 어떻게 그런 생각이 들었는지는 말로 표현할 수 없지만, 확실히 그랬다.

난 원고를 다시 펼치고 《Medicine in Translation》의 마지막을 격렬하게 타이핑했다. 눈보라, 구원, 희망, 이런 엔딩이 그 책에 딱 맞았다.

4

밤낮없이 찾아오는
고통과 슬픔

의료계 바깥에 있는 사람들이 많이 묻는 질문이 있다. 의사들은 도대체 그 모든 질병과 고통과 죽음을 어떻게 견뎌내느냐는 것이다. "우울해지지 않나요?"라고들 묻는다. 어떤 분야든 직업적인 어려움이 있을 테지만, 의료인의 경우엔 단연코 슬픔이 그 중 하나다. 공포와 마찬가지로 슬픔 역시 좋은 것도 나쁜 것도 아니다. 그저 인간의 조건을 구성하는 하나의 요소일 뿐이다. 중요한 건 슬픔을 어떻게 거쳐 가느냐 하는 것이다. 슬픔이라는 감정은 의사의 개인적인 성격에도 영향을 받지만 주변 환경에도 영향을 받는다. 고통이나 통증이 닿지 않게 하는 기술이 있는 의사들도 있기는 하다. 그들에게는 슬픔이 스며들지 않는 것 같다.

수련을 받는 동안 그런 의사를 부러워한 적도 있다. 나도 그런 강한 무기가 있었으면 했다. 그러나 그 무기가 파괴적일 수 있다는 사실도 알게 되었다. 슬픔이 들어오지 않도록 막는다기보다 한쪽 구석에 모아두는 것이기 때문이다. 결국 그 모든 슬픔이 내면으로 파고들었다가 환자를 진료할 때 강하게 영향을 끼친다. 왜 안 그렇겠는가? 슬픔은 인간의 감정 중에서도 가장 고달픈 감정이다. 가볍게 볼 수가 없다.

에바는 내가 이 책을 쓰기 위해 자주 인터뷰 했던 소아과 의사인데, 슬픔이 의료에 깊은 영향을 끼친다는 사실을 잘 이해하게 해 주었다.

분만실 콜을 받고 나가면서 에바의 밤 근무가 시작되었다. 분만은 이미 시작된 상태였다. 당시 소아과 인턴십을 하고 있었는데 이미 열 번 이상 출산에 참여했었다. 그런데 이번엔 좀 달랐다. "부모가 아이를 보고 싶어 하지 않음."이라는 경고 문구가 있는 사례였다.

에바는 레지던트 에릭이 있는 분만 병동으로 내달리면서 포터 증후군Potter Syndrome에 대해서 기억해낸 것을 머릿속으로 되뇌고 있었다. 포터 증후군의 일차적인 문제는 태아의 신장에 생긴 손상으로 인해 양수가 많이 부족해진다는 점이다. 양수가 충분하지 않으면 폐가 적절하게 발달하지 못한다는 점이 큰 문제다. 이 증후군을 갖고 태어난 아기는 대부분 출생 후 몇 분 만에 질식사한다.

2년 선배인 에릭을 분만실 문밖에서 마주쳤다. 말 한마디 하지 않았지만 그가 몸으로 표현하는 것을 금세 알아차렸다. 기진맥진과 환멸과 시달림의 혼합이었다. 분명한 건 그가 지금 그곳이 아닌 다른 어디로든 가고 싶어 한다는 사실이다. 말없이 스크럽을 하고 가운을 입고 분만실로 들어갔다. 비좁은 분만실에 이미 여섯 명이나 있었다. 분위기가 으스스하게 조용했다. 밤이라 창문은 검었고 한 겨울 버몬트 주의 황량함이 방 안에

의사의 감정

스며든 것 같았다.

에바가 레지던트 면접을 보던 15개월 전은 단풍이 금색과 주홍색으로 물든 10월 초였다. 뉴멕시코의 흙먼지 날리는 풍경 속에서 10년을 보낸 그녀에게 뉴잉글랜드의 가을은 정말이지 매혹적이었다. 그러나 지금은 황량하다. 힘든 수련과정 그리고 겨울의 음산함 때문에 인턴들 모두 타격을 입고 있었다.

에바는 주어진 일을 하기 위해 심호흡을 하고 마음을 다잡았다. 처음에는 말도 안 되는 생각을 했다. '대체 부모는 어디 간 거야?' 산모는 분만 테이블에 누워 있고 아기 아버지가 그 옆에 서 있었다. 그러나 그들은 바에서 맥주를 마실 만큼의 나이도, 심지어 투표할 나이도 안 된 것 같았다. 소년은 소녀의 머리를 감싸 안은 채 그녀의 눈을 가리고 있었다. 이들은 아마도 아기가 이상해 보일 거라는 이야기를 들은 것 같았고, 몸짓으로 볼 때 무슨 일이 일어나든 보지 않기를 원하는 게 분명했다. 에바는 그들에 대해 아는 게 없었다. 그러나 그들이 미혼이고 노동자 계층의 10대이고, 원치 않는 임신을 했고, 전혀 준비 되지 않은 채 고 위험 임신의 고해 속으로 떠밀려온 것으로 보였다. 아기를 보지 않겠다는 결심에 대해 동정심이 휘몰아쳤다. 사실 너무나 힘들 것이다.

산부인과 팀은 분만의 마지막 과정에 집중하고 있었다. 소아과 팀도 마찬가지였다. 부모는 아래가 아닌 다른 곳으로만 집중했다. 아무도 말한 마디 하지 않았다.

출산 과정 자체는 정상적이었다. 합병증도 없었고 아기가 나왔다. 말없는 환영을 받았다. 아무도 "축하합니다!"를 외치지 않았고 "공주님이에요!"라고 외치지도 않았다. 아기는 조용히 산부인과 팀으로부터 소아과 팀으로 넘겨졌다. 에바는 재빨리 아기를 담요로 감쌌다. 아기는 헝겊 인형처럼 흐물흐물하게 느껴졌다. 그러나 에바는 그에 대해 별다른 생각을 갖지 않았다.

분만실에서 나온 에바와 에릭은 지도받은 대로 했다. 홀에서 잠시 멈춰 섰다. 죽어가지만 소생술도 받지 않을 이 아기를 데리고 어디로 가야 하나 생각했다. 에바는 아기를 가슴에 바짝 안고 있었고, 에릭은 분만실 게시판을 서둘러 훑어봤다. 모든 방이 차 있었다. 허둥지둥 분만 후 병동으로 뛰어갔지만 거기도 다 차 있었다.

그들은 복도에 나란히 앉았다. 죽어가는 아기도 함께였다. 그러나 아무데도 갈 곳이 없었다. 에릭이 손가락을 초조하게 움직였는데, 담배를 못 피워 안달이 난 것 같았다. 에릭이 복도 끝에 있는 병원 물품보관소의 문을 열더니 에바와 아기를 그 쪽으로 밀었다. 아무도 없었다.

크지 않은 선반에는 수술 기구와 식염수, 정맥주사, 혈액튜브, 소변컵 같은 물품들이 빼곡했다. 그 좁은 공간에는 아직 사용한 적 없는 인큐베이터가 메탈로 된 카트와 함께 있었다. 에릭과 에바는 인큐베이터와 카트 사이 좁은 틈을 비집고 들어가 아기를 살펴볼 공간을 찾았다. 그나마 평평한 공간은 메탈 카트 밖에 없었다. 에릭이 카트 위에 있던 장갑 상자들을 딴 데로 치웠다. 에바는 조심스럽게 아기를 눕혔다.

천천히 담요를 풀어헤쳤다. 아기의 얼굴에 회청색 빛깔이 감돌았다. 양수가 부족한 자궁 안에 있던 아기 얼굴은 뭉툭하게 일그러져 있었다. 귀도 좀 낮게 있었는데, 태아 기형의 전형적인 징후였다. 블루베리 머핀 빛

깔의 피부는 피부 아래에서 출혈이 있었음을 알려주었다. 아기가 숨을 쉬려는 듯 입을 오므렸지만 소용없었다. 잠시 뒤 한 번 더 쉬려는 것 같더니 이내 잠잠해졌다. 에바는 초조한 눈길로 에릭을 쳐다봤다. 일 분쯤 침묵하던 에릭이 에바에게 말했다. "사망시간 적어."

에바는 일순간 패닉에 빠졌다. 이걸 사망시각이라고 해야 하는 건가요? 아기가 숨을 멈춘 순간을? 에릭이 에바의 청진기를 쳐다보며 고개를 끄덕였다. 그녀가 청진기의 작은 벨을 아기의 힘없는 가슴에 살며시 댔다. 이 흐릿한 소리가 심장의 소리였던가? 아니면 상상 속에서 들리는 소리인가? 그것도 아니면 내 심장 소리를 들은 걸까?

"그 때 아기가 살았는지 죽었는지 모르는 내 자신이 멍청하다고 생각했던 기억이 납니다." 에바가 회상했다. "그러니까 제 말은, 의사가 환자가 살았는지 죽었는지 알아보는 건 가장 기본 아닌가요?"

에릭은 눈알을 굴리더니 아직 뛰고 있는 탯줄을 가리켰다. 심장이 뛰고 있다는 증거였다. 포터 증후군의 경우, 폐는 비정상이지만 심장은 아니다. 산소가 부족한 게 문제일 뿐, 심장 근육이 죽을 때까지는 심장이 멈추지 않는다. "탯줄이 움직이지 않는 시각을 기록해." 에릭이 가르쳐주었다. 그리고는 문을 열고 사라졌다.

소아과 레지던트들이 머릿속에 박히도록 배우는 것이 신생아 소생술 프로토콜이다. 맨 처음 실시하는 가장 중요한 단계가 아기를 따뜻하게 유지하는 일이다. 차가운 메탈 표면에 아기를 눕혀 놓은 상황이 에바의 심기를 계속 건드렸다.

"아기를 살리려는 시도 자체가 없다는 점 때문에 죄책감이 들었어요."

에바가 말했다. "내가 담요를 잘 싸매서 아기를 따뜻하게 했다면 심장이 더 오래 뛰었을 거예요. 그랬다면 탯줄이 언제부터 움직이지 않는지나 보고 있지 않아도 되었겠죠. 그 아이와 함께 보관창고 안에 조금이라도 더 오래 있을 수 있었을 테고요."

차가운 메탈 카트 위에 힘없이 처져 있는 아기를 바라보던 에바는 그녀 자신이 아기 엄마의 처지라면 뭘 할 수 있을지 생각해봤다. 아기가 태어나자마자 죽을 걸 알면서도 자기 몸속에서 자라도록 두는 일은 얼마나 고통스러웠을까?

이내 에바는 이 아기, 이 작은 여자 아기를 향한 커다란 슬픔에 휩싸였다. 부모에게 한 번 안겨보지도 못한 아기, 누구에게 들려 보지도 못한 아기다. 이해할 수 없는 상황이었다.

탯줄의 움직임이 멈춘 순간을 지켜보지 않았다고 하면 야단맞을 게 틀림없다는 생각을 하면서, 에바는 아기의 굳은 몸을 감싼 담요를 풀었다. 약한 여자 아기를 팔에 안고 식염수가 놓인 선반에 기대어 섰다. 그 좁은 공간에서 아기를 앞으로 뒤로 흔들었다. "사랑한다, 아가야, 너를 사랑한다." 그녀가 속삭이는 동안 아기의 심장이 서서히 느려지는 것 같았다. "사랑한다, 아가야."

실제로 생명이 꺼져가는 시간은 그리 길지 않다. 에바는 아기의 맥박이 주저하듯 떨어지는 것을 느꼈다. 하지만 계속 흔들었다. 산소가 부족했음에도 심장은 꽤나 열심히 뛰었다. 5분. 10분. 15분. 그리고 결국 잠잠해졌다.

한참을 그곳에 서 있던 에바는 문을 열고 눈부시게 밝은 복도로 걸어

의사의 감정

나왔다. 발을 질질 끌며 멍한 상태로 간호사 스테이션으로 갔다. 아기를 안은 채였다. 차트를 넣어둔 책장 옆에 서 있는 에릭을 봤다. 에릭이 서류를 작성해야 한다는 걸 상기시켰다. 삑삑 울리는 호출기에 찍힌 번호를 확인하더니 복도를 걸어가며 덧붙였다. "아, 그리고 영안실에 전화하는 것도 잊지 말고." 그들의 밤 근무는 이제 시작일 뿐이다. 수많은 환자를 더 살펴봐야 했다.

에바는 영안실에 어떻게 전화를 해야 하는지, 어디에 알아봐야 하는지 알지 못했다. 소아과 레지던트 수련을 받는 동안, 적어도 지금까지는 영안실에 전화할 일이 없었다. 어쩔 수 없이 간호사에게 물었다. 굳이 따로 생각하지 않아도 이미 알고 있는 눈치였다. 간호사들은 이전에도 이런 일을 겪어본 적이 있지만, 에바는 처음이었다. 아기들도 죽을 수 있다.

에바는 그 날의 나머지 근무를 어떻게 마쳤는지 기억하지 못했다. 그러나 기억해내야 했다. 그날 밤 병원의 0세부터 18세까지 모든 아이들을 책임진 사람이 에릭과 에바, 둘이었으니까. 그 다음 날에도 에바는 겨우겨우 일을 마쳤다. 신생아 중환자실의 미숙아들과 소아과 병동에 입원한 환자들을 회진했다. 그 병원은 주 전체에서 유일한 대학병원이었다. "모든 걸 의식 안으로 억지로 밀어 넣었던 것 같아요."

레지던트 수련과정은 고통스런 경험을 의식 안으로 밀어 넣는 훈련 같았다. 그런 일들이 레지던트들에게 어떤 영향을 미치는지 연구해볼 시간도 공간도 감정적인 에너지도 없었다. 그리고 또 하나, 의료기관의 환경 자체가 그런 이슈에 대해 경청하는 개방적인 분위기도 아니다.

레지던트 과정이 끝나갈 즈음, 에바는 다른 것들에 신경은 끈 채, 그저 생존에만 집중했다. 레지던트 과정이 끝나기 2주 전의 일이다. 네 살 난 소년이 앰뷸런스로 병원에 실려 왔다. 호수에 빠진 후였다. 소아과 팀이 그를 소생시키려고 응급조치를 했다.

소아과의 코드는 성인 의료에서와는 느낌이 완전히 다르다. 내과 의사들이 참여하는 코드는 보통 고령의 중환자인 경우가 많은데, 대개 의학적으로 갖가지 불운이 겹쳐 있어서 코드가 실패할 확률도 높은 편이다. 코드를 실행하는 초기에 실패를 직감하기도 한다.

그런데 소아과에서는 아이가 앞에 있고, 이 아이의 앞날에 칠십, 팔십, 혹은 구십 년의 인생이 기다리고 있기 때문에 코드에 거는 인생이 더 길다. 또, 소아과의 코드는 대개 중환자가 아니라 건강한 환자이고, 이 소년처럼 질식했거나 물에 빠져서 숨이 멈춘 경우가 많다. 이들의 심장, 폐, 신장, 뇌는 질병 없이 아주 깨끗하다. 어떻게든 숨을 다시 쉴 수 있도록 빨리 회복시키면 아이들은 완전히 건강하게 오래 살 수 있다.

물론 질식하거나 물에 빠진 채로 시간이 오래 경과한 경우에는 뜻대로 되지 않는다. 뇌는 산소를 잃고 몇 초만 지나면 손상을 입는다. 1, 2분이 경과하면 뇌세포가 죽어나간다. 5분이 지나면 영구적 손상이 발생한다. 10분이 지나면 생존 가능성이 희박해진다. 그러나 아이들의 신체는 어른보다 회복 탄력성이 높다. 그래서 소아과 의사들은 코드를 실행하면서 끝까지 희망의 끈을 놓지 못한다.

에바의 팀은 성공적으로 아이를, 아니 그 아이의 몸을 소생시켰다. 호흡과 혈액순환이 회복되었다. 그러나 뇌가 회복되기에는 너무 늦었다.

레지던트 과정의 마지막 2주 동안, 에바는 혼수에 빠진 이 아이의 몸을 중환자실에서 돌봤다. 소년의 부드러운 금발머리와 푸른 눈과 천사 같은 얼굴은 그대로였다. 그 일은 비통함으로 가득한 비극적인 사례였다. 그러나 에바는 감정의 움직임조차 느끼지 못했다.

가족이 텍사스에서 방문하러 왔다가 벌어진 일이었다. 결혼식을 위해 호숫가의 아름다운 리조트에 머물고 있었다. 어머니와 아들이 부두에 서 있었다. 어머니가 화장실에 가려고 옷을 여미던 찰나에, 아들이 차갑고 끝없는 챔플레인 호수에 빠졌다. 그러나 에바는 아이 어머니의 뼈저린 통곡에도 눈물 한 방울 흘리지 않았다. "내가… 글쎄 내가… 멍청한 엄마였어요." 중환자실 전체에 울려 퍼질만큼 숨 가쁘게 흐느끼던 어머니가 한탄의 말들을 쏟아냈다. 그러나 에바의 무기는 단단해져 있었다.

가족들이 매일 소년의 사진을 들고 와서 병실 한 쪽 벽에 붙였다. 가족은 잘 지내는 편이었다. 사진 속 소년은 넓은 잔디밭에서 신나게 뛰노는 반짝반짝 빛나는 모습이다. 조랑말을 타는 모습도 있고, 보트에 앉아 쉬는 모습도 있다. "제길." 에바는 병실에서 새로 붙은 사진을 볼 때마다 혼잣말을 했다. "저런 걸로 아이가 진짜 소년이 되느냔 말이야."

"난 그 아이를 마치 전해질 용액 세트처럼 일정하게 유지하려고만 했어요." 에바가 말했다. "숨이 편하도록 호흡 조절 장치를 조정하듯이 말입니다." 어떻게든 감정을 피하려는 것이었다. 그런데 소년의 어머니는 에바에게 소년의 이야기를 하려고 했다. 지금 이 소년이 아니라 과거 온전하던 시절의 진짜 이야기를. "불어로 말하는 걸 좋아했죠." 어머니는 그런 식이었다. "운동 중에는 축구를 제일 좋아했어요." 에바는 되도록 병실을 피해 있으려고 했다.

"그 아이를 돌보는 2주 동안, 소년과 그 가족을 위해 할 수 있는 일이 하나도 없다는 걸 처절하게 느꼈어요." 그녀가 그 때를 돌이켰다. "레지던트 과정도 거의 끝났겠다, 죽어가는 아이를 돌보는 난리법석도 끝나고 있었죠. 이런 일로 내가 축 처지지 않게 하려고 단단히 맘을 먹었어요."

그러나 그게 쉽지 않았다. 물에 빠진 소년의 옆 병실에는 석 달밖에 안 된 미숙아가 있었다. 이 여자 아기에게 석 달이라는 삶은 아주 험난했다. 끝없이 합병증에 시달리고 있었다. 이 아기 일로 코드가 발생하면, 팀 전체가 아기를 구하려고 온 힘을 다했다. 더 이상 정맥을 꽂을 데가 없어서 애를 먹었다. (보통 아기들의 정맥은 머리카락처럼 가늘다. 미숙아의 경우는 더 미세하다.) 코드가 떴고 팀은 미친 듯이 움직였다. 마지막으로 에바가 아기의 심장에 직접 에피네프린 주사기를 꽂았다. 기적적으로 맥박이 돌아왔다. 호흡도 회복했다. 그런데 시계를 올려다보니 이미 15분이나 흘러버렸다. 같은 일이 생긴 것이다. 인격이라곤 없는 채로 신체가 소생되었다.

에바는 아기 어머니에게 상황을 설명했다. 심장 주사에 대해서도 설명했고, 왜 생징후는 회복되고 뇌 기능은 회복되지 않았는지도 설명했다. 그러자 어머니가 고통스러워하며 말했다. "왜 그런 걸 했어요?"

이전 같았으면 무척 당황했을 것이다. 어쨌든 아기를 구하지 않았는가? 그러나 그 때는 알고 있었다. 자신이 이 어머니에게 지옥 같은 평생을 선고했다는 사실을. 살아나지 않을 식물 상태의 아이를 돌보게 만들었다는 것을. 돌이킬 수 있다면, 가족의 악몽을 연장시킨 주사를 없던 일로 할 수 있다면 좋겠다고 생각했다. 아기를 죽게 내버려 둘 걸 그랬다고 생각했다. 그러나 지금 일이 이렇게 되어 있다. 신생아 중환자실의 기이한

의사의 감정

현실 안에 출구 없이 갇힌 꼴이 되어버렸다.

에바는 중환자실 아기들의 세계에서 어떻게든 떨어져 나와야 한다고 생각했다. 소아과 레지던트 수련을 마친 뒤에는 소아정신과를 하기로 결심했다. 그런데 소아정신과 수련 첫 해에는 반드시 성인정신과에 등록해야 했다. "순진무구한 아이들을 치료하다가 도끼로 살인한 사람을 치료하게 되었어요." 에바가 그렇게 표현했다. 그녀의 환자 중 한 명은 라이커스 아일랜드 감옥에서 갓 나온 사람이었는데 복도를 성큼성큼 활보하면서, "난 그 여자를 강간하지 않았어. 난 강간하지 않았어."라고 투덜거렸다. 강간은 하지 않은 게 맞았다. 강간 때문에 잡혀 들어간 게 아니라 사회복지사의 머리를 도끼로 내리찍었기 때문에 투옥되었다. 여성 사회복지사가 자신의 장애를 빨리빨리 체크하지 않았다고 일을 저질렀다.

그 무렵 에바의 마음 속 공감의 호수는 그야말로 텅 비어있었다. 새벽 3시에 콜을 받고, 침대에서 떨어진 알코올 중독 환자가 머리를 다치지 않았는지 검사하다가 깨달았다. 자신이 이러나저러나 신경 쓰고 있지 않다는 사실을 말이다. "그 때 난 그 남자의 머리 속에 출혈이 있는지 없는지 별로 관심이 없었어요." 더 이상 일을 계속해서는 안 되겠다고 생각한 게 바로 그 때였다.

정신과 레지던트 1년차 중간쯤, 일을 그만두고 석 달 동안 '겨울잠'에 들어갔다. 겨울잠을 자던 어느 날, 극장으로 영화를 보러 갔다. 어린 시절 이후 한 번도 누려보지 못한 오락이었다. 혼자였다. 가볍게 할리우드 영화나 보면서 느긋하게 쉴 생각이었다. 그런데 영화 중간쯤에 한 소녀가 깊은 물속으로 서서히 힘없이 떠내려가는 장면이 나왔다. 산소가 계속 빠져나오면서 입에서 작은 물거품이 퍼져나갔다. 아이의 머리칼이 얼굴 주변으로 흔들렸고 굴절된 햇빛이 아이를 비추고 있었다.

물론 그 캐릭터가 실제로 물에 빠지고 있는 건 아니었다. 그 영화는 코미디 장르였다. 그렇지만 에바가 영화를 보는 동안 아이는 점점 아래로 가라앉고 있었다. 속 터지게 느린 움직임으로 계속 밑으로 내려갔다. 에바의 눈에는 산소부족으로 심장이 꺼져 가는 심전도 영상처럼 보였다.

감정의 소용돌이가 그녀를 휘감았다. 순식간에 눈물이 감당할 수 없을 정도로 흘러내렸다. 헐렁한 벨벳 의자 앉아서 몸을 덜덜 떨며 울었다. 갑자기 모든 일이 떠올랐다. 금발에 푸른 눈을 가진 물에 빠진 소년, 코드를 끝내고 나서 고통스러워하던 어머니의 모습, 호흡기를 한 채 살아있지만 움직이지 않는 아이의 모습도 떠올랐다. 주머니를 뒤져서 휴지를 찾았지만, 찾을 수 없었다.

소매를 여미고 흐르는 눈물을 멈추어 보려고 했다. 영화는 이미 장면이 바뀌어 우스꽝스런 장면이 나오고 있었는데, 에바는 울음을 멈추지 못했다. 영화관에 있던 다른 사람들은 무슨 생각을 했을까? 그건 마치 참전 군인의 '외상 후 스트레스 장애PTSD'와도 같았다. 어떤 장면, 어떤 소리 하나에 수많은 기억이 쏟아져 나와서 그동안 정신력으로 버티던 댐을 무너뜨려버렸다.

에바의 레지던트 과정은 그야말로 트라우마틱한 경험이었다. 그로 인한 PTSD는 리얼했다. 고전적인 PTSD의 특징은 악몽, 플래시백, 무감정, 과장된 놀람 반응 같은 것들이다. 그녀는 이 모든 것을 경험했다. 그녀가 자신이 경험한 악몽 같은 장면 하나를 이야기했다. 그녀 자신이 미숙아였고, 묶인 채 눕혀져 있었고, 눈으로 들어오는 불빛이 차단되어 있었다. 그녀의 몸에는 정맥주사, 체스트 튜브, 기관 내 삽관, 탯줄 카세터 같은 것들이 박혀있었다. (그녀는 종종 미숙아들이 스스로 견뎌온 모든 트라우마로부터 일종의 PTSD를 경험하지는 않는지 궁금해 했다.)

"레지던트 때는 말이죠." 그녀가 말했다. "호출기가 울리기 시작하면 곧바로 심장이 뛰기 시작했어요. '도망가느냐 싸우느냐fight-or-flight' 하는 스트레스 때문에 나타나는 신체반응이었죠.." 시간이 한참 지나 그녀가 개원가에서 일할 때도 호출기 소리만 들리면 긴장했다. 이제는 죽어가는 아이를 소생시켜야 하는 일이 있는 것도 아니고 그냥 전화만 하면 되었는데도 말이다.

에바의 경험을 들으면서 내 머리 속에는 슬픔이 있으면서 없는 현상이 떠올랐다. 죽어가는 아기들, 애도하는 부모들, 식물 상태의 어린이들에 대한 깊은 슬픔은 결코 무시할 수 없는 감정이다. 그러나 우리의 의료 문화는 이 주제에 대해 충분히 탐구할 시간을 주지 않는다. 에바의 레지던트 과정도 마찬가지였다. 일정이 숨 가쁘게 진행되다 보니, 매일 차오르는 슬픔의 우물을 들여다 볼 틈이 없었다. 영화관 의자에 앉아 있을 때 모든 감정이 한꺼번에 터져 나온 건 그리 놀랄 일도 아니다.

비극에 직면했을 때, 사람을 압도하는 감정은 슬픔이다. 의료에서는 왜 그렇게 슬픔에 주목하지 못하는 걸까? 아마 그 어떤 전문 영역보다 죽음이 많이 일어나는 영역이기 때문일 것이다. 의사에게 일어나는 슬픔의 성격과 그 슬픔이 끼치는 영향을 연구한 결과가 있다. 대상은 종양내과 전문의들이었다.[1] 종양내과는 그 특성상 죽음의 조각들이 일상 속에 들어 있다. 치료 측면에서 많은 발전이 있었지만, 암은 여전히 죽음이 어려 있는 영역이다. 종양내과 의사들을 광범위하게 인터뷰하면서 발견한 사실은, 이들의 삶 구석구석에 슬픔이 배어 있다는 점이다.

연구에 참여한 거의 모든 의사들은 일상적인 업무와 개인적인 삶으로부터 슬픔을 떼어놓기 위해 고민한다고 이야기했다. 그러나 아무리 방법을 찾으려 해도 도통 소용이 없었다고 한다. 논문의 저자들은 이렇게 적었다. "슬픔은 만연되어 있다. 의사들의 옷에 달라붙은 채 집까지 따라오고, 병실 문틈을 빠져나온다."

의사들에게 슬픔이 끼치는 영향은 지대했다. 개인적인 삶으로 흘러들어갔고 내면에 저장된 힘마저 고갈시켰다. "온몸을 갉아먹는 것 같은 기분입니다." 한 의사가 말했다. 그는 일주일에 한두 건의 죽음을 맞이해야만 했다. "다시 회복하기까지 시간이 오래 걸립니다."

종양내과 의사들은 만연한 죽음 때문에 슬픔이 일상이 되어버리기도 한다. 죽은 환자들에 대한 슬픔뿐만 아니라 곧 죽음을 맞이하게 될 환자들에 대한 슬픔도 있다. "몇 주 동안 일을 하기가 아주 어려워질 때도 있어요." 다른 의사의 말이다. "상태가 좋지 않은 환자들을 봐야 한다는 생각 때문이에요."

슬픔이 의사들을 갉아먹는다. 그들의 가족과 환자들로부터 그들을 떼어놓는다. 논문은 결국 많은 의사들이 환자들과의 정서적 유대를 철회하게 되고 환자들 역시 의사들이 자신들과 온전히 함께 하지 못하는 것을 느낀다고 보고하고 있다.

중요한 건 이런 슬픔이 의사가 환자를 돌보는 방식에 직접적으로 영향을 미친다는 점이다. 어떤 의사는 실패했다는 기분이 드는 죽음이 있고난 뒤에는 다음 환자를 볼 때 이전보다 공격적으로 치료하게 된다고 보고했다. 역으로, 환자가 불필요한 고통을 받았다는 생각이 드는 사례를 목격하면 다음 환자들을 진료할 때 좀 더 소극적으로 변해서 공격적인 치료를 덜 하게 되는데, 경우에 따라 적극적으로 해야 할 때도 물러나게 된다고 보고했다.

슬픔이 나쁘다는 이야기를 하려는 게 아니다. 오히려 슬픔은 인간의 품성을 드러내는 중요한 감정이다. 그 연구에서도 종양내과 의사들은 슬픔 때문에 인생관이나 의학의 한계에 대한 인식에 일정한 겸양이 생겼다고 인정했다. 그들 다수에게서 의학에 대한 헌신이 배가되었고, 가족과 건강에 대한 인식도 높아졌다. 이 의사들은 환자들에 대한 슬픔을 지우기를 원치 않았다. 슬픔을 느낄 수 있다는 것이 자신들의 정체성을 유지하는 데 중요하다고 생각했다. 그러나 슬픔으로 가득한 상황에 대해서는 대응할 필요가 있다. 슬픔이 그들의 삶을 지배하는 것이 아니라 삶 속으로 잘 통합되도록 해야 한다.

슬픔과 비탄은 결코 의료를 떠나지 않을 것이며, 그래서도 안 된다. 질병과 죽음은 의료를 구성하는 일부분이고, 그것에 대해 슬픔과 비탄을 느끼지 못하는 의사는 처방전을 발급하는 로봇이나 다름없을 것이다. 문제는 에바의 사례에서도 알 수 있듯이 그러한 슬픔을 인정해주지 못하는 게 다반사라는 점이다. 슬픔을 위한 시간과 공간이 부족하기 때문에 번아웃이나 냉담함, 외상 후 스트레스 장애, 한쪽으로 치우진 의사결정 등의 위험에 놓이게 되는 것이다.

의료분야도 서서히 이 문제를 풀어나가려는 노력을 시작하고 있다. 로체스터 대학교에서는 종양내과 의사와 완화 의료 전문가, 사제단 대표 등으로 구성된 지원그룹이 정기적으로 모임을 갖고 있다.[2] 이 그룹은 암 환자들을 보살피는 모든 직무에 개방되어 있어서 병원 사무직, 사회복지사, 간호사, 의사들이 참여할 수 있으며, 종양내과 전문의와 수련의의 경우에는 필수로 참석해야 한다. 이 모임을 필수로 만든 이유는 컨퍼런스나 회진, 진료가 필수인 것처럼, 의료의 감정적인 측면에 대한 공부가 선택의 문제가 아닌 의학 수련의 중요한 기둥임을 분명히 하기 위해서다. 감정은 의사로서의 정체성뿐만 아니라 하나의 인격체로서의 정체성에도 영향을 미친다.

지지 그룹은 참여자들이 환자의 사망이나 슬픔 등, 최근에 번민하는 문제를 의논할 수 있게 해준다. 그룹에 참여해서 대응 방안을 공유하고, 자신을 돌보는 일도 중요하다는 인식을 심어준다. 자신을 돌보는 일을 이기적으로 여겨서는 안 된다. 오히려 책임감 있는 의사라면 최선을 다해 환자를 진료하기 위해 반드시 해야 하는 일이다. 또 한 가지 중요한 것은 죽어간 환자를 생각할 시간을 따로 마련하는 것이다. 자기 환자 중 사망한 환자의 이름을 부르고 모두가 함께 잠시 묵념하며 애도하는 시간을 갖는다.

만일 에바가 소아과 수련을 받는 동안 이런 지원을 받을 수 있었다면 어땠을까 생각하게 된다. 연민이 깊은 윗사람들이 조금이라도 시간을 내서 젊은 레지던트가 운명을 다한 아기를 팔에 안는 게 어떤 일인지 살펴주었더라면, 에바가 익사한 소년의 어머니를 도울 때 준비가 더 잘 되어 있었을 것이다. 만일 수련의들에게 생긴 강력한 감정적 경험을 인정하는 공간이 제공된다면, 에바처럼 극장에서 PTSD가 폭발하는 경험을 겪지 않아도 될 것이다.

에바는 지금 개원가 소아과에서 일하고 있다. 삶은 이전보다 훨씬 조용해졌다. 미숙아에게 응급상황이 발생하는 일도 없고, 암으로 죽어가는 아이들도 없고, 호흡기에 의지하는 아기도 없다. 에바는 레지던트 시절의 사고방식을 바꾸는 일도 힘들었다고 말했다. 마치 다른 태양계로 낙하산을 타고 떨어지는 일이라고 해야 할 정도로 말이다. "레지던트를 마칠 때쯤에는 24주 된 조산아에게 체중에 따라 하루 몇 cc의 수액을 어떻게 줘야 하는지 까지 다 알게 되었어요." 그녀가 말했다. "한 손을 등에 댄 채 척수강으로 항암제를 주사하는 일도 해낼 수 있게 되었고요. 하지만 대소변 가리는 일이라든지, 밤에 잠을 자게 하는 일이라든지, 이런 문제에 대해 질문을 받으면 자동차 헤드라이트 불빛에 갇힌 사슴처럼 막막해지고 말았죠."

나중에는 에바도 개원가 소아과의 일들을 모두 알게 되었다. 이갈이라든지 기저귀 발진, 영아용 조제분유에 대한 부모의 불안도 잠재울 수 있게 되었다. 예방접종이나 학교 건강검진 등으로 채워지는 평범한 일상의 리듬에는 뭔가 위로를 받는 것 같은 측면이 있었다. 여기서 '아프다'는 말은 인후통이나 이염이지 백혈병이 급속히 악화되는 위기상황 같은 일이 아니었다. 개원가 소아과의 미덕은 굳이 개입하지 않아도 대부분 낫는다는 것이다.

그러나 레지던트 경험은 그녀 안에 촘촘히 박혀서 의사로서 어떻게 해야 하는지를 알려주었다. 수년 뒤에 에바는 에이퍼트 증후군Apert Syndrome 을 가진 아기의 분만을 돕게 되었다. 에이퍼트 증후군이 있는 아기는 얼굴과 두개골에 심각한 기형이 있고, 손가락과 발가락이 서로 벙어리장갑처럼 붙어 있다. 그러나 포터 증후군과 달리 생명에 즉각적으로 위협을 주지는 않는다. 에이퍼트 증후군을 가진 아기는 아동기 초기에 기형을 바로 잡는 수술을 여러 차례 받아야 한다. 그러나 출생 당시에는 응급한 위험이 발생하지 않는 것이 보통이다.

아이의 가족은 준비가 되어 있었다. 부모는 아기가 태어났을 때 어떻게 보일지 알고 있었고, 이어서 몇 달 동안 고된 병원생활을 시작해야 한다는 것도 이해했다. 그러나 분만한 지 채 몇 시간도 지나지 않았을 때 아기의 할아버지가, 그 역시 의사였는데, 에바를 멈춰 세웠다. 그는 아기를 신경외과가 있는 병원으로 옮기자고 목청을 높였다. "이 아기는 당장 신경외과 의사가 봐야 합니다."

에바는 아기 할아버지의 고집에 깜짝 놀랐다. 수술도 중요하지만 당장 해야 하는 건 아니었다. 병원을 옮기는 일이 얼마나 정신없는 일인지도 그녀는 알고 있었다. 일단 이 병원에서 퇴원하는 과정을 알아봐야 하고, 환자 이송을 감독해야 하고, 신생아와 산모를 앰뷸런스에 태워 보낸 뒤에는 다른 병원에서 입원 수속을 시작해야 한다. 거기에다 보험문제라든지 전화로 연락할 일들이 있고, 상태에 대해 검진도 받아야 한다. 혈액검사와 엑스레이 촬영도 다시 해야 한다. 의사와 간호사도 새로 만나야 하고, 그밖에도 다시 알아보고 이해해야 하는 새로운 절차들이 앞에 놓이게 된다. 이런 일은 이제 막 분만하고 출생하는 고된 일을 거친 부모에게는 여간 힘든 일이 아니다. 그리고 새로 태어난 아기에게 집중하던 이들을 서류 작성에 집중하게 만드는 일이기도 하다.

아기의 할아버지가 말했다. "아기를 신경외과 의사에게 보여야 합니다." 에바가 답했다. "그러나 지금 당장 필요하지는 않습니다." 그녀는 자신과 함께 의료용품 보관소에 있었던 아기가 생각났다. 분만실에서 눈을 딴 데로 돌리던 부모의 모습도 떠올랐다. "지금 가장 중요한 건 부모와 아기가 유대를 형성하는 일입니다."

할아버지는 꼿꼿이 선 채 미동도 하지 않았다. "나를 바보 멍청이로 보는 것 같았어요." 에바가 회상했다. 자기 손자에게 마녀 의사나 마늘 압착기를 추천하기라도 한 것처럼 바라봤다. 그러나 그녀는 주장을 굽히지 않았다. 심각한 기형을 가지고 태어난 이 아기에게, 그리고 많은 일들을 앞둔 부모에게 에바는 깊은 슬픔을 느꼈다. 지금 자신의 행동을 밀고나가면서 당당할 수 있는 건 의료용품실에서 자신의 품에 안겨 죽어가던 아기에 대한 슬픔 덕분이었다. 이 신생아는 부모의 사랑을 받지 못하는 운명을 타고 나지 않았다. 그리고 이 부모는 무엇과도 바꿀 수 없는 순간을 잃어버리지 않아도 된다. 아기와 부모에게 앞으로 수개월 수년 동안 수술의 맹습이 닥치기 전에 보호받으며 숨 고를 여지를 주는 게 마땅하다. 에바는 압박에 저항했고 아기와 가족을 그 상태로 보호해주었다.

한번은 에바에게 신생아의 상태를 봐 달라는 호출이 온 적이 있었다. 아기의 가족에게는 병원을 나온 직후부터 맡아줄 소아과 주치의도 있었다. 마침 에바가 그 주 당직 소아과 의사여서 첫 며칠 동안 아기의 치료를 맡고 있었다.

아기를 검진해보니 눈이 아래로 처진 것 같았고 귀도 좀 그런 것 같아 보였다. 다운증후군인가? 슬픔의 시냇물이 그녀의 마음속으로 흘러들었다. 이 아기가 일생의 도전을 마주한 것인가? 지금 이 부모는 아기를 낳은 축복에 휩싸여 있는데 참담한 소식을 곧 들어야 한단 말인가? 다운증후군은 염색체 분석을 해야 확진 받을 수 있지만, 소아과 의사의 검진에서 뭔가 잘못된 것 같다는 첫 암시를 얻을 수는 있다. 더욱이 이 아기의 눈은 밑으로 처져 있었다. 에바는 자신의 영혼이 슬픔의 한숨을 쉬는 것을 느꼈다.

그러나 다른 생각도 들었다. 아기의 아버지도 눈이 좀 아래에 있었다. 어쩌면 이 가족의 내력인지도 모를 일이었다. 희망적인 생각을 붙들었다. 아기의 귀가 조금 아래쪽에 있긴 했지만 그렇다고 심한 건 아니었다. 아기의 목도 살펴봤다. 전형적인 물갈퀴 모양의 익상경일까? 아니면 그냥 좀 살이 많아서 그렇게 보이는 걸까?

그녀의 마음속에서 아기의 신체적인 특징을 놓고 생각이 이리저리 왔다 갔다 했다. 영혼은 슬픔과 희망 사이에서 왔다 갔다 했다. 가슴 아픈 소식을 전해야 하나? 그냥 건강한 여자 아기를 낳은 걸 축하해주어야 하나? 어떤 면에서는 다운증후군처럼 보이지만 교과서에 나오는 그대로는 아니었다. 그녀는 자신의 의심이 근거 없는 것일 수 있다는 점을 알고 있었다. 아기는 염색체를 분석해서 진단을 받아야 하는데, 그러려면 시간이 좀 걸릴 것이다. 에바는 지금 당장 자신의 의문을 부모와 공유해야 하는지를 두고 저울질을 했다.

만약 생각이 틀렸다면, 너무 조심스럽게 살펴보는 바람에 잘못 진단을 내린다면 어떻게 될까? 부모는 아기와 유대감을 형성해야 할 특별하고 귀한 시간 동안 쓸데없고 무서운 스트레스에 휘말려야 할 것이다.

정황이 다 나오려면 며칠을 기다려야 하고, 그 때쯤이면 가족이 소아과 주치의를 만나게 될 것이다. 그 의사는 가족을 오래 알아왔고 앞으로도 그들과 시간을 보낼 것이다. 아침 회진 때 잠깐 본 생판 모르는 의사에게 상처 가득한 소식을 듣는 건 끔찍한 일일 것이다…. 만약 그 소식이 잘못된 거라면 더더욱 그럴 것이다.

치료 문제라면 며칠 간격이 생긴다고 문제될 것은 없다. 다운증후군에는 즉각 치료해야 할 것도 없다. 필요하다고 해도 소소한 치료가 전부다. 그 치료라는 것도 앞으로 아이의 인생이 어떻게 될지 배운다거나, 언어치료나 작업치료 그리고 가족서비스와 사회서비스를 받기 시작하는 일과 관련이 있다. 이 과정은 수개월, 수년이 걸린다. 며칠 늦어진다고 바뀌는 것은 없다.

"왔다 갔다 했어요." 에바가 회상하며 말했다. "그렇지만 어차피 저도 진단에 확신이 없었기 때문에 가족들이 소아과 주치의를 만날 때까지 며칠 기다릴 수 있을 것 같더라고요." 이 아기와 조금 더 즐거운 시간을 보내면서 유대감을 형성하면 좋을 것 같았고요. 그래서 말했어요. '축하합니다. 예쁜 아기와 즐거운 시간 보내세요.'라고 말이죠."

에바는 부모가 아기를 바싹 파고들어 순수하고 흠 없는 아기의 사랑스런 눈을 응시하는 모습을 바라보았다. 그건 정말 귀한 시간이었다. 한 번밖에 없는 그런 시간이었다. 다른 감정을 위한 시간은 나중에 얼마든지 있다. 에바는 자기 품에 안긴 채 죽어가던 아기를 생각하면서, 잠시 자신의 의심을 보류하기로 결정하고 마음의 평화를 찾았다.

일주일 후에 에바가 그 가족의 소아과 주치의에게 전화를 걸었다. 일이 어떻게 되었는지 알아볼 참이었다. 염색체 검사 결과, 다운증후군을 확진했다고 한다. 에바는 가슴이 조여 오는 것을 느꼈다. 아기와 부모의 삶이 분명히 힘들 것이기 때문이다. 물론 암은 아니다. 포터 증후군도 아니다. 심지어 에이퍼트 증후군도 아니다. 그렇지만 부모는 앞으로 많은 일을 앞두고 있다. 그녀는 그들을 걱정했다. 그들이 겪고 있을 걱정과 혼란에 대해 염려했다. 아기가 뭔가 잘못되었다는 이야기를 듣는 일은 결코 쉬운 일이 아니다. 그래도 그녀는 희망했다. 걱정 없이 며칠을 보낸 일이 아기와 부모에게 더 없이 좋은 일이었기를. 순수한 기쁨으로 며칠을 보낸 그들 앞에, 이제 여러 도전이 기다리고 있었다.

소아과 주치의는 불신의 기미를 띠고 물었다. "아니, 어떻게 건강한 아기일 거라고 생각하고 퇴원하게 할 수 있어요?" 가시 돋친 목소리였다.

"그렇지만 아기는 건강한 아기잖아요." 에바가 답했다. "다운증후군을 갖고 있다고 판명된 건강한 아기 말입니다."

전화선 저편은 침묵했다.

아이작 에드워즈는 시간이 흐를수록 맘에 드는 환자 중 한 명이었다. 처음 나를 찾아온 이유는 정구공 크기의 서혜부 탈장을 치료하고 싶은

의사의 감정

데, 외과 의사들이 혈압을 조절하지 않으면 수술하지 않겠다고 했기 때문이었다. 혈압이 높아도 너무 높았다. 그 날 혈압이 215/110이었다. 복용하는 약이 다섯 가지나 되는 데도 그랬다. 어려운 증례가 될 것 같았다.

에드워즈 씨는 70년 대에 마약을 사용한 전력이 있었다. 약은 메타돈이었고 지금은 끊었다. 80년대를 감옥에서 보냈지만 그 후로는 깨끗하게 조용히 살았다. 수감 전에 이혼을 했고, 투옥되어 있는 동안 네 아이들과도 연락이 끊겼다.

에드워즈 씨는 5피트의 키에 마른 편이었고 다부진 몸매였는데, 바짝 깎은 회색 머리칼에 독특하게 거친 목소리를 지녔다. "오프리 씨." 남부 사람 억양에 브롱크스의 캐주얼한 억양이 섞인 귀염성 있는 말투로 나를 불렀다. 그는 이상한 새 같기도 했다. 이상한 시간대에 나타나서 자기가 먹는 약이나 신문 스크랩에 휘갈겨 써둔 문제에 대해 질문을 해댔다. 가끔씩 혈액검사를 빼먹거나 약병을 잃어버리기도 했고, 처방전을 잃어버리기도 했다. 내원 약속도 뒤죽박죽이었다.

처음에는 그를 영원히 혼란에서 헤어나지 못할 약물중독 경력자로만 생각했다. 그러나 그는 어떻게든 대충이라도 잘 짜맞춰 살아가려고 애를 썼다. 물론 결과적으로는 제대로 안 되는 때도 있었다. 나는 그가 자신의 건강에 대해 신경 쓰고 있다는 점과 최대한 제대로 살아보려고 노력한다는 점을 인정하게 되었다.

우락부락한 매력도 있었다. 심전도를 까먹거나 영양사와의 약속을 잊어버리는 일 때문에 실망스러울 때도 있었지만 그를 보는 게 늘 즐거웠다. 상황을 처리하는 능력에 대해서는 그다지 확신을 갖지 못했지만, 그래도 자기 스스로 어떻게든 해보려고 하는 타입이라고 생각했다. 브롱크스의 주소를 꽤 오랫동안 바꾸지 않았는데, 그와 같은 상황에 있는 사람에게는 흔치 않은 일이었다. 그러나 전화는 직장이 있고 없을 때에 따라 대충 있다가 없다가 했다.

우리는 복잡한 처방을 자주 바꾸어가면서 혈압을 조절해보려고 1년 동안 노력했다. 나는 한 달에 한 번 꼴로 그를 진찰했고, 나중에는 혈압이 200대에서 180대로, 그리고 160대로 떨어졌다. 이 정도면 수술을 받을 수 있는 정도였고 우리는 결과에 기뻐했다. 나는 차트에 수술 전 혈압으로 괜찮다는 기록을 의기양양하게 적은 다음, 그에게 건네어 외과에서 오래 기다리던 탈장 수술 날짜를 잡으라고 했다.

수술 날짜까지는 몇 주가 남아있었다. 스케줄을 잡고 비용문제를 정리한 다음, 드디어 수술 날을 잡았다. 나는 행복했고 이제 무언가 손에 잡히는 성공을 맛보는가 싶었다. 그토록 오래 그를 힘들게 한 극심한 탈장을 해결할 수 있게 된 것이다. 그러나 수술은 끝내 이루어지지 않았다.

"내가 무서워서 피했어요." 에드워즈 씨가 그 다음 약속에 와서 내게 말했다.

"뭐라고요?" 나는 우리 둘 다 그토록 오래 노력해서 수술할 수 있게 된 일을 생각하며 놀라서 물었다. 바닥을 향한 그의 얼굴에 후회와 부끄러움이 역력했다. "주사가 무서웠어요, 오프리."

"주사가 무서웠다고요?" 깜짝 놀라 말했다. "주사를 다루는 건 당신이 외과의사보다 더 잘할 수도 있는데, 어떻게 무서워할 수 있죠?"

그는 고개를 가로저었다. "주사는 안돼요, 절대로. 헤로인을 끊으면 바

의사의 감정

늘을 다시 볼 수 없게 돼요. 그 사람들이 수술 전에 정맥주사를 놓는다고 했을 때⋯." 그가 잠시 말을 멈췄다. 정맥주사를 생각하자 순간적으로 압도당하는 기분인 모양이었다.

나는 다시 말을 해보려다가 그만두었다. 나는 이제 내 불신을 딴 데로 치워야 한다는 걸 깨달았다. 이게 그가 처한 현실이었다. 나에게는 이상한 일이지만 있는 그대로 존중해야 했다. 아이작 에드워즈는 헤로인, 메타돈과 싸웠던 사람이다. 그를 염려했다. 공포에 지배당한다는 게 그런 게 아닐까 생각했다.

이듬해에 고혈압이 있는 그에게 당뇨까지 덮치고 들어왔다. 처방전에 몇 가지 약이 더 추가되었다. 인슐린은 당연히 불가능했다. 주사기 문제 때문이었다. 혈당수치는 계속 올라갔고 나는 곧 재난이 닥치리라는 걸 알고 있었다.

고혈압과 당뇨의 공격 때문에 신장 기능이 떨어지고 있었다. 인생이 호락호락하지를 않았다. 나는 에드워즈 씨에게 솔직히 말했다. 앞으로 투석이 필요해질 수 있다고. 신장내과 의사 말이, 고혈압이나 당뇨가 아닌 다른 이유 때문에 신장에 무리가 왔을 수도 있는데, 만일 그렇다면 몇 년 동안은 투석을 미루고 치료를 받아야 할 수도 있다고 했다. 작으나마 희망이 생겼다.

그러나 정확히 진단하려면 신장 생검을 해야 했다. 에드워즈 씨는 그걸 죽도록 두려워했다. "그게 주사기를 쓰는 거라면." 에드워즈 씨가 두려움에 고개를 저으며 말했다. "오프리 씨 난 주사로 찌르는 게 싫어요."

그에게 말했다. 일주일에 세 번씩 투석을 위해 주사기에 찔리느니 한 번 생검을 받는 게 훨씬 낫지 않겠느냐고. 만약 투석을 몇 년 미룰 수 있다면 인생에 진짜 큰 변화가 아니겠느냐고 말이다. 들볶고 압박하고 회유했다. 결국 그가 생검 날짜를 받았다. 그러나 그 날 나타나지 않았다. 우리가 세 번이나 함께 계획을 짰는데 매번 모습을 보이지 않았다. 신장내과 의사도 포기했다.

고혈압과 당뇨와 신장 질환을 고민하는 사이에, 맨 처음 문제가 되었던 서혜부 탈장은 잠시 미뤄두고 있었다. 에드워즈 씨도 그 문제에 대해 불평하지 않았고, 나도 더 이상 내원 약속 때 탈장 상태를 살피지 않게 되었다. 더욱이 매번 올 때마다 급한 문제가 있어서 늘 거기에 집중해야만 했다. 당뇨 약 때문에 심각한 반응이 생겨서 폐부종으로 입원한 적도 있었다. 그 뒤에는 다리가 대책 없이 부어올랐는데, 신장 질환 때문인 것 같았다. 혈당이 꾸준히 오르고 있어서 내원할 때마다 인슐린이 필요하다는 이야기를 하며 시간을 다 쓰고 있었다.

"헛수고 하시는 거예요, 오프리." 그가 실망스런 웃음을 띠며 내게 말했다. "바쁜 의사 선생님인데 에너지를 아꼈다가 더 생산적인 데 쓰셔야죠."

그러나 난 그가 고집을 부리다가 건강을 망치는 걸 그대로 두지 않겠다고 맘먹고 있었다. 다행히 올림픽 10종 경기에서 승리하는 것 같은 의학적 성취를 거둘 수 있었다. 에드워즈 씨에게 펜 타입의 인슐린 주입기를 소개했다. 주사기처럼 보이지 않는 새로운 투약 방법으로 나온 것이었다. 약물과 관련된 그 무엇과도 닮지 않은 모양새였다. 침은 미세했고, 나는 그가 사용하게 만들 자신이 있었다. 직접 내 팔에 찔러 넣는 걸 보더니, 그 역시 찔리는 느낌이 조금도 없겠다는 데 동의했다.

처음엔 아슬아슬했다. 그러나 수개월 동안 꼬드기고 응원했더니 에드워즈 씨도 거의 위약 정도의 적은 용량이나마 인슐린을 펜으로 주사했다고 이야기하기 시작했다. 일단 인슐린 사용을 위한 심리적 고비를 넘기고 나서 혈당을 조절할 수 있는 수준으로 용량을 올리려는 게 내 계획이었다. 그런다고 해서 신장질환을 역전시킬 수는 없겠지만, 진행을 늦출 수는 있을 테고, 그러면 투석하기까지 시간을 벌 수 있으리라고 생각했다. 만성질환은 성공을 거두기 어려운 영역이다. 그러나 그와 나는 이 경기에서 금메달을 받을 자격이 있다고 생각했다.

목요일 오후에 전화가 왔다. 그 날은 내가 수업을 하는 날이었다. 나는 대여섯 명의 인턴과 레지던트를 가르치는 일, 처방전을 리필하고 서류를 작성하는 일, 사전 허가를 해주는 골치 아픈 일들 사이를 왔다 갔다 하고 있었다. 전화를 걸어온 여성은 브루클린의 병원에서 일하는 사회복지사라고 자신을 소개했다. "당신이 아이작 에드워즈 씨의 의사가 맞나요?" 그녀가 물었다.

"네, 맞아요." 나는 웃으며 답했다. "제가 맞아요, 오프리." 말하면서 세 개의 처방전에 서명을 하고 스탬프를 찍었다.

"당신과 연락이 닿기까지 시간이 오래 걸렸어요." 그녀가 말을 이었다. "에드워즈 씨가 연락할 수 있는 친척이나 의사 이름을 하나도 남기지 않았거든요."

친척? 스탬프가 내 손을 빠져나갔다. 대체 이게 무슨 소리지?

"너무 순식간에 일어난 일이라서요." 그녀가 말을 이었다. "그 사람 지갑에 단서가 될 만한 게 아무 것도 없었어요. 시체를 인수하겠다고 나서는 사람도 없었고요. 일주일 내내 여기저기 전화를 걸다가 당신에게까지 하게 되었네요."

쇠사슬에 묶인 것처럼 가슴이 죄어왔다. 그녀가 무슨 말을 하는지 알아차렸다. "대체… 무슨 일이 있었죠?" 나는 말을 더듬었다. "신장부전? 심장마비? 뇌졸중?"

그녀는 의학적으로 세부적인 내용은 말하기를 거부했다. 대신 외과 의사를 연결해주었다. "심한 복통으로 금요일에 입원했어요." 외과 의사가 말했다. 나는 그의 말을 들으면서 컴퓨터 화면에 에드워즈 씨의 차트를 띄웠다. 그가 말한 시점으로부터 48시간 전쯤 처방전을 리필하기 위해 다녀간 사실도 확인했다. 간호사 한 사람이 내게 그의 의무기록을 주면서 다음 달에 내원 약속이 잡혀 있다고 상기시켰다.

에드워즈 씨는 통증 때문에 길에 쓰러진 채 앰뷸런스로 가까운 병원에 실려 갔던 것 같다. 거기서 CT 스캔을 했고, 복부에서 공기가 떠도는 모습이 발견되었다. 그건 장 파열을 의심하게 하는 나쁜 징조였다.

"우린 그를 곧바로 수술실로 옮겼어요." 외과 의사가 말했다. "서혜부 탈장 안에서 비비 꼬여 피가 통하지 않는 괴저된 장 매듭을 발견했어요."

탈장! 고혈압과 당뇨와 신장질환과 힘들게 싸움을 벌였건만, 빌어먹을 탈장이 다시 덤빈 것이다. 무서움과 부당함 때문에 피가 거꾸로 솟는 기분이었다.

"일단 죽은 창자를 잘라냈어요. 수술하고 나서는 꽤 괜찮아지는 것 같았어요." 외과 의사가 계속 말했다. "그런데 다음 날 아침 코드가 발생했어요. 하지만 살려내지 못했어요. 아마도 심장마비나 폐색전이었을 겁니

의사의 감정

다. 분명하진 않아요. 제가 부검을 해보려고 했는데, 우리 병원에서는 더 이상 부검을 하지 않는다고 합니다."

시회복지사가 다시 전화로 연결되었다. "저희 쪽에서 토요일부터 친척이나 친구를 수소문했어요. 하지만 아무도 없는 것 같습니다." 그녀가 말했다. "우리 영안실에는 주인이 나타나지 않는 사체를 며칠 정도밖에 보관할 수 없어서, 어쩔 수 없이 그를 파터스 필드_{Potter's Field}로 보냈습니다."

분노 때문에 두통이 일었다. 파터스 필드는 공동묘지를 이르는 말인데, 롱아일랜드 사운드 지역에 있는 고립된 섬 같은 곳이다. 남북전쟁 이후에 연고가 없는 뉴욕 사람들의 사체를 매장해온 곳이었다. 라이커스 아일랜드 교도소의 수용자들이 그를 매장했을 것이다.

"그 사람 친척 중에 누구 아는 사람 없나요?" 사회복지사가 물었다.

3년 전에 우리가 처음 만난 날, 그는 내게 30년 넘는 세월동안 전부인과 네 아이들과 헤어진 상태라고 말했다. 그 뒤로 병원에 누군가를 데려온 적도 없고, 자신이 인생에서 만난 누군가에 대해 언급한 적도 없었다.

"물어보지 않았나요?" 사회복지사가 나를 압박하듯 물었다. "그에게 일이 생기면 연락할 사람이 누구냐고 말이죠."

나는 좀 찔렸고 당황했다. 걸을 수 있고 말할 수 있는 성인 환자가 병원에 오는 일은 중환자가 입원하는 일과는 다르다고 생각했다. 친척 이야기는 나온 적이 없었다. 그에게 생긴 의학적인 문제를 의논하느라 그런 이야기는 나눌 새가 없었다. 조절이 어려운 고혈압 문제가 있었고, 당뇨 문제가 있었고, 신장 생검 문제가 있었고, 탈장 수술 문제가 있어서 매번 내원할 때마다 그 문제들에 시간을 다 썼다. 주변 사람에 대해 이야기를 나눌 여분의 시간 같은 건 없었다. 그렇지만 갑자기 심한 죄책감이 들었다.

이번이 에드워즈 씨 일로 연락을 주고받는 마지막일 수 있다는 생각 때문에 내내 사회복지사의 전화를 붙들고 놓지 않았다. 사실 누가 보더라도 이번이 에드워즈라는 사람에 대해 생각하거나 누군가가 그의 이름을 부르는 마지막일 것이다. 내가 전화를 끊으면 그걸로 끝이다. 외과 의사와 사회복지사도 다른 환자들 일로 바쁠 테고, 에드워즈 씨는 거대한 의료 현실에서 그저 하나의 증례로 남게 될 것이다.

죽을 지도 모르는데, 생각해주거나 반응해줄 사람은커녕 죽고 나서 애도해줄 사람조차 없다는 건 정말 두려운 일이다. 어쩌면 최근 몇 년 동안 에드워즈 씨가 정기적으로 만난 유일한 사람이 나였을지도 모른다. 그의 장례식에 가야겠다는 생각이 불쑥 들었다. 그의 인생도 누군가와 연결되어 있었다는 사실을 증명하기 위해 뭔가 해야 한다고 생각했다. 그러나 그마저도 불가능했다.

전화를 끊었다. 그의 차트를 계속 훑어보면서 그가 살아 있었던 증거가 이것 뿐인가 생각했다. 그에 대해 기록했던 내용을 읽고 또 읽었다. 그의 신장, 혈당, 탈장, 주사기에 대한 공포. 우울해서 눈물이 날 것 같았다.

심호흡을 하고 차트에 엄중하게 사망기록을 남겼다. 그의 인생에 대한 공식적 기록에 붙이는 후기 같은 것이었다. 그런 다음, 나는 다른 차트와 처방 일을 한쪽으로 미뤄두고 에드워즈 씨에 대해 기억나는 모든 걸 적어 내려갔다. 기억에서 사라지기 전에 떠오르는 모든 것을 붙잡아두어야 한다는 절박한 마음이었다.

그의 이야기를 뉴욕타임스에 기고했다.[3] 그를 공식적으로 인정하고 싶었고, 그를 향한 애도 같은 것이기도 했다. 나는 그 기사에 아이작 에드워즈라는 실명을 사용했다. 혹시 기사를 보고 누군가 그를 알아볼 수 있지 않을까 하는 희망, 나 아닌 다른 사람의 기억 속에도 그를 위한 자리가 조금이라도 남겨져 있기를 바라는 희망, 그래서 그가 완전히 외롭게 죽어가지 않아도 되리라는 희망에 기댄 행동이었다.

몇 주 뒤, 외래환자 명부에서 그의 이름이 튀어나왔다. 미리 해두었던 내원 약속 때문이었다. 마음이 쓰라렸다. 나는 프런트 데스크 앞에 서서 환자 명부에 적힌 아이작 에드워즈라는 글자를 뚫어지게 쳐다봤다. 병원은 아무 일 없다는 듯 분주하게 돌아가고 있었다. 무슨 일이 있었는지 누군가 알아볼 수 없었을까? 혼자서 죽어가는 그 큰 슬픔을 누군가는 알아봐줘야 하지 않았을까? 그 순간 나 역시 슬픔 속에 혼자 고립된 것만 같았다. 그의 외로운 죽음이 너무도 가슴 아팠다. 아이작 에드워즈는 숲속에 버려졌고, 아무도 그의 소리를 듣지 못했다.

슬픔은 의사들을 끊임없이 괴롭힌다. 세상의 다른 사람들처럼 의사들도 인간관계를 맺는다. 그런데 우리가 형성하는 관계의 상대방은 다른 어느 관계의 상대방보다 많이 죽는다. 슬픔의 실타래는 의학 안에서, 심지어 일상적인 만남 속에서도 얽히고설킨다. 우리가 다루는 건 질병이다. 경범죄나 철학이나 건물의 기초공사 같은 게 아니다.

환자들과의 만남이 죽음의 카운트다운 같을 때가 있다. 죽음을 부정하려는 본능이 그런 생각을 묻어두려고 하지만, 늘 그렇게 되지는 않는다. 에바에게 상처를 남긴 죽음, 종양내과에서 끝없이 이어지는 죽음, 에드워즈 씨의 경우처럼 강렬한 아픔을 남기는 죽음, 이 모든 죽음은 사람의 에너지를 점점 약화시킨다.

영원의 시간으로 느껴질 만큼 오래도록 에드워즈의 이름을 응시하던 나는, 멍하니 사무실로 돌아가 문 앞에 섰다. 그러나 문을 열 수 없었다. 한 환자가 안에서 기다리고 있었다. 살아 있고 활기 넘쳤지만 만성 질환이 메들리처럼 이어지고 있었다. 그 질환들 중 하나가 결국 그를 무너뜨릴 것이다. 내가 그걸 다시 할 수 있을지 자신이 없었다. 마음을 쏟고, 다시 또 슬퍼하는 일을….

그냥 앉아서 에드워즈 씨의 일을 슬퍼하고 싶었다. 그의 죽음에 집중하면서 단 몇 분이라도 세상이 멈췄으면 했다. 한 달이 지나도 여전히 생생했으며, 그를 기억해야 한다는 책임감을 느꼈다. 기억할 책임, 그를 기억할 사람이 한 사람도 없었기 때문이었다. 나를 기다리던 환자와 뒤이어 나에게 올 환자들, 그들 한 사람 한 사람의 아픈 이야기가 아이작 에드워즈의 기억 위에 더해질 거라는 사실을 나는 알고 있었다. 아이의 손에 쥐어진 풍선처럼, 어느 날 갑자기 그에 대한 기억이 내 손을 빠져나갈지도 모른다. 갖고 있으려 하지만 조용히 빠져나가서 끝없는 창공으로 사라질지 모른다. 그 때쯤이면 그가 보낸 마지막 몇 년 동안의 기벽과 여러 가지 시도, 고난 그리고 그의 아이러니한 종말을 기억하고 슬퍼할 사람도 없어질 것이다.

나는 누군가를 만나서 다시 그 일을 시작하고 싶지 않았다. 아이작 에드워즈의 기억을 서서히 몰아낼 다른 기억을 만들고 싶지 않았다. 그러나 그렇게 해야 한다는 걸 나는 알고 있었다. 동료 한 사람이 내게 둘째 아이를 낳는 게 어떠냐고 한 적이 있다. 첫 아이가 내 사랑과 에너지를 모조리 차지하고 있었기 때문에, 나는 다른 아이를 위해 감정의 공간을 만드는 건 불가능하다고 생각하고 있었다. 말을 꺼냈던 동료는 현명한 의사이자 세 아이의 아버지였다. "능력은 늘게 되어 있어요." 그가 말했다. "심장이 점점 커져서 더 많이 사랑할 공간이 생긴다니까요."

나는 문 앞에 서서 그 말을 생각했다. 어쩌면 슬픔은 사랑의 뒷면이고, 다른 사람과 관계를 맺는 힘인지도 모른다. 더 많이 사랑할 수 있도록 심장이 커지면, 슬픔을 위한 공간도 함께 커진다. 나는 더 이상 환자들이 죽지 않기를 바라지만, 결국 그들이 죽으리라는 것을 알고 있다. 내 인생에서 더 이상 슬픔이 없기를 바라지만, 슬픔을 허용하는 인간관계가 의사와 환자 양쪽 모두를 살게 한다는 것도 알고 있다.

그리고 나는 눈을 감았다. 길게 숨을 쉬고 나서 문고리를 돌렸다.

의사들에게 슬픔은 직업의 일부다. 환자들이 고통 받는 모습을 볼 때면 마음이 아프다. 그들이 죽을 때면 슬픔이 일어난다. 물론 의료에는 즐거움도 있다. 환자가 낫도록 도울 때 그렇고, 환자가 편히 죽도록 도와줄 때도 조용한 즐거움이 있다. 그러나 의료에서 분명히 무게가 더 나가는 쪽은 슬픔이다.

슬픔이 가차 없이 휘몰아치면 (에바가 레지던트 때 경험했던 것처럼) 다른 환자에게 마음을 쏟을 수 없을 만큼 멍해진 의사가 남는다. 마음이 없으면 기계적으로 반복하는 의료가 된다. 그건 좋게 말해봐야 몰인격적 의료고, 나쁘게 말하면 부당 의료다. 그 스펙트럼의 반대쪽 끝에 슬픔에 잠긴 의사, 슬픔 때문에 기능할 수 없는 의사가 있다. 어떤 경우에도 번아웃은 의료의 질을 부식시키는 중대한 위험이다.

슬픔을 다루는 데에는 완벽한 공식도, 쉽게 가르쳐줄 알고리듬도 없다. 어쩔 수 없이, 슬퍼하는 일과 상대방에게 자신을 내어주는 일을 동시에 진행하는 수밖에 없다. 마치 두 개의 코일이 서로를 감싸고 있는 것처럼 말이다. 슬픔의 코일은 멈추는 법이 없다. 환자들이 고통 받고 있고, 떠나간 환자들이 기억 속에 남아 있기 때문이다. 나머지 코일은 새 환자에게 자신을 내어주는 엔진이다. 그들의 삶과 그들의 건강에 대해 마음 써주는 일이다. 누구도 인생에서 슬픔을 원하지 않지만, 지혜롭고 경험 많은 의사들은 슬픔의 코일이 사라지기를 바라서도 안 된다고 이야기할 것이다. 그것이 의료의 가치를 살아 있게 하고, 타인의 삶에 끼어드는 특권을 갖는다는 것이 어떤 의미인지 깨닫게 해주기 때문이다.

궁극적으로는 이 두 개의 코일이 상승작용을 한다. 슬픔의 아픔이 다음 환자에게로 흘러드는 연료가 되기 때문이다. 그러려면 의사 그리고 그를 둘러싼 의료 커뮤니티가 함께 슬픔에 대처할 방법을 모색하고 적절히 대응해야 한다.

줄리아 이야기 - 4

　줄리아가 중환자실에 입원했던 날로부터 힘든 한 해가 이어졌다. 점점 일상적인 활동조차 힘들어졌지만 그녀는 여전히 해내고 있었다. 그동안 입원도 몇 차례 했다. 퇴원할 때쯤에는 몸이 약해졌다가 집으로 돌아가서는 조금 나아졌다. 그러나 이전보다는 조금씩 상태가 나빠졌다. 정말로 내리막이 시작되었다는 걸, 그녀와 나는 느끼고 있었다.

　나는 오래 전부터 그 순간을 두려워했다. 그러나 이미 그 때가 다가와 있었다. 그녀가 자기 아이들의 생일, 성찬식, 졸업 같은 일에 대해 이야기할 때마다 차가운 기운이 가슴을 후벼 파는 것 같았다. 견디기 힘들 정도였다.

　나는 줄리아의 죽음을 생각할 준비가 되어 있지 않았다. 그녀의 건강이 괜찮던 시절동안 죽음에 대한 부정이 내 안에서 둥지를 틀고 있었다. 그녀가 결코 죽지 않을 거라는 생각마저 들 정도였다. 그러나 언젠가는 불행이 닥치리라는 걸 나는 알고 있었다. 그러나 매달 또는 격월로 줄리아를 만났고 그때마다 그리 달라 보이지 않았다. 한 해가 오고 또 한 해가 갔다. 말이 그렇지, 그게 같은 해가 아니었다.

　건강하고 다부졌던 줄리아, 죽을 일 없을 것 같은 그녀와 오랜 시간을 보내다보니, 관계가 바뀌게 될 때를 준비하지 못했던 것 같다. 그러나 시간이 갈수록 더 이상 나 자신을 속일 수 없게 되었다. 건강하던 줄리아는 내 눈앞에서 사라져버렸고, 나이 들고 약해진 줄리아가 눈앞에 보였다.

어떻게든 뭔가를 해보겠다는 의료의 본능은 강력하다. 나는 놀라서 약 처방을 조정하고, 병리검사 소견을 다시 확인하고, 치료방침을 다시 생각해보았다. 내 안으로 스며드는 패닉이 느껴졌다. 그렇지만 나는 그보다 한 발짝 앞서 가려고 단단히 마음먹었다. 더 열심히 생각하고 더 빨리 생각하고 더 영리하게 대처하면 일을 늦출 수 있을 거라고 생각했다.

그러나 그건 의자 배치를 바꾸는 수준밖에 되지 않았다. 나도 알고 있었지만, 그만둘 수 없었다. 줄리아의 심장이 약해지는 건 불가항력이었다. 내가 뭘 해도 그녀를 주저앉힐 기세였다. 준비할 시간이 되었다.

줄리아는 그날에 대해 이야기하길 원치 않았다. 그러나 그녀의 일상에 관한 대화가 나로 하여금 상황을 예의주시하게 만들었다. 그녀의 자매인 클라리벨이 아이들을 대신 돌보고 집안일도 많이 거들어주고 있었다. 클라리벨이 나중에 아이들을 돌봐줄 게 분명했다.

줄리아는 집주인인 어네스토에게도 도움을 받고 있었다. 쿠바에서 망명한 어네스토는 이 과테말라 출신 입주자들을 자기 집안에 보호해주고 있었다. 힘써야 할 일이 있을 때마다 줄리아를 대신해서 나서주곤 했다. 돈이 없을 때는 빌려주기도 했다. 줄리아의 아이들도 어네스토를 삼촌처럼 따랐다.

이런 인연들 덕분에, 줄리아가 혼자가 아니라는 확신, 그날이 오더라도 그들이 루시타와 바스코를 사랑으로 돌봐줄 거라는 확신이 들었다. 그러나 그 확신은 결국 그 때가 올 거라는 생각, 뒤이어 줄리아가 없는 시간이 찾아올 거라는 생각, 그리고 그 상황을 내가 잘 받아들일 수 없을 거라는 생각이기도 했다.

'예기 애도anticipatory grief'라는 개념이 있다. 실제로 사건이 일어나기도 전에, 즉 죽음이 있기 전, 이혼하기 전, 직장을 잃기 전에 슬퍼하는 것을 이르는 말이다. 심리학자들 중에는 이것이 임박한 상실 쪽으로 자신을 가다듬는 과정, 경험하게 될 감정에 대한 리허설로 보는 경우도 있다. 어떤 상황이 닥치든, 해결되지 않은 문제를 정리하고 더 이상 생각하기를 그만두게 하는 방법이기도 하다.

그런데 난 그게 되지 않았다. '절대로 울면 안 돼!' 언젠가 그 순간이 오면 큰 슬픔이 닥칠 것이다. 그러나 그 고통을 미리 준비할 수는 없었다. 터지는 눈물을 꾹 참고, 내 앞에서, 내 소중한 줄리아가 날마다 약해지는 모습을 바라보았다.

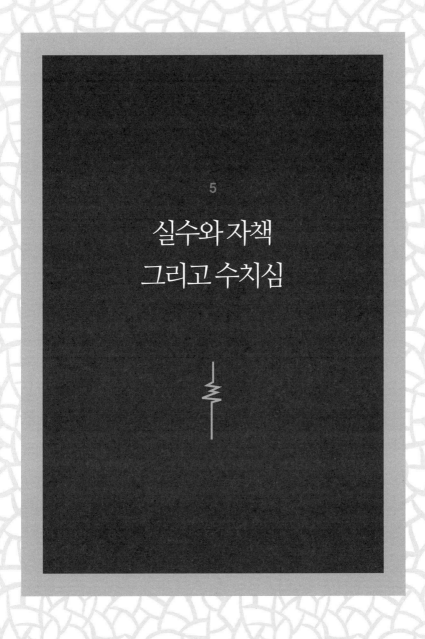

5

실수와 자책
그리고 수치심

인턴을 마치고 2주쯤 지났을 때, 내가 돌보던 환자가 죽을 뻔했던 적이 있다. 7월에 벨뷰 병원 수련생활 2년 차에 접어들면서 처음으로 환자를 책임지게 된 때였다.

당뇨병성 케톤산증DKA, diabetic ketoacidosis으로 얼굴이 발그레해진 상태로 실려 온 환자였다. DKA는 인슐린 부족 때문에 생기는 중대한 대사이상으로 생명을 위협한다. 벨뷰 병원에 오는 DKA 환자에게는 대부분 비슷한 스토리가 있다. 별 볼일 없는 약을 구하다가 걸려서 체포된다. 경찰서 구치소에 수감된다. 인슐린 주사를 챙기지 못한다. 환자가 빈둥거리는 동안 혈당이 슬금슬금 치솟는다. 구토를 시작하고 취한 것처럼 발음도 이상해진다. 경찰이 응급실로 실어온다.

그때 우리는 벨뷰 병원 응급실의 비좁고 우중충한 구석에 모여 있었다. 작고 길쭉한 책상은 엑스레이 사진, 차트, 커피 컵, 청진기들로 엉망진 창이었고, 거기에 엉덩이를 들이밀고 옹기종기 모여 있었다. 그러다가 응급구조사들이 총기사고 환자나 교통사고 환자를 밀고 들어오면 필요한 일을 했다.

인턴 한 명이 내가 지시한 내용을 되묻고 있었다. 그 인턴은 의사면허증에 잉크도 마르지 않은 친구였고, 나 역시 1년 남짓한 경험이 전부인 상태였다. 환자에게 인슐린 정맥주사를 놓았다. DKA는 환자가 극단적인 상태로 입원하지만 인슐린을 주면 금방 낫는 흐뭇한 질병 중 하나다. 의식을 회복한 환자가 배고프다고 짜증을 내면서 음식을 달라고 할 때마다 뭔가 우쭐한 기분이 들었다.

우리가 맡은 환자의 혈당이 정상으로 돌아왔다. 승리를 만끽하면서 간호사에게 인슐린 주사를 그만두라고 오더를 내렸다. 치료되었다는 공식적인 선언인 셈이었다.

간호사는 내 오더를 받으면서 다른 레지던트에게 식염수를 건넸다. "인슐린 주사를 끝내기 전에 지속형 인슐린을 투여 할까요?" 그녀가 내게 물었을 때, 사무직원이 그녀에게 차트를 두 개나 더 밀어주고 있었다.

잠시 생각했다. 인슐린 주사를 여덟 시간이나 줬는데 지속형 인슐린으로 환자를 힘들게 할 필요가 있을까? "아뇨." 나는 잘 보라는 듯 인턴을 돌아보았다. 말하자면 그 순간을 교육시간으로 삼은 것이다. "우리가 지속형 인슐린으로 환자에게 과부하를 주면 몸이 오랫동안 힘들 거예요. 혈당이 바닥을 칠 수도 있고요. 그냥 혈당을 한 시간마다 체크해주세요. 필요하면 단기형 인슐린을 주도록 합시다."

간호사가 아주 살짝 눈살을 찌푸렸다. 인턴도 고개를 끄덕였다. 내 논리는 확실했다. 간호사는 어깨를 으쓱하더니 다시 자기 할 일을 했다.

내 논리는 정말 그럴듯했다. 그런데 그게 틀렸다. 교과서에도 틀렸다고 나온다. DKA 환자에게는 인슐린 주사를 그만두기 전에 지속형 인슐린을 줘야 한다. 그러지 않으면 환자가 다시 DKA 상태로 돌아가서 힘든 상황을 겪게 된다.

결국, 얼마 뒤 혈액검사에서 위험 수준으로 칼슘 레벨이 높아졌고 산도도 높게 나왔다. 나는 곧장 선배 레지던트에게 도움을 청했다.

인턴과 나는 조마조마한 모습으로 서 있었고, 선배는 재빠르게 수치를 체크했다. 잠시 뒤 눈살을 찌푸리더니 한심하다는 표정으로 말했다. "인슐린 끝내기 전에 지속형 인슐린 안 줬어요?" 그녀가 나를 다그쳤다. "조금만 더 있었으면 혼수에 빠졌을 거예요. 그러다 어떻게 되는지 알죠? 코드가 발동하는 거라고요."

나는 나름 말이 되는 치료를 하려다가 그랬다고 이야기해보려고 했다. 그게 말이 되지 않나? 지속형 약제로 환자를 힘들게 하고 싶지 않다는 생각이었는데. 혈당을 너무 떨어뜨리면 환자가 해를 입을지도 몰라서….

선배의 따가운 눈빛 때문에 하려던 말도 잘 안 나왔다. 조용히 침묵하는 수밖에 없었다. 마침 다른 손상 환자가 실려 들어와서 외과 의사들이 우리 옆을 지나며 오더를 외쳤다.

"대체 무슨 생각을 한 거죠?" 선배가 물었다. 평소의 유쾌한 목소리는 온데간데없고 군대 조교 같은 목소리였다. 나는 돌처럼 굳어버렸고, 내 뇌세포들은 점점 캄캄해졌다.

"대체 뭘 생각한 거냐고요?" 다시 물었다. 그녀의 목소리가 응급실 전체에 울려 퍼졌다. 주변이 그렇게 소란스럽고 양옆으로 목숨이 왔다 갔다 하는 환자들이 오가는 데도 말이다. 보아하니 나를 그냥 내버려두지 않을 기세였다.

나는 한마디도 하지 못했다. 내 말을 믿고 따르던 인턴이 내 옆에 바싹 붙어 있어서 더 그랬다. 소독을 마친 환자들의 침대가 주변의 좁은 공간을 가득 메우고 있었다. 그러나 나는 텅 비어가는 느낌이었다. 지옥 같은 물웅덩이에 빠져서 나 자신을 통제할 수 없는 느낌이었다. 인지 기능도 꺼지고, 지적인 설명 같은 것도 할 수 없고, 내 목숨 하나 구할 수 없는 지경이었다.

대체 내가 무슨 생각을 했던 걸까? 지속형 인슐린을 그냥 잊어버린 걸까? 교과서를 잘못 읽었을까? 당뇨병성 케톤산증 수업 때마다 그냥 꾸벅꾸벅 졸고 있었나? 아니면 그냥 내가 덜 떨어진 걸까?

선배가 나를 뚫어져라 쳐다보면서 대답을 기다렸다. 나도 내가 잘못한 걸 알고 있었다. 30초가 영원처럼 길고 고통스럽기만 했다. 인턴이 옆에 있지만 않았어도 좀 달랐을지 모른다. 나 혼자서 꾸지람을 들었더라면 말이다. 인턴 앞에서 굴욕을 당하는 일은 정말 견디기 힘들었다.

선배가 내 손에서 펜을 낚아채더니 오더를 적었다. 즉시 인슐린을 다시 주사하고, 지속형 인슐린을 줄 때 칼슘과 중탄산염 1회분을 같이 주라고 했다. 칼륨과 산도가 위험할 정도로 치우치면 심정지가 올 수 있기 때문이다. 잠시 나는 그녀가 내 손에서 펜뿐만 아니라 환자까지 챙겨버리는 게 아닌가 싶은 생각도 들었다.

의사의 감정

마침내 그녀가 자리를 떴다. 그러나 나는 인턴을 쳐다볼 수 없었다. 어디 바위틈이라도 있으면 기어들어가서 울고 싶었다. 하지만 그럴 수도 없었다. 인턴은 내 지시를 기다리고 있었고 진료할 환자도 있었다.

"자, 어, 이제 환자의 체액 상태를 체크합시다." 나는 머뭇거렸다. 뺨이 달아올라서 말을 만들기가 어려웠다. "어, 그리고, 랩 검사도 한 번 더 하고요."

인턴이 대답했다. "네, 알겠습니다." 인턴은 늘 하던 대로 거즈 패드를 뜯고, 알콜 면봉을 꺼내고, 시험관에 라벨링을 했다. 담담하게 일을 시작하는 모습을 보자, 숨통이 조금 트이는 것 같았다. 아무 일 없었다는 듯한 그의 행동이 내게는 절대 잊지 못할 연민의 행동이었다. 그가 보여준 인간미 덕분에 내 생각을 가다듬을 수 있었고, 우리는 다시 환자에게 돌아가서 DKA의 고통으로부터 그를 구할 수 있게 되었다.

그 선배는 수련을 마치고 나서 직장을 옮겼다. 그는 지금 개원가에서 열심히 일하고 있다. 나는 벨뷰에서 경력을 이어갔다. 그 날 이후로는 단한 번도 인슐린 정맥주사를 마치기 전에 지속형 인슐린 주사를 놓지 않은 적이 없다.

교훈을 얻었다. 의사는 그렇게 재교육을 받는다. 실수를 반복해서는 안 된다. 환자는 좋아졌고 다른 부작용은 겪지 않았다. 나보다 경험 많은 의사가 감독하는 시스템 덕분에 실수를 제 때에 바로잡았다.

증례가 종결되었다. 그러나 일을 그렇게 처리해야 했을까?

당시에는 실수를 그렇게 처리하는 게 보통이었다. 그러나 지금이었다면 이야기의 엔딩이 조금 달라졌을 것이다. 내가 지금 레지던트로 일하다가 그런 일이 일어났다면, 의료팀과 위험관리팀이 함께 와서 환자를 볼 것이다. 우리는 의료 실수가 발생했다는 정보를 입수할 것이고, 그 때문에 환자가 생명을 위협받을 수 있었다는 이야기도 듣게 될 것이다. 결과적으로는 괜찮았더라도 나중에 환자에게 사과했을 것이다. 환자는 병원과 의사에게 전적으로 책임이 있다는 말을 듣게 되었을 것이다.

이런 식의 새로운 접근을 '전체 공개 지침full disclosure policy'이라고 부르는데, 이는 급증하는 의료 소송에 고삐를 잡기 위한 방편으로 시작되었다. 그리고 그러는 게 옳다는 인식도 작용했다. 잘못을 인정하고 사과하는 쪽이 환자가 보기에도 합당한 방식이다. 의료 실수의 트라우마를 회복하는 차원에서 의사에게도 그게 옳은 방식이다.

경험을 많이 쌓은 지금은 그렇게 하는 게 윤리적으로 옳다는 걸 충분히 받아들인다. 그러나 초보 의사였던 그 시절에는 창피하다는 생각 때문에 그러지 못했다. 환자에게 찾아가 미안하다는 말을 할 수가 없었다. 돌 때마다 바닥에 떨어져 처박히는 고장 난 회전목마를 열 번쯤 타겠다고 말하는 게 더 쉬울 것 같았다.

책임을 수용하는 건 어려운 일이 아니었다. 나 역시 무능력하고 멍청했던 자신을 자책하며 몇 주를 보냈다. 그러나 환자가 머무는 병실로 가서 눈을 마주치고, 내 무능력 때문에 큰 실수가 있었다고, 당신의 생명을 위협할 뻔한 큰 실수를 했다고, 하루 더 중환자실에 있게 했다고, 당신을 중환자실의 병원성 세균이나 시술의 위험 앞에 노출시켰다고 말하는 건 상상할 수 없을 만큼 창피한 일이었다.

이제 완전히 분명해진 것 같다. 의사는 자신의 실수를 사과해야 한다.

환자가 운이 좋아서 회복 불가능한 해악을 입지 않았더라도 사과는 해야한다. 그러나 실제 의료 세계에서 의사들은 사과를 극도로 두려워한다. 심지어 소송에 대한 두려움보다 클 정도다.

몇 년 전에 나는 아론 라자르Aron Lazare의 책《On Apology》를 우연히 읽었다. 라자르는 정신과 의사이자 매사추세츠 대학교 의과대학의 학장이었다. 그것은 하나의 폭로였다. 의료에 대한 폭로이자 인간관계 일반에 대한 폭로였다.

라자르는 세 가지 감정이 사과를 결정하는 데 영향을 끼친다고 말했다. 그 세 가지는 공감, 죄책감, 수치심이다. 공감은 다른 사람의 고통을 알아보는 능력이다. 따라서 진정한 사과의 선결 요건임에 틀림없다.

죄책감과 수치심은 조금 다르게 봤다. 죄책감은 보통 특별한 사건과 연관되는데, 문제가 해결되고 나면 사라진다. 그러나 수치심은 자기 스스로에 대한 실패감을 반영한다. 죄책감은 뭔가를 고쳐야 한다고 마음을 쿡쿡 찌르지만, 수치심은 숨고 싶은 욕구를 자극한다.

라자르는 수치심을 '자기 자신의 이미지대로 살지 못한 경험에 대한 정서적 반응'이라고 적었다. 나는 이 말이 의사들 안에 자리 잡고 있는 저항감을 정확히 짚어냈다고 생각한다.

선배 레지던트가 실수를 질책했던 순간을 돌아보면, 그 때 나를 압도했던 것 역시 죄책감보다는 수치심이었다. 물론 죄책감도 느꼈다. 하지만 그건 괜찮았다. 내 실수에 대해 스스로를 질책하는 건 전혀 어렵지 않았다. 그보다 나를 꼼짝 못하게 마비시킨 건 수치심이었다. 내가 생각했던 내가 아니라는 사실을 깨달은 데서 오는 수치심, 내 환자와 인턴에게 보여주고 이야기했던 그런 내가 아니라는 수치심이 나를 마비시켰다. 수치심은 잊어버리거나 잠시 제쳐 놓을 수 있는 감정이 아니다. 무시하거나 신경 쓰지 않으면 그만인 감정도 아니다. 그때까지 스스로 유능하고 뛰어난 의사라고 생각했는데 그게 무너져버렸다. 그걸 인식한 바로 그 처절한 그 순간에 페르소나가 완전히 박살난 것이다.

혹자는 이렇게 말할 수 있다. 그건 전체를 보지 못하는 자기중심적인 사고가 아니냐고, 단지 의사의 감정만 강조하는 게 아니냐고, 결국 그 실수는 환자를 향하는 게 아니냐고 말이다. 그러나 세상이 요구하는 완전한 공개의 가장 큰 장벽이 바로 의사의 감정이다. 그리고 그 중에서도 수치심이다. 공개와 사과가 소송을 줄여준다는 여러 증거들을 나열하는 것만으로는 부족하다. 개방하는 바람직한 문화를 만들기 위해서는 무엇보다 먼저 수치심을 해결해야 한다. 자신이 누구보다 합리적이라고 주장하는 의사들도 있겠지만, 마음의 취약성은 데이터와 윤리를 넘어선다. 심지어 법도 넘어선다.

그러면 이렇게 물어볼 수 있다. 실수를 인정할 때 의사의 존재감이 위협당하는 이유는 대체 무엇인가? 그건 아마도 엄격하게 이분법으로 나누는 의료계의 완벽주의 때문일 것이다. 탁월한 의사가 아니면 실패한 의사라는 식의 이분법 말이다.

1953년, 영국의 소아과 의사이자 정신분석가인 도널드 위니코트Donald Winnicott는 '충분히 괜찮은' 어머니라는 개념을 소개했다.[2] 이 개념은 예나 지금이나 여전히 혁명적이다. 부모들은 아이의 필요를 충족시켜주는 데 있어서 완벽함을 추구하는 쪽으로 기울어지는 것이 보통이다. 그러나 위니코트는 완벽할 필요는 없고 충분히 괜찮기만 하면 된다고 주장한다. 충분히 좋은 것이 완벽한 것보다 더 낫다고 그는 강조한다. 왜냐하면 그것이 아이들이 살아가면서 세상에 건강하게 적응할 수 있도록 돕는 선택이기 때문이다.

인생의 거의 모든 측면에서 이 생각을 받아들일 수 있을 것 같다. 충분히 좋은 선생님, 충분히 좋은 회계사, 충분히 좋은 배관공으로 살아갈 수 있다. 그러나 의사에게는 그런 여지가 없다. 실수로 잘못을 저지르면 그 실수를 교육으로 보완할 수 없다. 본질적으로 유죄를 저지른 상황이 되기 때문이다. 사람이 죽거나 회복하기 힘들만큼 심하게 손상을 입는 것은 말할 필요도 없다.

수치심은 마음 깊이 스며들어서 다른 것들을 함께 떠올리게 한다. 당뇨병성 케톤산증에 관한 복잡한 부분들은 해가 가면서 점점 모호해졌다. 그러나 벨뷰 병원의 우중충한 응급실에서 실수를 저지른 일 그 자체는 내 마음 구석에 뚜렷이 남아 있다. 지금도 나는 학생들에게 당뇨병성 케톤산증을 가르칠 때 시나이 산의 모세가 경계했던 것과 비슷하게 임상적인 중요사항을 강조한다. "인슐린 주입을 그만두기 전에 반드시 지속형 인슐린을 투여하라."

수치심을 들춰낼 수 있는 상황이 곳곳에 있고 그 결과 역시 막대하기 때문에, 인간은 자동적으로 수치심을 숨기기 위해 벽을 세운다. 그런 이유로 수치심은 연구하기 어렵고, 마주하기는 더더욱 어려운 감정이다. 잘못을 발견하는 일, 그리고 그 잘못이 드러나는 일에 대한 공포가 수치심의 본질이기 때문에 숨기고 덮어버리는 것이다.

흔히 "굴욕을 당했다."고 말하는데, 이것이 바로 수치심을 느꼈다는 표현이다. '굴욕감을 주다mortif'라는 말의 어원적 의미는 죽을 만큼 수치스럽다는 뜻을 담고 있다. 응급실에서 실수한 그 때, 선배가 나를 야단치던 그 때는 정말 죽고 싶었다. 그 시간이 너무 길게 느껴졌고 차라리 죽는 게 낫겠다 싶었다. 말이 그렇긴 하지만, 그땐 정말 증발해버리고 싶었고, 사라져버리고 싶었고, 죽고 싶었다. 그때 내가 생각조차 하기 싫은 상황이 바로 환자에게 내 실수를 털어놓는 것이었다.

나는 가끔씩 의사들이 다른 사람들 또는 다른 전문직들보다 수치심에 더 예민한 게 아닐까 생각하곤 했다. 물론 수치심이라는 것이 누구나 느낄 수 있는 보편적인 감정이긴 하지만 말이다. 의사들은 누구나 자신이 완벽하기를 바란다. 그런 한편으로 자기 자신에게 부족한 부분이 있다고도 생각한다. 수치심이나 자기비난이 체계 안에 굳어져 있는 것 같기도 한데, 그 이유는 무조건 완벽해야 한다는 기대가 의료계 전반을 감싸고 있기 때문이다.

의료 실수에 연루되었던 의사들과 심층 인터뷰한 결과를 보면, 수치심은 물론이고 자책하는 경향을 강하게 보인다.[3] 실수의 원인이 시스템이나 다른 문제와 연관되어 있을 때는 한 발 떨어져서 인격을 배제한 언어를 사용한다. 말하자면 "첫 번째 엑스레이에서 골절을 놓쳤어요." 하는 식이다. 그러나 본인이 직접적으로 연관된 경우에는 가차 없이 자기 내면을 향한다. "내가 출혈의 초기 징후를 놓쳤어요."라거나 "내 실수 때문에 환자가 죽었어요. 그 일이 계속 떠오릅니다."라는 식으로 말이다.

의사들이 다른 사람이나 시스템에 책임을 전가하는 경향이 있다고 생각하는 사람들이 많다. 그러나 인터뷰 결과는 반대였다. 많은 비난을 자기 내부로 돌리고 있었다. 그건 어쩌면 과도한 권력 의식 때문일 수 있는데, 의사들 스스로 자신에게 상황을 변화시킬 능력이 있다고 생각하는 데서 기인한다. 결과가 좋건 나쁘건 각자의 책임으로 돌리는 것이다. 실수가 있었을 때 의사들은 자기 직업이 안고 있는 전반적인 문제보다 자기 자신의 문제에 더 초점을 맞춘다. 그런 경향이 뭔가 할 수 있다는 의사들의 생각을 만드는 게 아닌가 싶기도 하다.

의료 실수를 줄이기 위한 노력들 대부분은 초점을 시스템에 맞추고 있다. 수술 전 체크리스트라든지, 비슷하게 생긴 약병을 없앤다든지, 처방전 오더를 전산화한다든지, 수술하기 전에 해당 부위를 환자의 몸에 직접 표시한다든지, 도뇨관에서 혈전용해제까지 모든 것들을 전산화된 알고리듬으로 처리한다든지 하는 것들이다. 실수의 원인에 관한 연구에 근거해서 보면, 시스템적 접근은 예방 가능한 실수를 줄이는 데 효과적일 수 있다. 따라서 병원들이 이 방면에 자원을 투자하는 것은 옳다.

그러나 이런 접근이 몇 가지 예기치 않은 결과를 초래하기도 한다. 의사들은 이러한 시도가 자신들과 의료 전문직에 대한 근본적인 신념을 위협한다고 여길 수 있다. 시스템과 관련된 문제를 그대로 놔둬야 한다는 말이 아니다. 어쨌든 의료계 내부에서 심리적인 저항이 있을 수 있다는 말이다. 폐렴이나 요로 감염 같은 통상적인 질환에까지 임상 알고리듬을 사용해야 한다고 압박을 가하면 의사들도 힘이 들 수밖에 없다.

행정가들은 알고리듬을 적용하는 일이 그야말로 플러스라고만 알고 있다. 그래야 진료가 표준화되고 의료의 질을 측정하는 구체적인 근거도 마련할 수 있기 때문이다. 그러나 의사들은 그것을 의사의 독립성에 대한 위협으로 간주한다. 어떤 면에서는 요리책 의료, 말하자면 레시피대로 요리하는 것 같은 양상의 의료가 되어 간다는 생각에 모욕감을 느끼기도 한다. 의사들은 자신이 가진 전문적인 의료기술과 개별 환자에 대한 임상적인 판단 능력이 기계적인 기술이나 능력보다 우위에 있다고 믿는다. 그들은 책임지고 싶어 하고, 가끔은 그 때문에 비난도 감수한다.

물론 자기비난이 전적으로 나쁜 것만은 아니다. 자신의 잘못을 인정하는 태도가 더 책임감 있고 지식이 풍부한 의사가 되도록 채찍질하게 만들기도 한다. "실수에서 배운다." 연구에 참여했던 의사가 한 말이다. 그러나 하나의 실수를 영원히 심사숙고할 수는 없다. 그 실수를 내면화해서 더 훌륭하고 신중한 의사가 될 수 있으면 되는 것이다.[4]

따라서 우리가 던질 수 있는 질문은 이것밖에 없다. 적절한 비난, 즉 온몸을 마비시키는 비생산적인 수치심이 아닌, 책임을 인정하고 수용하는 정도의 비난이 가능할 것인가?

의대생의 경우, 수치심과 관련되어 압도적인 경험을 할 가능성이 더 높다.[5] 자신은 아직 뭘 잘 모르고 기술도 충분치 않은데, 주변 모든 사람들은 온통 생명을 구하느라 바쁘다. 그런 모습을 보면서 수치심을 가질 수 있고, 또 그것이 의료의 독특한 현상이기도 하다. 의대생들은 전체 위계의 가장 아래에 있기 때문에 의사들이 경솔하고 현명치 못한 일을 해도 참고 견뎌야 한다. 환자에게 무례하게 이야기하는 선배 의사와 회진했던 학생은 "그 때 나도 그 자리에 함께 있었잖아요. 그 환자한테 가서 직접 해명하고 싶었어요."라고 말했다. 다른 학생은 이렇게 말했다. "그 환자가 나를 같은 의사로 볼 거라고 생각하니 정말 수치스러웠어요. 그의 무례함에 대해서 책임감이 느껴져요."

의대생들은 의료팀의 다른 멤버들보다 오히려 환자들과 자신을 동일시하는 경향이 있다. 전문직을 상징하는 하얀 가운을 입었지만, 막상 의료현장에서는 자신을 아웃사이더로 느낀다. 그건 많은 환자들이 받는 느낌과도 유사하다. 환자들이 느끼는 그 모멸감이 학생들의 감정과 아주 강하게 공명하는 것이다. "우리는 환자에게 옷을 벗으라고 하고, 우리가 아니면 절대로 허용하지 않을 방식으로 환자를 만져야 해요." 학생들은 의사가 환자에게 아주 예민한 주제까지도 스스럼없이 무례하게 말하는 모습을 보기도 한다. 진단을 위해 검사하거나 치료를 하는 도중에 의사들이 보이는 많은 부분들이 학생들 눈에는 환자의 개별성이나 인격을 깎아내리는 것으로 보인다. 학생들은 환자들을 존중하지 않은 의료 시스템의 일부가 된다는 점에 대해 수치심을 느끼고 있었다.

수치심은 너무도 강력해서, 의사들로 하여금 의료 실수에 대해 발 벗고 나설 수 없게 만든다. 그러면 환자 진료와 관련해서 직접적으로 영향을 끼칠 수밖에 없다. 대다수 의사들은 자신의 행동에 영향을 끼치는 숨겨진 감정에 대해 인지하지 못한다. 그들은 그저 본능에 반응할 뿐인데, 본능은 그들에게 '잠자는 개는 건드리지 말고 그냥 하던 일이나 하라'고 말한다. 그러나 잠자던 개는 언제든 깨어날 수 있고, 환자가 그 개에게 물릴 수 있다.

아론 라자르는《On Apology》에서 자백하고 용서 구하기를 어려워하는 사람들의 성격적 특징을 언급했다. "그들은 자신이 대인관계를 통제해야 한다고 생각한다. 스스로 자기감정을 통제해야 하고, 정정당당하고 도덕적인 사람으로 인정받아야 하며, 자신은 좀처럼 실수하지 않는다고 믿는다. 세상의 모든 관계는 적대적이며, 관계 그 자체가 본질적으로 위험하다고 생각한다."[6]

나는 이 문장을 이렇게 바꿀 수 있다고 본다. "사과하기를 두려워하는 사람들은 남들이 늘 소송을 일삼는다고 생각한다. 같은 이유로 의사-환자 관계도 항상 소송의 위험이 도사리고 있다고 생각한다." 내가 의대에서 만난 사람들은 대부분 이 말에 거의 정확히 들어맞았다.

반대로 용서를 구하면서도 불편해 하지 않는 사람들에 대해 라자르는 이렇게 말했다. "그들은 사과할 때, 잘못을 있는 그대로 인정한다. 자신을 믿고, 있는 그대로 받아들이는 사람은 잘못을 인정하는 일로 위협을 느끼지 않는다." 그러나 의사들에게는 그 일이 무척이나 어려운 것 같다.

의료 분야는 특정한 성격적 특성을 선택하여 강화한다. 의료인문학 분야로 영역을 넓히고, 여성이나 소수민족에게 더 많은 기회를 주려고 노력하고 있지만, 입시과정 그 자체는 자기 주도적이고, 완벽주의를 추구하며, 학업성적이 매우 우수한 학생들에게 더 넓게 문이 열려 있다. 의료인을 양성하는 사회문화적 과정 자체가 용서 구하기를 불편해하는 사람들의 성격적 특성을 강화하는 쪽으로 기여한다는 생각이 든다.

실수가 밝혀지는 일이 얼마나 두려운지 알고 싶은 인턴들은 M&M 컨퍼런스에 가보면 된다. 그곳에서 실수를 저지른 레지던트가 얼마나 혹독하게 당하는지만 봐도 충분히 알 수 있기 때문이다.

의대 3학년 때 일이다. 내가 있던 병동에 백혈병 환자가 있었다. 그 환

의사의 감정

자의 백혈병은 중추신경까지 퍼져 있었다. 환자는 두 가지 종류의 항암제 치료를 받고 있었는데, 하나는 정맥으로, 다른 하나는 척추강 내로 투여 받고 있었다. 환자는 침대에 누워 있었고, 혈액종양내과 의사가 환자 곁에서 항암제를 준비 중이었다. 그 의사는 남유럽의 어느 나라에서가 온 젊은 남자였는데, 검은 머리칼이 안경 주변을 뒤덮고 있었다. 열심히 조용하게 일하는 타입이었고, 성실하고 믿음직한 의사로 알려져 있었다. 항암제 치료를 어떻게 하는지 보려고 3학년 학생들이 무리지어 그의 곁에서 있었다.

환자의 침대 옆에 10cc 주사기 2개가 놓여 있었는데, 각각 다른 항암제가 들어 있었다. 그 의사는 하나하나 알코올로 소독하고 나서 글러브를 꼈다. 왼손에 척추강 내로 주입할 주사기를 들고, 환자에게 무슨 말을 하려고 앞으로 몸을 기울였다. 멀리 떨어져 있어서 무슨 말인지는 잘 들리지 않았는데, 환자가 의사에게 고개를 끄덕이면서 미소 짓는 모습을 볼 수 있었다.

그가 왼손을 뻗어 주사기를 척수강 포트에 연결시켰다. 움직이지 않게 꽉 붙잡고 주사기의 내용물을 아주 조금씩 흘려보냈다. 그 전에 다른 의사들이 하던 것보다 훨씬 더 조심스러운 모습이었다. 주사기에서 시계로, 다시 주사기로 시선을 옮기면서 투약 시간을 정확히 조정하고 있었다. 시선이 마치 내 어린 시절 피아노 위에 놓여 있었던 메트로놈처럼 움직였다. 이쪽에서 저쪽으로 호를 그리며 왔다 갔다 하는 메트로놈 말이다.

그때 갑자기 메트로놈이 멈췄다. 척수강 포트에서 시계로 왔다 갔다 하던 시선이 주사기에 고정된 채 멈춰버렸다. 눈동자가 커지고 얼굴이 하얕게 질렸다. 얼굴이 충격으로 얼어붙더니, 거세게 주사기를 뽑아냈다. 나조차 깜짝 놀라 뒤로 물러설 정도였다. "가서 간호사 불러와!" 그가 소리쳤다. 나는 헐레벌떡 뛰어나갔다. 마음속에는 공포가 가득했다. 무슨 일인지 알 수 없었지만, 나쁜 일이 생긴 것만은 확실했다.

간호사들과 의사들이 나를 밀치고 병실로 뛰어 들어왔다. 그들이 나누는 다급한 속삭임을 듣고 나서야 무슨 일인지 알 수 있었다. 그 의사가 정맥으로 줘야 할 항암제를 척수강 내로 주입하는 사고를 저질렀다. 혈류 속으로 넣어야 할 약제를 신경 조직에 직접 주입한 것이다. 의료팀들이 조치를 취하려고 바쁘게 움직였지만 이미 늦은 뒤였다. 독성이 강한 약제가 뇌척수액으로 흘러들어간 뒤였기 때문이다.

환자를 급히 중환자실로 옮겼지만 일주일 만에 사망했다. 부정확한 항암제 투여와 말기 백혈병 그 자체, 둘 중 어느 쪽이 환자의 죽음에 더 크게 영향을 끼쳤는지 나로서는 알 수 없었다. 그 뒤로 내가 목격한 건 혈액종양내과 의사에게 일어난 일이었다. 그날 이후로 그는 머리를 푹 숙인 채 들지 못했다. 몇 주 동안 말없이 그를 지켜봤다. 엘리베이터에서도 보고 병원 로비에서도 봤다. 그가 고개를 드는 모습을 다시는 볼 수 없을 거라는 생각이 들었다. 수치심과 회한으로 가득한 그의 모습이 지울 수 없는 광경으로 남았다. 나는 중대한 의료 사고를 목격했고, 그로 인해 상처를 입었고, 환자의 비극적인 죽음을 봤다. 그리고 두 번 다시 돌이킬 수 없는 상처를 입은 의사의 모습을 봤다.

그를 지나칠 때면 마음이 아팠다. 그에게 뭐든 해주고 싶었고, 적어도 그의 기분을 누군가는 알고 있다는 걸 알려 주고 싶었다. 하지만 내가 대

의사의 감정

체 뭔가 뭐란 말인가? 보잘 것 없는 의대 3학년생이 아닌가? 거대한 병원의 임상 체계 안에서 아무 것도 아닌 존재가 아닌가?

그가 저지른 실수는 사실 단순하다. 주사 두 개를 잘못 바꿔치기한 거다. 내가 저질렀던 명백한 실수, 당뇨병성 케톤산증 환자에게 지속형 인슐린을 투여하지 않았던 실수와는 성격이 다르다. 단지 다른 주사기를 손에 쥐는 바람에 생긴 실수다. 그의 지성이나 능력, 환자에 대한 헌신에 의문을 제기할 만한 실수는 결코 아니다. 그러나 고의가 아니라 해도 엄청난 해악으로 이어진 것만은 틀림없다. 한 번의 사건이 환자를 죽음으로 내몰 수 있고, 의사에게는 혹독한 고통이 될 수 있다. 둘 다 없었던 일로 할 수는 없다.

나는 가끔 생각한다. 그 의사가 다시 일어섰을까? 따뜻한 선배와 동료들이 그의 고통을 덜어주었을까? 그래줄 사람이 없는 건 아니었을까? 그가 환자의 가족에게 자신의 실수를 인정하고 그들의 고통을 덜어주려고 시도했을까? 그가 종양내과 의사의 길을 계속 갔을까? 그래서 힘든 질병으로 고생하는 환자들에게 도움을 주었을까? 아니면 임상의학의 공포에 질려버렸을까? 그래서 연구나 행정 쪽으로 진로를 바꾸었을까? 아무래도 연구나 행정 일은 환자의 생사와 관계가 없고, 해를 끼칠 가능성도 없으니까 말이다. 아니면 의료와 무관한 다른 분야, 해악을 끼친다고 해봐야 문서 상의 실수 정도밖에 없는 분야로 진로를 바꿨을까?

모든 의학수련 프로그램에는 의료 실수에 대한 교육이 포함되어 있다. M&M 컨퍼런스도 비꼬는 분위기가 거의 사라지고 실수로부터 배우는 방향으로 자리를 잡아가고 있다. 그러나 여전히 비난의 문제는 남아 있고, 그에 따른 굴욕과 수치심도 남아 있다. 수련의들은 그 모습을 보면서 여러 가지를 배우게 된다. '좋은 의사, 뛰어난 의사가 되기 위해 최선을 다해야 한다. 실수하지 않고 남에게 해를 끼치지 않으려면 조심하고 또 조심해야 한다. 만약 실수를 저지른다면, 절대로 다른 사람에게 이야기하지 말아야 한다.'고 말이다.

의료 실수와 달리, 수치심에 대해서는 아직까지 제대로 다뤄지지 않고 있다. 그저 심리상담에서나 필요한 이슈 정도로 여겨지고 있다. 수치심은 누구나 알지만 아무도 말하지 않는 주제다. 어느 의사도 자기 실수를 쉽게 털어놓지 못하는데, 그로 인해 자아가 위험에 처한다고 여기기 때문이다. 수치심과 같은 어둡고 불편한 이슈를 해결하는 지침을 개발하기는 무척 어렵다. 그러나 주임교수나 의료과장, 임상 전문의 같은 선배 의사들이 자신이 저지른 실수를 수련의들에게 이야기하는 일은 그리 어려운 일이 아닐 것이다. 그들이 (자신이 저지른 실수와 그로 인한 정체성의 고통에도 불구하고) 계속 성공적인 의사의 길을 걷고 있다는 사실은 학생이나 인턴에게 큰 교훈이 될 수 있다. 실수했지만 고개를 들고 살아가는 것, 의료인도 실수를 저지를 수 있다는 것, 실수가 그 사람의 전부가 아닌 일면이라는 것에 관한 교훈 말이다.

주사기를 바꿔 꽂았던 혈액종양내과 의사의 사례와 같은 극명한 의료 실수는 무척 드물다. 대개는 정도의 문제, 판단의 문제, 타이밍의 문제, 의사소통의 문제다. 분명하지 않은 회색의 색조를 띠는 경우가 훨씬 많다. 그러나 의사들은 실수를 흑백 논리로 따져서 내면화하고 자신의 행동이 나쁜 결과의 직접적인 원인이 되었다고 확신한다. 이런 생각은 이 장 앞

의사의 감정

부분에서 실수에 대한 의사들의 생각을 인터뷰한 결론과 정확히 일치한다.[7] 의사들은 자신의 행위가 만든 결과를 (어쩌면 지나치게 부풀려진 의식일지 모르지만) 매우 강하게 의식한다. 그런 의식이 전문 직업정신을 강화할 수 있고 환자에 대한 의무감도 강화할 수 있다. 그러나 한편으로는 일이 잘 풀릴 때마다 마음 속에 함께 떠오르는 깊고 심한 상처가 되기도 한다.

실수로 인한 수치심은 더 좋은 임상의가 되거나 환자 진료를 개선하는 데 전혀 도움이 되지 않는다. 오히려 그 반대다. 뉴질랜드의 연구자들이 장단기적인 결과를 검토하여 이 현상을 탐구했다.[8] 조사 대상이 되었던 의사들은 환자로부터 징계 요청을 받은 의사들이었다. 의료 실수를 비롯해 환자와 관련된 문제들이 징계 요청의 원인이었다. 조사 대상 의사들의 2/3는 그 일을 겪고 나서 수 일 또는 수 주간 분노와 우울을 느꼈다고 답했다. 죄책감과 수치심을 느꼈다고 답한 사람은 1/3 정도였고, 의사 일에 대한 기쁨과 즐거움이 모두 사라져버렸다고 답한 사람도 1/3 정도였다. 오랫동안 수치심을 느꼈다고 대답했으며, 수년 동안 지속된 경우도 있었다. 그런 일을 겪은 이후, 의사들은 환자들에게 분노, 우울, 냉소, 심한 경계심 같은 것들을 느끼고 있었다.

의료 실수에 대한 고전적인 연구가 있다. 250여 명의 수련의들을 대상으로 한 연구인데, 실험의 대상자들은 환자를 사망에 이르게 하거나 심각하게 나쁜 영향을 끼친 의료 실수를 저지른 적이 있었다.[9] 대상이 된 수련의들 중 자신의 외래 교수와 실수에 대해 의논했다고 답한 경우는 1/2 정도였고, 환자와 그 가족과 이야기했다고 응답한 비율은 1/4 정도였다. 그러나 실수를 의논하고 그에 대한 책임을 받아들인 소수의 수련의들은 미래에 일어날 수 있는 실수를 방지하기 위해 자기 행동을 건설적으로 변화시켜 나갔다.

이런 결과는 의사들이 자신의 의료 실수에 좀 더 다가갈 수 있게 도움을 주는 분위기가 필요하다는 점을 보여준다. 실수로 인한 수치심은 실수를 묻어두게 만든다. 그러면 의사들도 고통스러울 테지만, 가장 큰 타격을 입을 사람은 다름 아닌 현재와 미래의 환자들이다.

세월이 많이 흐른 뒤에 당뇨병성 케톤산증 사고로 나를 다그쳤던 선배 레지던트를 마주친 적이 있다. 수련의 시절 이후로 그녀를 거의 보지 못했다. 의사로서는 과정을 함께 하지 못했지만, 환자로서는 과정을 함께 했다. 둘 다 만삭의 몸이 되어 산부인과 대기실에서 만난 것이다. 우리는 직업과 배우자, 가족과 일에 대해 편하게 이야기를 나눴다.

오랜만에 만난 동료와 즐거운 이야기를 나누는 동안에도, 내 눈에는 온통 그녀 머리 뒤에 있던 벨뷰 병원 응급실의 때 묻은 녹색 벽이 어른거렸다. 수년 전, 그녀가 나를 세차게 몰아세웠을 때, 내가 뚫어져라 쳐다봤던 그 벽 말이다. 과연 그녀가 그 일을 기억하고 있는지 궁금했다. 그러나 나로 말하면 그 실수로 인한 수치심, 그로 인해 추락한 자부심 같은 기억이 조금도 사라지지 않고 있었다. 둘이 만나서 즐겁게 이야기하고 새롭게 시작될 인생에 대해 흥분을 나누었지만, 나는 오래 전 저지른 내 실수에 대한 기억을 떨쳐버릴 수 없었다. 심지어 내 입으로 그 에피소드를 이야기할 수조차 없었다. 그녀가 내 이야기를 듣고 나서 수치심을 조금이나마 털어버릴 수 있는 이야기를 해 주었을 지도 모르지만, 하여간 나는 그랬다. 대신 나는 첫 아기의 초음파 촬영을 위해 조용히 앉아 있었고, 앉아서 내가 거의 죽일 뻔한 그 환자의 세세한 부분들을 머릿속으로 떠올리고 있었다.

그때 응급실에서 어떤 일이 일어났는지 쓸 수 있게 되기까지 20년이 걸렸다.[10] 이제 나는 교수진 중에도 연장자가 되었고 내 분야에서 나름대로 자리도 잡았다. 그러나 그 이야기를 종이에 옮기는 일은 힘들었다. 층층이 묻어둔 수치심을 밝은 빛 앞에 드러내는 고통이 뚜렷이 감지될 정도였다. 그러나 고통이 뚜렷했던 만큼 치료 효과도 있었다.

감정을 꺼내놓는 일이 너무도 힘들어서 진이 다 빠지는 것 같았다. 그러나 강한 신체활동이 힘을 빼기도 하고 주기도 하는 것처럼, 이 일 역시 힘들긴 했지만 그 후로 생각을 달리 하게 되었다. 물론 마법 같은 해결책은 아니다. 고통은 분명히 남아 있지만 글로 썼기 때문에 진흙탕을 뒤져서 그 감정과 기분을 찾아낼 수 있었고, 다 이겨내지는 못하더라도 맞설 수는 있게 되었다.

내가 당뇨병성 케톤산증을 순순히 받아들이지 않는다는 사실을 신은 알고 있다. 인슐린 주사가 1cc라도 환자의 정맥으로 들어가고 있다면, 나는 매의 눈을 하고 주위를 서성인다. 체크하고 또 체크하고 병리검사 데이터도 매번 꼼꼼하게 확인한다. 그러나 그보다 더 중요한 것은 내가 절대로 이 수치심의 경험을 그냥 받아들이지 않는다는 사실이다. 내 감각은 케톤산증의 여지가 조금이라도 있거나, 수치심의 징조가 조금이라도 보이면 경계를 늦추지 않는다.

의사나 간호사나 환자가 수치심을 느낄만한 상황을 목격하면, 나는 어떻게든 그런 상황을 방지하거나 누그러뜨리기 위해 끼어든다. 방관자로 머무는 것은 대안이 될 수 없다. 불필요한 수치심과 굴욕을 하나라도 막는 것이 궁극적으로 이로운 결과를 가져온다. 적어도 내 희망은 그렇다. 그일은 인슐린 주사를 끝내기 전에 지속형 인슐린을 주입하는 것과 같다.

의료 실수의 발생을 줄이기 위해서는 각계각층의 노력이 필요하다. 병원 시스템도 필요하고, 약품에 이름을 붙이는 일도 그렇고, 의사소통 기법도 필요하다. 환자에게 실수를 고백하고 사과하는 의사들을 보호하는 법들이 생겨나기 시작했다. 그러나 그 법이 실제로 소송 건수를 줄여줄지는 확실치 않다. 그리고 그 법이 의사들을 수치심의 해악으로부터 보호할 수 있을 지도 확실치 않다.[11]

중요한 것은 기본적으로 의사들이 실수에 당당하게 맞서야 한다는 점이다. 그러지 않으면 무엇이 문제인지 결코 알 수 없기 때문이다. 실수를 공개하기 위해 법적인 장치를 만드는 일도 필요하지만, 그것만으로 의료 실수에 대해 열린 마음을 갖게 할 수는 없다. 감정이라는 것이 법적으로 어떻게 한다고 해서 없어지는 게 아니기 때문이다. 좀 더 세심히 살펴봐야 할 것은 바로 내면의 모습이다. 의료 실수를 인정하는 것이 자기정체성의 상실이나 수치심으로 이어진다면, 언제든 실수를 숨기려는 강한 본능이 맹수처럼 덮쳐올 것이기 때문이다.

줄리아 이야기 - 5

공립병원은 여러 가지 면에서 좋지 않다고 소문이 나 있다. 혼란스럽고, 비효율적이고, 자원도 빈약하고, 힘든 환자도 많고, 의료진들도 일에 질려 있다는 식이다. 미국에서 가장 오래된 공립병원 중 하나인 벨뷰 병원도 이런 소문에서 자유롭지 않다. 벨뷰 병원은 1736년에 개원한 이후로 뉴욕의 최 하층민들을 돌보아 왔다. 그래서인지 사람들 사이에 미치광이들을 위한 병원으로 알려져 있기도 하다. 사실인즉 정신과 침상이 300개나 있고, 병동 두 곳은 아예 라이커스 아일랜드 교도소의 죄수들만을 위한 곳이다.

이런 고정관념 때문에 벨뷰 병원이 최고인 점들도 가려지는 것 같다. 미국 대통령이 뉴욕에 방문했을 때 문제가 생기면 입원하는 병원으로 지정되어 있고, 뉴욕 경찰과 소방관들을 치료하는 병원이기도 하다. 세계적인 수준의 외상 치료, 현미경 수술, 응급 서비스 역량도 갖추고 있다. 건설 현장에서 사지가 절단된 환자도 벨뷰 병원으로 이송한다. 생물테러나 각종 감염, 전염병들을 다룰 수 있는 자원과 기술도 갖추고 있다. 고문 생존자, 약물 남용 환자, 정신 질환이 있는 아이들의 치료도 최고 수준이다. 세계 각국의 이민자들에게 따뜻한 환경을 제공하는 노하우와 다국어 서비스 능력도 가지고 있다.

그러나 부정적인 고정관념에 가려진 가장 중요한 부분은 따로 있다. 바로 뜨거운 마음을 가진 사람들이다. 벨뷰 병원에서 일하는 대다수 사람들은 환자에게 헌신하겠다는 마음 때문에 시립병원 근무를 선택했다. 나는 그들의 마음을 확인할 수 있는 수많은 사례를 목격했다. 이 병원의 직원들은 환자를 돕는 일이라면 아무리 먼 곳도 마다하지 않는다. 깨끗한 양말, 가나인들이 먹는 에구시 스튜Ghanaian egusi stew, 치아파스로 가는 비행기 티켓을 구하는 일까지도 말이다.

그런 벨뷰 병원에서 수십 년을 근무했지만, 스탈링 커브에 문제가 생긴 줄리아를 위해서는 아무것도 할 수 없었다. 그녀의 이야기가 병원장 귀에도 전해졌다. 스페인어에 능통하고 이민자 문제에도 열정을 가진 사람이었다. 결국 사회복지사와 간호사, 의사들이 팀을 이루어 줄리아를 구하기로 결정했다.

왜 갑자기 그런 헌신이 시작되었는지, 줄리아의 어떤 점이 그런 일을 가능하게 했는지는 정확히 말하기 어렵다. 아마도 그녀의 부드럽고 겸손한 성격이 사람들의 헌신을 이끌어냈는지 모르겠다. 하지만 줄리아처럼 아름다운 품성을 가진 사람은 벨뷰 병원에 많다. 어쩌면 그녀의 사례가 너무도 불운했기 때문인지도 모른다. 인도주의적인 차원에서 볼 때 너무도 부당한 사례였던 건 틀림없다. 어쩌면 그녀의 인생 이야기가 한몫했을 수도 있다. 병원 사람들이 조금씩 공유해온 그녀의 이야기 말이다.

줄리아는 과테말라에서 태어났다. 지도에도 잘 나오지 않는 작은 농촌 마을이었다. 그녀의 부모는 근근이 어렵게 가족을 부양했다. 그러나 안팎으로 닥친 여러 재난 때문에 그마저도 어려워졌다. 외적으로는 내전과 부정부패, 약물 때문에 사회가 몰락했다. 살인, 무정부 상태, 폭력도 끊이지 않았다.

내적으로는 더 했다. 줄리아의 가족은 외적인 재난보다 훨씬 더 큰 슬픔과 고통을 겪었다. 남자 형제 한 명이 뇌종양으로 죽었고, 자매 한 명은 난소암으로, 또 다른 자매 한 명은 심부전으로 사망했다. 다른 두 명도 난소암과 심부전을 앓았지만 치료를 받고 간신히 목숨을 건졌다. 질병이 그들에게 고통을 주었지만, 그보다 더 큰 고통도 겪었다. 자매 한 명이 무지막지한 가정폭력을 당했고, 줄리아의 첫 남편은 납치를 당한 뒤 잘린 손하나만 집 앞으로 돌아왔다.

살면서 마을 한 번 떠난 적 없었지만, 그녀는 도망을 결심했다. 그녀 자신과 아들 바스코를 위해 좀 더 나은 삶이 필요했다. 바스코는 아기 때 뇌막염을 앓고 나서 회복하지 못하고 있었다. 미국으로 가는 여정은 과테말라에서보다 더한 그야말로 지옥 그 자체였다. 나쁜 사람들이 매춘업소에 그녀를 팔아넘겼다. 하루에도 몇 번씩 갱들에게 강간을 당하다가 결국 길가에 버려진 신세가 되었다. 그러나 끝까지 살아남아서 뉴욕에 당도했다는 이야기를 듣고 나를 비롯한 병원 사람들은 너무도 놀랐다. 그런 삶속에서도 그녀는 친절하고 따뜻했다. 그녀는 그 누구도 상상할 수 없는 영혼을 가진 사람이었다.

벨뷰는 줄리아를 중심으로 단결했다. 그녀에게 심장을 구해주기 위해 산이라도 움직일 기세였다. 이송 문제, 돈 문제, 법적인 문제가 막대했다. 병원의 가장 높은 사람부터 말단 직원까지 모든 사람들이 할 수 있는 노력을 모았다. 친구, 변호사, 기자, 이식병원, 정치인…. 도움이 될 수 있는 모든 사람들에게 연락을 취했다.

그렇게 여름이 끝나갈 무렵, 줄리아는 어네스토와 결혼했다. 어네스토는 그녀를 보호하고 도와준 집주인이었다. 관대하고 따뜻한 성품 말고도 어네스토는 특별한 것을 가지고 있었다. 다른 어느 라틴계 이민자보다 쿠바 사람들이 많이 갖고 있는 것, 바로 시민권이었다.

벨뷰 병원의 사회복지사들은 행동을 개시했다. 줄리아의 서류를 정리해서 영주권을 신청하고 의료보호medicaid 신청서를 냈다. 심장내과 팀은 그녀의 기록을 이식센터에 넘겼다. 병원 행정직원들도 이식을 위해 필요한 사항들을 신속하게 준비했다. 컬럼비아대학교에서 그녀를 이식 프로그램에 등록해 주었다. 마침내 그녀가 완벽한 이식 후보자가 되었다.

마치 내 몸을 누르던 멍에를 내려놓은 것 같았다. 억눌려 있던 슬픔의 실타래가 풀려나가는 기분이었다. 대기자 명단에 올라간다고 해서 심장이식을 받을 수 있는 건 아니다. 맞는 심장을 구하는 일 자체가 매우 어렵고, 기다리다 죽는 환자도 수백 명이나 된다. 그러나 오랜 기다림 끝에 드디어 기회를 얻었다는 사실만으로도 기뻤다.

몇 달 만에 처음으로 깊은 숨을 내쉴 수 있었다. 빗물이 시원하게 쏠려 내려가는 듯한 기분이었다. 깨끗하고 찬란한 위로의 빗물이. 줄리아가 드디어 이식대기자 명단에 들어갔다!

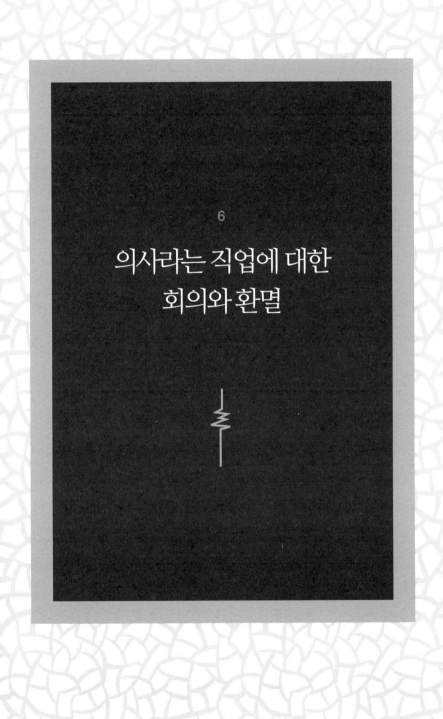

6

의사라는 직업에 대한
회의와 환멸

조앤이 의사가 될 거라는 생각에는 의문의 여지가 없었다. 조앤 자신이나 주변 사람들 모두에게 기정사실이었다. 부모와 조부모, 삼촌과 두명의 사촌도 의사였다. 외할머니도 의사였다. 1920년대에 의과대학을 다닌 외할머니는 졸업반에 둘 뿐이었던 여학생 중 한 명이었다. 의사 일은 조앤의 가족이라면 누구나 하는 일이었다.

조앤은 건축가가 되는 상상을 하곤 했다. 그러나 이 가족의 일원인 이상 그 길을 선택하기는 어려웠다. 아버지는 일단 의과대학을 졸업하고 나서는 마음대로 해도 좋다고 말했다. 그러나 속으로는 일단 입학해서 공부하다보면 의사 일을 좋아하게 될 거라고 생각했다.

두 명의 남자 형제처럼 조앤도 썩 내켜하지 않으면서 의대에 들어갔다. 동급생들보다 나이도 어렸다. 좋은 머리에 아버지의 격려가 더해져서 열다섯 살에 고등학교를 졸업했다. 그 뒤에는 집 근처 여대에 다녔고, 열아홉 살에 학부를 졸업했다. 그녀가 다니던 필라델피아의 의과대학은 입학 직전에 남녀공학으로 전환된 학교였다. 당시만 해도 남녀공학이 많지 않았다. 그 점이 그녀에게는 조금 새로웠다.

그밖에는 익숙한 점들이 많았다. 의사 집안에서 자란 다른 아이들처럼 조앤도 의사 일의 문화적인 부분들을 체득하고 있었다. 마치 두 가지 언어를 배우며 자란 아이처럼 의료계에 대해 본능적인 감각을 갖고 있었다. 이 점은 커티스 클라이머 같은 학생들이 가지지 못한 부분이다. 커티스 클라이머는 가족 중 처음으로 의대에 들어왔고, 그런 학생은 마치 이상한 나라에 도착한 앨리스처럼 새로운 세상에 어리둥절해하고 좌충우돌하기 일쑤다.

의대에 입학하고 2년 동안은 지적으로 많은 자극을 받았다. 가족이 아는 것들을 배운다는 사실에 신이 났다. 그러나 그보다 더 큰 일이 있었다. 그 2년 동안 조앤은 부모를 떠나 독립적인 가족을 꾸리기 시작했다.

조앤은 의대에 입학하기 전, 학부에서 공부할 때 로버트를 만났다. 의과대학에 들어오기 전부터 데이트를 하고 있었다. 로버트는 인물도 좋고 똑똑하고 자신감도 넘쳤다. 그리고 외과 의사가 되기로 작정하고 있었다. 조앤보다 한 살 더 많았는데, 학업성적이 워낙 좋았던 조앤이 먼저 입학하는 바람에 그녀보다 한 해 늦게 의대에 입학했다.

조앤이 의과대학 1학년을 마칠 즈음, 두 사람은 결혼을 했다. 6개월 뒤에 조앤이 임신을 했고 둘 다 깜짝 놀랐다. 그렇게 빨리 아기를 가질 생각은 없었지만, 어차피 일어난 일이었다. 조앤은 평정심을 잃지 않고 주어

의사의 감정

진 상황을 받아들였다. 사람 사는 일이 그런 거라고 생각했다. 그러나 로버트는 그리 낙관적이지 않았다. 일단 그는 아이를 원하지 않았다. 적어도 그 때는 그랬다. 이제 막 의학을 공부하기 시작한 때였기 때문이다.

의과대학 3학년, 임상교육을 받는 중요한 학년이 되자 조앤은 흥겨웠다. 강의실을 벗어나 병동으로 가게 되었고, 임상의학의 스릴을 발견했기 때문이다. "나는 사람들과 어울리는 걸 좋아하거든요." 조앤이 말했다. "환자들과 이야기할 수 있어서 너무 좋아요." 이제야 그녀는 친척들이 모두 의사가 된 진짜 이유를 알 것 같았다. 재미 있고 자극적이면서도 좋은 일인 것 같았다. 임상 공부에 몰두하던 그 시절, 제레미가 태어났다. 정맥주사를 놓고, 상처나 수술 부위를 봉합하고, CT 스캔하는 방법을 배웠다. 그런 와중에도 한밤중에 젖을 먹이고, 기저귀를 갈아주고, 베이비시터를 찾아 이리저리 뛰어다녔다.

조앤은 삶의 양쪽을 잘 헤쳐 나갔다. 의사 일에서나 양육에서나 흐트러지지 않았다. 그러나 로버트는 예기치 않게 아기가 태어나고 아버지가 되었다는 사실을 받아들이지 못하는 눈치였다. 그러더니 서서히 자신을 그 일에서 떼어놓기 시작했다. 아기가 태어나지 않았으면 했고, 태어난다면 집에서 아이를 돌볼 전통적인 아내가 있었으면 했다.

조앤은 로버트가 자기 혼자 의사가 되고 싶어 한다고 생각했다. 자신에게 경쟁심을 느끼는 것 같기도 했다. 하기야 늘 조앤이 그보다 2년 앞서 있었으니까. 처음 로버트를 만났을 때는 자신감 넘치고 침착하고 자기와도 잘 어울리는 사람이라고 생각했는데, 이제는 그런 성격이 거만함으로 느껴졌다. 외과 의사 하면 떠오르는 고정관념이 그의 전면에 떠올랐다.

조앤은 레지던트 과정으로 재활의학을 선택했다. 그 분야가 다른 분야보다는 규칙적일 거라고 생각했다. 로버트가 외과 레지던트가 되면 스케줄이 빡빡할 테니까, 제레미와 또 앞으로 태어날 아이를 위해 한 사람이라도 규칙적인 분야를 택하는 게 나을 것 같았다.

레지던트 과정을 밟는 동안 조앤에게 두 가지 일이 생겼다. 하나는 재활의학이 그녀에게 지루하고 우울한 일이었다는 점이다. 조앤이 맡은 환자는 총기 사고로 척추에 손상을 입은 젊은 남자들이 대부분이었는데 이런 환자는 좀처럼 회복이 불가능했다. 조앤은 자신이 뭔가 더 진짜 의사 같은 열정적인 일을 해야 한다고 생각했는데, 그 일은 그렇지가 않았다. 일이 생기면 달려들어서 환자를 돕는 일을 하고 싶었다. 또 한 가지는 로버트가 책임을 회피하는 것이었다.

결국 조앤은 원치 않는 일을 하는 싱글맘이 되고 말았다. 재활의학에서 2년 동안 레지던트를 하던 그녀는 더 이상 안 되겠다는 생각으로 전공을 응급의학으로 변경했다. 응급의학은 흥분과 열정이 넘쳤다. 외상 환자와 약물남용자, 심장마비 환자와 급성 뇌졸중 환자를 치료했다. 응급의학을 시작하면서 인턴을 다시 해야 했지만, 전혀 개의치 않을 만큼 재미있었다. 문제를 금방 알아보고 해결할 수 있는 기술을 쌓아갔고, 그렇게 배우는 과정에서 성취감도 느꼈다.

그러나 일이 힘에 부쳤다. 걸음마를 배우는 아기를 키우는 일도 마찬가지였다. 응급실에서 하루 종일 일하고, 퇴근한 뒤에는 제레미를 돌봐야 했다. 그 때쯤이면 완전히 기진맥진한 상태가 되곤 했다. 제레미가 잠들고 나면 와인을 한 잔 들고 소파에 털썩 주저앉기 일쑤였다. 그렇게 앉아

의사의 감정

서는 하루를 버텼다는 생각에 놀라곤 했다. 응급의학에서 레지던트 과정을 하는 3년 동안은 내내 그렇게 힘든 시절이었다.

레지던트 과정이 끝나던 달, 외래교수가 그녀를 불러서 말했다. "응급실은 이제 자네 담당이야. 일이 생겨서 내가 필요하면 부르게. 하지만 일단은 자네가 맡아서 해야 해." 그건 응급실 전체를 맡아야 하는 큰일이었다. 그러나 조앤은 해냈고, 그냥 해낸 게 아니라 잘하기까지 했다. 유치원에 다니는 아이를 혼자 키우면서도 말이다.

"그 때 딱 분명해졌어요." 그녀가 이야기했다. "그게 바로 내가 원하던 일이라는 느낌이 들었어요. 나에게 능력이 있다는 생각도 들었고요." 그녀는 친정 가족의 의사 계보에 정식으로 들어가게 되었다.

80년대 말부터 90년대 초까지 조앤은 필라델피아 다운타운에 있는 응급실에 근무했다. 이 시기는 코카인을 정제한 크랙crack과 PCP라고 불리던 펜타클로로페놀이 극성이던 시기다. 전국의 응급실은 그로 인한 정신질환과 폭력으로 혼란스러웠다. 게다가 당시는 에이즈 초기였다. 에이즈를 만성질환으로 다룰 수 있던 시기도 아니어서 그로 인한 혼란도 심했다.

크랙과 PCP와 에이즈가 그녀의 스트레스를 가중시킨 것은 사실이다. 그러나 그녀를 가장 힘들게 만든 건 그게 아니었다. 그녀가 내뱉은 한 마디는 "맨날 똑같았어요."였다. 레지던트 과정에서 임상 시나리오를 배울 때는 신이 났었지만, 그때부터는 모든 일이 반복의 연속이었다. 그보다 더 힘들었던 건 응급의학의 많은 부분들이 스스로를 돌보지 않은 환자들 때문에 생긴 결과처럼 보였다는 점이다.

심장질환자는 의사와 내원 약속을 지키지 않다가 병이 도져서 심부전으로 온다. 약물중독자는 더러운 주사침을 쓰다가 괴사성 농양이 발생해서 응급실로 온다. 당뇨 환자는 도넛과 흰쌀 음식을 잔뜩 먹다가 혈당이 치솟아서 의식이 반쯤 없는 채로 실려 온다. 알코올 중독자는 흥청망청 폭음하다가 발작으로 온다. 홈리스 환자는 날만 추워지면 나타난다. 흉통이라는 말은 그들에게 일종의 마법과도 같았다. 그 말 한 마디면 적어도 하루 이틀은 침대와 따뜻한 식사가 보장되기 때문이다. 헤로인 중독자는 약만 떨어지면 응급실에 나타나서 이런저런 병이 있다며 마약성 진통제를 받아가려 한다.

이들은 즉시 치료를 해 줘야 하거나, 아니면 당장 치료를 해달라고 요구하는 환자들이다. 이들을 치료하는 일 때문에 불만인 것은 아니었다. 그녀의 불만은 그들 중 자신에게 닥친 의학적 위기에 대해 책임지려는 사람이 거의 없어 보인다는 점이었다. 조앤을 미치게 만든 건 책임감 없이 권리만 챙기겠다는 의식이었다. "환자들은 자신을 돌보지 않았어요. 그러다가 응급실에 와서야 자신을 위해 뭐든 다 해주기를 바랐어요."

아들 제레미가 바닥에 음식을 던지거나 성질을 부리면 조앤은 벌을 주고 나무랐다. 그렇게 제레미가 규칙을 배우도록 했다. 그러나 환자가 태만하거나 부주의하거나 일부러 자기 건강을 망칠 때는 야단쳐서 가르칠 수도 없었다. 아무리 자기 자신을 파괴하더라도 그들이 저지른 일을 받아들이는 수밖에 도리가 없었다.

한 남자가 유치원생 쯤 된 아들을 응급실로 데려온 일이 있었다. 그 아버지는 뭔가를 축하하려고 아들에게 폭죽을 사줬다. 그러나 다섯 살 난 아이가 불붙인 폭죽을 제 때에 던지지 못했고, 결국 손에 쥔 채 폭발하는 바람에 손가락에 화상을 입었다. 조앤은 아이의 아버지에게 분노가 치밀어 올랐다. 아니, 어떻게 그렇게 어리석을 수 있지? 대체 무슨 생각으로 다섯 살짜리한테 폭죽을 준 거냐고? 그 아버지를 붙들고 흔들어서 어리석음을 털어내고 정신을 차리게 해주고 싶었다. 손가락에 화상을 입어야 할 사람은 아이가 아니라 바로 아버지였다. 그렇지만 여기서도 오슬러의 '평정심'이 상황을 통제했다. 조앤은 그 아버지에게 중립적이어야 한다는 전문 직업인으로서의 의무를 다했다. 그러나 그 일 때문에 크게 스트레스가 쌓였다. 그에게 침착한 목소리로 나긋나긋하게 말하는 것도 일이었기 때문이다.

또 다른 환자도 떠올랐다. 심각한 말기 폐기종 환자였는데, 한 달에 한 번은 호흡부전으로 응급상황이 발생했다. 그때마다 폐에 삽관을 한 채 응급실로 실려 왔다. 병원에 와서 상태가 나아지면 호흡기를 제거했다. 그런 일이 계속 되풀이되었다. 환자는 목구멍으로 관이 들어가는 걸 너무 싫어했고 떼어 주기를 원했다. 폐기종은 치료가 불가능한 질병이라는 걸 환자도 알고 있었다. 그러나 가족은 환자에게 으름장을 놓았고, 어떻게든 치료를 받게 하려고 911을 불렀다. 가족들은 그가 죽게 내버려둘 생각이 전혀 없었다.

조앤은 응급실에서 이 환자를 만날 때마다 호흡기를 달아주었다. 그러나 자기들 생각만 앞세우고 아버지를 편히 보내지 못하는 그의 가족에게는 화가 났다. 그들에게 고함이라도 치고 싶었다. 지금 당신들이 아버지에게 하는 일이 뭔지 모르나요? 어떻게 이렇게 이기적일 수 있죠? 이 불쌍한 어르신은 평화를 원하고 있다고요! 그의 가족이 느끼는 고통을 조앤 역시 모르는 바 아니었다. 그런데도 너무 화가 나서 그들과 눈을 마주칠 수 없을 때가 한두 번이 아니었다.

무지, 의도적인 자기 손상, 무관심, 왜곡된 관리의식, 이런 것들을 반복적으로 겪으면서 조앤은 점점 기운을 잃어갔다. 자신이 환자들 때문에 좌절감의 구렁텅이 빠지는 것 같다고 생각했다. 점점 그들에게 화가 났다. 속내를 들키지 않으려고 혀를 깨물어야 했다. 그녀는 자신의 공감 수준이 떨어져 있다는 걸 감지했고, 점점 기분이 격앙되고 있음을 느꼈다. 밤마다 와인으로 마음을 다스리려 했지만, 두 잔이 되고 석 잔이 되었다. 밤 근무를 할 때면 동이 트고 나서야 퇴근했다. 집에 와서도 도무지 긴장이 풀리 않아 잠을 잘 수 없었다. 그러다 보니 밤에 마시던 술이 아침에 마시는 술이 되었다.

밤 근무는 그녀에게 고문이었다. 응급실 의사는 밤 근무를 졸업하지 못한다. 내과 의사나 외과 의사처럼 경력이 쌓이면 밤 근무가 없어지는 게 아니기 때문이다. 연공서열 같은 건 응급실에 존재하지 않는다. 응급실에서 여러 해를 보냈다 해도, 여전히 자기 몫의 밤 근무를 계속 해야 한다.

밤 근무는 일주일에 한두 번이었지만, 수면 패턴에 영향을 받아서 일주일 내내 제대로 잘 수 없었다. 아이를 돌보는 일도 그만큼 더 힘들었다. 조앤은 평생을 잠이 엉망인 상태로 지내야 할 거라고 생각했다. 적어도 일흔 살은 되어야 편히 잘 수 있을 것 같았다. 조앤이 말했다. "그땐 힘든 시간을 보내는 의사를 지원해주는 체계도 없었어요. 당사자가 다 알아서 하기를 바라던 시절이었죠."

술이 유일한 위안처였다. 처음에는 하루의 고통을 잊기 위해 마셨다.

그러다가 점점 내일을 위해 마음을 다잡는 수단이 되어갔다. 레지던트를 마치고 5년쯤 지났을 때, 문제가 되겠다는 생각이 들기 시작했다.

그때부터 2년 동안 '너 알코올 중독인 거 같은데.'라는 속삭임이 머리 뒤에서 들려오는 것 같았다. 정신 차리고 술을 끊어보려고도 했다. 그럴 때면 며칠쯤 불안에 떨다가 결국 참지 못하고 원래 상태로 돌아가곤 했다. 응급실에서 스트레스 쌓이는 시간을 보내야 한다는 생각이 들 때마다 술을 마셨다.

그동안 중대한 의료 실수 같은 건 없었다. 그러나 그 시간 동안 더 나은 의사가 될 수 있었다. 참을성 있고 환자들을 공감하는 의사 말이다. 더 이상 예전처럼 예리하고 빠르지도 않았다. 그래도 그럭저럭 해 나갈 수는 있었다. 그러나 일이 싫다는 생각은 지울 수 없었다. 그걸 핑계로 술을 마셔댔다. 그보다 더 나쁜 건, 환자들이 위험해질 수 있다는 점이었다.

어느 날, 술에 취한 채로 출근했다. 처음엔 아무도 몰라 봤다. 차트 몇 개를 들고 평소처럼 환자를 보기 시작했다. 그러나 한 시간도 버틸 수 없었다. 의사, 간호사, 인턴, 누가 보더라도 그녀가 제대로 일할 수 없는 상태라는 걸 알 수 있었다. 훔쳐 보고 수군대다가 다들 놀라서 입을 벌리는 지경이 되었다. 결국 긴급하게 조치가 취해졌다.

응급의학과 과장이 달려왔다. "채혈해서 검사해봐야지 별 도리가 없군요." 그는 조앤에게 단호하게 말했다. "그건 그렇고 문제를 어떻게든 해결해야 합니다. 안 그러면 일할 수 없어요." 외래에서 재활치료를 받아도 되고, 30일 입원 프로그램에 등록해도 된다고 일러주었다. 그녀에게는 그보다 지금 당장이 문제였다.

조앤이 기껏 할 수 있는 말은 "모르겠어요. 너무 취해서 결정을 못하겠어요."가 전부였다. 어떻게든 침착하게 상황을 정리해보고 싶었다. 그러나 취한 모습을 동료들이 보고 있는 상황에서 마음을 다잡기는 어려웠다. 그 모든 경험은 상상할 수 있는 가장 끔찍한 악몽이었다. 그러나 다른 면에서 보면 구원이기도 했다. 임상의학을 떠날 생각까지는 없었지만 결국 병원에서 해고되었고, 그 덕분에 끝나지 않을 것 같던 불행의 원인으로부터 빠져나올 수 있었다.

의학에 대한 환멸은 상당히 복잡한 문제다. 그래서인지 헤드라인 기사로도 자주 오르내리곤 한다. 그와 관련된 주제로 발표된 조사나 뉴스 기사들에는 의사들이 자녀에게 의학을 권하지 않겠다고 한다거나, 할 수만 있다면 그만두고 싶다고 한다거나, 진로를 바꿔 MBA에 등록하겠다는 내용들이 나온다.[1] 의사들이 일에 환멸을 느끼는 문제는 미디어에 등장하는 것보다 훨씬 더 복잡하고 미묘하다. 그리고 그 문제는 의사들 본인뿐만 아니라 환자들, 동료들, 학생들, 가족에게까지 영향을 끼친다.

의학에 대한 환멸은, 내가 생각했던 의학이 이런 게 아니라는 느낌, 의사라는 직업에 대해 품었던 이상과 현실이 서로 다르다는 느낌, 현실이 이상을 덮어버린다는 느낌 같은 것들이 복합적으로 작용하면서 발생할 수 있다. 환멸은 원인도 많고 이유도 많다. 조앤의 경우는 가장 순수한 형

의사의 감정

태의 환멸이라고 할 수 있는데, 환자를 돌보는 일에 대한 본질적인 좌절, 대다수 환자들이 도움을 받을 수 없거나 도움 받을 자격이 없다고 느끼는 데서 느끼는 좌절이 그 원인이었다.

의사들 중에는 이렇게 말하는 사람들도 있다. 환자 돌보는 일이 충분히 즐거울 수 있는데, 외부적인 스트레스 때문에 즐거움이 사라진다고 말이다. 여러 가지 행정적인 문제들로 인한 짜증, 시간적인 압박, 재정적인 문제, 가정 내 스트레스 같은 것들이다. 이 모든 스트레스 유발 요인의 공통점은 '이건 내가 의대에 들어올 때 생각한 삶이 아니다.'라는 생각이 든다는 점이다. 그리고 또 하나의 공통점은 작건 크건 그로 인한 결과를 환자들도 느낀다는 점이다. 환자에게 분노를 느끼는 의사, 좌절감이나 권태를 느끼는 의사들은 최선을 다하지 못할 것이 틀림없고, 어쩌면 환자들에게 해를 끼치고 있을 수도 있다.

의사들 사이에서 환멸은 전혀 새로운 일이 아니다. 그러나 최근 몇 년 사이에 이전보다 많이 심해진 것 같다. 사실 어느 정도는 의사가 되어가면서 당연히 겪는 과정이기도 하다. 의대, 인턴, 레지던트 과정을 거치다 보면 한 번쯤은 환멸이 찾아올 수밖에 없다. 처음 의대에 들어올 때 가졌던 장밋빛 이상이 끝없이 이어지는 학업과 업무 현실 앞에서 무너져버리기 때문이다.

어느 정도는 예상할 수 있는 일이다. 의사들이 의대 교육과 임상수련에 10년 이상을 투자하는 목적은 의학을 배우기 위해서다. 방대한 의학지식을 배우고 익힐 책임 역시 본인에게 있다. 그 과정은 분명 힘들지만, 환자를 위하겠다는 궁극적인 목표를 이루기 위해 기꺼이 해낸다.

그러다가 의사가 되어 실제 의료현장에 들어오면 초점이 갑자기 바깥쪽을 향하게 된다. 그때부터는 자신을 발전시키는 일보다 실제 업무에 초점이 맞춰진다. 자신을 발전시키고 전문성을 향상시키는 쪽에 맞춰져 있던 초점이 사라지면서 알 수 없는 황망함에 휩싸이게 된다. 첫 월급을 받기 전까지 길게는 25년 동안을 공부하는 학생으로 살아왔다. 그러다가 아무 준비도 되어 있지 않은 상태에서 갑자기 방향이 바뀌는 것이다.

나 역시 이런 전환에 잘 대응하지 못했다. 레지던트를 마치고 진짜 의사가 된 뒤에도 한동안 인턴 시절의 사고방식에서 벗어나지 못했다. 그렇게 최선을 다한 목적이 스스로를 교육시키고 전문 기술을 습득하는 것이라고만 생각했다. 현실을 깨닫기까지 몇 년이 걸렸다. 교수직을 맡고 있고 의학을 연구하고 있지만, 중요한 건 교육이 아니라 환자를 진료하는 일이었다. 매주 강의하고 의학저널 모임에도 참석했지만 그건 특전일 뿐, 이전 10년처럼 하지 않으면 안 되는 필수조건이 아니었다. 의사는 환자를 돌보는 사람이지만, 그 일은 결국 병원의 수입으로 연결된다.

의사는 그저 공부하고 가르치는 사람이 아니다. 독자적으로 일할 수 있는 의사가 되는 일에만 몰두하고 있었기 때문에, 이 미묘하지만 의미 있는 변화를 눈치 채지 못했다. 진료실에서 고혈압과 당뇨를 치료하는 일에 익숙해지느라 바빴고, 내 나름의 진료 스타일을 만들어나가느라 예전만큼 많이 배우지 못하고 있다는 사실을 깨달을 여유도 없었다. 의사 일과는 완전히 다른 무언가가 인생에 끼어들기 전까지는 그걸 전혀 깨닫지 못했다.

내 인생에 끼어든 건 바로 첼로였다. 마흔 살 생일이 지난 직후였다. 다섯 살 난 딸 나바가 바이올린 레슨을 시작했다. 어떻게 하면 이 아이가 강한 의지를 가지고 열심히 연습할 수 있을지 선생님에게 조언을 구했다. 당연히 차트나 스티커나 보상 같은 것들을 얘기할 줄 알았다. 그러나 그게 아니었다. "아이가 열심히 연습하도록 만드는 가장 좋은 방법은 부모님이 연습하는 겁니다."

나는 부모 책임이라는 말을 철석같이 받아들이고 첼로를 하나 사서 레슨을 등록했다. 똑같은 악기는 별로 안 좋을 것 같아서 사촌쯤 되는 첼로를 샀다. 저녁 때 퇴근해서 연습을 했다. 아이들이 슬슬 잠자리에 들 때쯤 내가 열심히 연습하는 소리를 들으면 뭔가 아이들도 달라질 거라고 생각했다. 사실 그게 전부는 아니다. 누구보다 뛰어난 엄마가 되겠다는 생각도 했다. 클래식 음악을 세레나데 삼아 들려주며 아이를 재우는 멋진 엄마. 쉽게 질리는 유행가 CD 같은 건 집에 두지도 않았다. 어느 날 밤이었다. 그 날은 평소보다 일찍 연습을 시작했다. 아이들이 잠자리에 들 때쯤 네 개의 개방 현 연습을 죽어라 하고 있었다. 그 때만 해도 손가락을 어디다 둬야 하는지조차 몰랐다. 그때 나바가 침대 밖으로 나오더니 애처롭게 물었다. "근데, 엄마, 다른 음은 몰라요?"

의무적으로 연습하는 시간은 금세 지나갔고, 나는 첼로의 아름다운 소리와 사랑에 빠졌다. 순식간에 배움의 생생한 분위기 속으로 빠져들었다. 밑바닥에서 시작해서 산꼭대기까지 올라가는 수고로운 길을 걸었다. 배우고 이뤄내는 일이 나를 자극했고, 점점 그게 즐거워졌다. 연습시간도 늘어갔다. 의학저널을 읽는 데 지장이 있을 정도였다. 배워야 할 것들이 얼마나 많은지 알게 되면서 또 놀랐다. 매일 굶주린 듯 연습을 계속했다.

지식을 추구하고 개선을 추구하는 일, 그것도 전문가 선생님을 모시고 하는 일, 배우기 위해 시간과 공간을 들이고 노력한 만큼 보상받는 일, 이모든 일들이 의대생 시절과 인턴 시절을 떠올리게 했다.

그 때 분명히 알게 되었다. 의사로서 경력을 쌓아가는 동안 내가 놓치고 있었던 게 바로 그것이었다. 집중적으로 배우고 지식을 늘려나가는 일, 그 일이 의사로서의 삶 속에는 빠져 있었다. 물론 여기저기서 조금씩 배우기는 했다. 그러나 힘들게 노력한 덕분에 점점 나아지고 있다는 사실에 대한 강렬한 감사 같은 게 사라진 지는 오래였다. 나는 포레의 엘레지, 부르흐의 콜 니드라이, 슈베르트의 미완성 교향곡, 베토벤의 현악 4중주 1번, 바흐의 조곡들을 열심히 연습했다. 기진맥진했지만 기쁨이 강렬하게 몰려왔다.

의사로서 내가 다루는 질환은 고혈압과 당뇨와 비만과 우울 같은 것들이다. 이 질병들은 다루기도 힘들지만 회복도 잘 안 된다. 뭔가 새롭고 달라질 것 같은 임상시험도 있었다. 그러나 치료 측면에서는 별로 달라지지 않았고 발전이라고 해봐야 약간 뿐이었다. 별로 바뀌는 것도 없고 지루하기만 했다. 상실감에 휩싸였지만 그런 기분조차 정리하지 못하고 있었다. 그러다가 전혀 다른 분야에서 배움의 즐거움을 발견하고 나서야 생각이 정리되었다.

의학과 음악, 그 두 가지를 연결하도록 만들어준 일이 있기는 했다. 우연히 〈Annals of Internal Medicine〉에 실린 논문 한 편을 보게 되었다. '음악가들이 어떻게 의사를 가르칠 수 있는가'라는 제목이 붙어 있었다. 1대 1로 피드백을 주고받는 음악 선생님과 학생의 긴밀한 관계에 대한 글이

었다.[2]

임상의학은 음악 연주와 비슷한 측면이 있다. 의사가 환자를 만나는 일도 연주를 위해 무대에 올라가는 것과 비슷하다. 음악가들은 연주를 계속한다. 콘서트홀에서, 연습실에서, 집안 거실에서도. 작은 부분이라도 더 나아지기를 바라면서 연습에 집중한다. 의대생이나 인턴들도 음악가들과 비슷하게 하루하루를 산다. 선배 의사로부터 피드백을 받을 때, 학점이나 시험으로 노력의 결과를 확인할 때 특히 그렇다. 그러나 실제 의료 세계로 진입하면 모든 것들이 사라져버린다. 진료를 더 잘 보기 위해 자기반성을 하긴 하지만, 솔직히 말해서 병원의 번잡스러움도 그렇고, 매주 얼마나 나아졌는지 체크해줄 선생님이 없는 것도 그렇고, 어쨌든 판에 박힌 생활을 하기 쉽다.

첼로 선생님은 내게 늘 경계심을 가지라고 조언했다. 반복이 연습의 목적이 되어서는 안 된다고 했다. "나아지지 않는다면 나빠지고 있는 겁니다." 의료에서도 마찬가지 이야기를 할 수 있을 것 같다.

이에 대해 누군가 반박할 수도 있다. 배움과 개선을 위한 자극 욕구, 그건 너무 자기중심적이지 않느냐고 말이다. 그러나 내가 믿는 바로는, 의사 인생의 중반쯤에 직면하게 되는 환멸감의 기저에 바로 그 '자극에 대한 욕구'가 있다. 무엇보다 궁극적으로 잊지 말아야 할 것은 의사가 정체해 있을 때 가장 고통 받게 될 사람이 환자라는 점이다.

오랜 의학 수련 과정을 거치다보니 자극이 계속 필요하게 된 건지, 의학에 대한 각자의 호기심 때문에 자극이 필요한 건지는 분명치 않다. 둘 중 어느 쪽이든 상관없이 25년을 집중적으로 학습해 온 사람에게 자극이 없는 삶은 너무도 단조로울 수밖에 없다.

　자극의 부족이나 개선 욕구의 부족은 의사들이 느끼는 환멸의 한 측면일 뿐이다. 그리고 의사들의 의식 속에 그러한 측면이 기록조차 되지 않는 경우도 많다. 그보다 훨씬 많은 의사들에게 환멸감을 불러일으키는 요소는 '업무환경의 악화'다. '의사재단Physicians Foundation'에서 조사한 결과에 따르면 14,000여 명의 일차 진료 의사들 중 문서 업무가 지난 3년보다 늘었다고 응답한 비율이 94%나 되었다. 대다수는 이로 인해 환자진료 시간이 줄어들었다고 응답했다.[3]

　2010년 1월, 의료개혁이 입안되기 전 조사에 의하면 전체 의사의 3/1~1/2 정도가 '법이 통과되면 폐업하거나 조기 은퇴를 하겠다'고 응답했다.[4] 규제가 강화되고, 문서업무와 행정업무로 일이 바빠지고, 그밖에 여러 귀찮은 일이 늘어서 그만두고 싶어질 거라는 응답이었다. 의료 인력의 절반가량이 그만두리라는 전망, 환자들이 진료를 받기 위해 헤매고 다닐 거라는 전망이 뉴스에 오르내렸다.

　그러나 조사했던 것과 같은 일은 실제로 일어나지 않았다. 의료 개혁안이 통과되었지만 의사들의 대규모 엑소더스는 일어나지 않았다. 환자들도 거리에서 죽지 않았다. 다른 사람들처럼 의사들도 그들의 좌절감을 여론조사에서 드러냈을 뿐, 감정을 행동으로 연결하지는 않았다. 그러나 조사 결과 거의 모든 의사들이 환멸과 좌절을 느꼈다는 사실만은 확인되었다. 적어도 어느 정도는 그랬다. 의사들이 흥분해서 그랬을지라도, 어쨌든 그렇게 많은 사람들이 떠나고 싶어 한다는 사실은 끔찍하다. 환자에게나 사회 전체를 위해서나 이 점은 반드시 해결해야 할 중요한 문제다.

환멸 때문에 임상의학을 떠나는 의사가 얼마나 되는지 정량적으로 실시한 연구는 거의 없다. 그나마 있는 연구 중 하나에서 일반 내과 의사들이 전문 분과 의사들보다 그만두는 비율이 높다는 결과가 있었다. 대체로 일반 내과 의사 6명 중 1명 정도가 어떤 이유로든 중간에 그만둔다고 한다. 25개 전문분과 중 그 어느 과와 비교해도 높은 비율이다.[5]

내과 의사나 다른 일차 의료진들이 보기에는 전혀 놀랍지 않은 일이다. 왜냐하면 그들 스스로 행정적인 일 때문에 부당하게 많은 짐을 지고 있다고 느끼고 있기 때문이다. 그들은 의료 분야의 게이트 키퍼라고 불리는데, 정작 본인들은 의료의 쓰레기통이라고 느끼는 경우가 많다. 모든 환자에게 필수적인 문진(안전벨트를 매는지, 가정폭력은 없는지, 납이나 페인트를 사용한 적은 없는지 등)은 대부분 이들의 어깨에 떨어진다. 청구거부, 사전승인, 처방계획 등을 놓고 보험회사와 실랑이가 벌어지면, 환자들은 자신을 진료한 일차 의사에게 기댄다.

다른 전문의들은 환자의 걱정 중 어떤 문제를 처리해 줄지 선택할 수 있는 사치를 누린다. 자신들의 임상 범위를 늘이거나 줄일 수 있는 권한의 범위가 넓다. 다루고 싶지 않은 일은 일차 의사에게 토스하면 그만이다. 일차 의사는 결국 자신에게 떨어지는 일을 다 처리해야 한다. (게다가 급여도 다른 전문의들보다 훨씬 적다.)

일차 의사나 전문분과 의사나 다들 가장 힘들어 하는 일은 문서 업무다. 미국의 의사와 의료현실은 여러 단계의 보험회사들, 각각 복잡한 규칙에 따라 움직이는 이 보험회사들과 일을 처리해야 한다는 단순한 사실 때문에 엄청난 양의 문서 업무에 직면한다. 최근 연구에 따르면 미국의 임상은 캐나다의 임상과 비교했을 때, 비의료적인 행정 업무에 열 배나 많은 시간을 쓰고 있다고 한다.[6]

　문제는 이 문서 업무가 환자에게 가는 직접적인 진료 시간을 갉아먹는다는 점이다. 왜냐하면 의사들에게는 이 일을 처리하기 위해 따로 할당된 시간이 없기 때문이다. 업무지원도 거의 없는 실정이다. 소규모 개인 클리닉을 운영하는 일차 진료 의사는 매주 4.3 시간을 보험회사와 실랑이하는 데 허비한다.[7] 그 일 때문에 환자에게 들이지 못하는 시간이 4.3 시간이라고 봐야 한다. 이것도 차트 기록, 병리검사 결과 체크, 검사 지시, 다른 의료진과의 의사소통 등에 드는 시간은 빼고 하는 이야기다.

　병원에 입원한 환자들을 주로 돌보는 의사, 즉 호스피탈리스트에 대한 연구 결과에 따르면 직접적인 환자 진료에 쓰는 시간이 전체 업무시간의 17% 정도라고 한다. 환자와 직접 만나는 시간이 그렇다는 것이다.[8] 나머지 시간 중 대부분인 64% 정도는 의무기록을 검토하고, 스탭 멤버들과 커뮤니케이션 하고, 문서를 다루는 데 쓰고 있다고 한다. 의사들 입장에서는 이런 간접적인 일을 하는 시간도 진료의 연장으로 인식된다. 그러나 환자들 입장에서는 실제로 의사를 만나는 시간만 인식할 수 있다. 그것마저도 거의 느끼지 못할 만큼 짧은 시간이다. 회진 때라고 해봐야 하루에 고작 몇 분 정도가 전부이기 때문이다. 그러니 환자 입장에서는 뭔가 속는 것 같은 기분이 들 수밖에 없다.

속는 느낌이 드는 건 의사들도 마찬가지다. 대다수 의사들은 컴퓨터 앞에서 타이핑하는 데 시간을 쓰기보다 환자를 더 많이 보는 데 쓰기를 원한다. 그러나 기록해야 할 일도 문서로 처리해야 할 일도 많기 때문에 엄청난 시간적 압박을 느낀다. 그러다보니 환자들의 병력을 체크하거나 진찰하는 데에는 시간을 많이 쓰지 못한다. 내가 아는 거의 모든 의사들은 환자와 더 많이 시간을 보내고 싶어 하지, 수백 수천 가지를 기록하는 데 시간을 쓰고 싶어 하지 않는다. 물론 변호사가 뒤지기 시작하면 그 모든 기록 중 그 어느 하나라도 대단히 중요해질 수 있지만 말이다.

언젠가 컴퓨터가 우리 시대의 의사와 환자 사이를 갈라놓는 현실에 대해 글을 쓴 적이 있다. 그때 나는 이렇게 비유했다. "21세기의 병원은 1950년대의 공용 비서실secretarial pool과도 같다. 의사들은 책상에 웅크린 채 키보드를 두드리는 일에 열중하고 있다."[9] 아픈 사람을 돕기 위해 의료에 입문한 사람 입장에서는 환멸을 느낄만한 일이다. 문서 업무나 기록 요구가 나날이 증가하고 있는데, 이것이 의사들을 환자로부터 그리고 의료에 몸담게 했던 이상으로부터 멀어지게 만드는 족쇄 같기만 하다.

문서 업무와 달리 환자 진료에는 시간이 무한정 투입된다. 업무시간에만 문제가 발생하는 것이 아니기 때문에 의사들은 풀타임으로 일하건 파트타임으로 일하건 밤이나 주말에도 일을 해야 한다. 일차 진료 의사들은 더더욱 그렇다. 의사들은 이 점이 의료의 고유한 특징이라는 사실을 잘 알고 있다. 의사가 존경받는 것도 이런 현실 때문이고, 다른 많은 전문직보다 높은 급여를 받는 것도 이 때문이다.

나날이 사회가 고령화되고 질병이 만성화되고 복잡해짐에 따라 의료에 투입되는 시간도 점점 늘어나고 있다. 그리고 그 여파가 의사들의 개인적인 삶에까지 영향을 미치고 있다. 선진국에 사는 사람들은 이제 한 가지 감염에 의해 사망에 이르는 일이 거의 없다. 그 점만 봐도 만성질환의 고령자가 많아지리라는 점, 투입하는 시간도 많아지고 그로 인한 영향이 있으리라는 점도 쉽게 이해할 수 있다. 하지만 의사들이 거기에 불만을 제기할 수는 없다. 왜냐하면 그게 바로 의사라는 전문 직업의 책무이기 때문이다. 그러나 그 여파로 결혼생활, 아이들과 보내는 시간, 수면, 온전한 정신 상태에까지 해를 끼칠 수 있는 것도 사실이다. 의사가 제아무리 임상의학을 즐기고, 또 그것이 의미 있는 일이라고 생각하며 일한다 해도 자기 삶의 나머지 부분이 침식당하는 상황을 겪다보면 환멸을 느끼지 않을 수 없다. 그 점이 바로 많은 의사들이 일을 그만두는 이유다.

노인 의료 전문의들을 대상으로 임상이 개인의 삶에 미치는 영향이 어느 정도인지 살펴본 연구가 있다. 노인 의료 전문의란 고령의 환자를 돌보는 일차 진료 의사를 말한다. 업무시간 외에도 일주일에 평균 8시간을 추가적으로 환자 진료에 투입하고 있었다. 추가적으로 투입되는 시간의 대부분은 환자 또는 환자 가족과 전화 통화하는 데 쓰는 시간이었다.[10] 내과 의사들에 대해서도 비슷한 연구가 있었는데, 일과 후에도 전체 업무시간의 20% 정도를 더 근무하고 있었다.[11] 이 시간을 일주일로 계산하면 하루를 더 일하는 셈이다.

변호사나 배관공이 고객의 일로 매주 8시간 이상씩 일하는 모습을 상상하기는 어렵다. 게다가 그렇게 일한 변호사나 배관공에게 추가로 돈을 지불하지 않는 건 더더욱 상상할 수 없는 일이다. 그러나 의료에서는 그런 일을 기대한다. 그리고 대부분의 의사들도 그걸 일의 일부로 이해한다. 그러나 일이 점점 늘어나면 부정적인 영향이 생길 수밖에 없다. 의사의 삶에서 일주일에 8시간 이상을 가져온다. 그 시간이 가족과 보내는 시간일 수도 있고, 잠자는 시간일 수도 있고, 운동하는 시간일 수도 있고, 쉬는 시간일 수도 있다. 일반적인 근로시간에 비추어보면 1년에 10주를 더 일하는 셈이다. 의사들의 삶이 힘든 이유가 바로 이 때문이다. 뿐만 아니라 호출기가 울릴 때, 병원에서 찾을 때, 자동응답기로 호출이 왔을 때는 달리 대안도 없다. 직접 가 봐야만 한다.

수련 기간에는 특히 일의 강도도 높고 시간도 많이 투여해야 한다. 그 때문에 의사들 상당수는 다른 전문직에 비해 가족 형성 시기도 늦다. 30, 40대가 되어 경력이 쌓인 뒤에야 가족을 꾸리기 시작한다.

한두 세대 전만 해도 일과 삶의 균형, 직장과 가정의 균형을 문제 삼지 않았다. 왜냐하면 대부분의 의사가 남성이었고 가족을 돌볼 아내가 집에 있었기 때문이다. 그러나 지금은 얘기가 다르다. 여의사 비율이 전체의 절반을 차지하고 있고,[12] 성별과 상관없이 여의사든 남의사든 일하는 동안 집에서 하루 종일 아이들을 돌봐줄 배우자도 없다. 게다가 젊은 남자 의사들은 이전 세대의 모습을 보며 자신은 그렇게 살지 않겠다고 다짐한다. 그들은 자기 아이들과 보내는 시간을 놓치고 싶어 하지 않는다.

근무시간을 통제하고 싶어 하는 욕구, 특히 일과 후 시간을 통제하고 싶어 하는 욕구는 의과대학 학생들이 일차 의료과목을 회피하는 추세로 이어지고 있다. 일차 의료과목은 내과, 가정의학과, 소아과, 부인과 같은 것들이다. 학생들은 ROAD 위에 있고 싶어 한다. 의대생들이 자주 쓰는 말인데, 방사선과의 R, 안과의 O, 마취과의 A, 피부과의 D를 뜻한다.[13] 이런 추세는 사실상 의료 개혁안이 만들어낸 공포보다 훨씬 더 심각하게 주목해야 할 문제다. 의사들이 자기 발로 일차 의료를 떠나고 있다. 7,000명이 넘는 의사들을 대상으로 조사한 연구에 따르면, 여러 영역을 다루는 과목에서 가장 높은 번아웃 발생 비율을 보이고 있다. 대표적인 것이 내과, 가정의학과, 응급의학과다. 또 하나 주목해야 할 것은 의사 집단 전체가 다른 직업 분야의 사람들보다 번아웃 증상을 더 많이 보인다는 점이다.[14] 환자들과 마찬가지로 의사들도 스스로에게 묻고 있다. 나에게 의사가 필요할 때 누가 내 의사가 되어줄 것인가?

의사의 환멸은 다양한 결과로 이어진다. 대부분은 만족도가 떨어지거나 일상생활에서 불평불만을 늘어놓는 일로 연결된다. 나쁜 성질을 부리는 경우도 있다. 그러면 주변 사람들이 재빨리 피해야 하는 상황이 발생한다. 그로 인해 일에 지장을 초래하기도 하고 분노를 폭발시키기도 한다. 때로는 의료 실수로 연결되기도 한다. 몇몇은 환멸을 견디지 못하고 다른 분야를 찾아 떠나기도 한다.

조앤처럼 알콜이나 약에 의존하는 경우도 있다. 그러면 환자에게 해악을 끼치는 실질적인 위협 상황이 발생한다. 전체 의사의 10~15% 정도가 한 번 정도는 약물 남용과 같은 문제를 겪는다고 한다.[15] 약물을 남용하는 원인도 다양하다. 유전적인 문제 때문인 경우도 있고, 학문적 또는 전문가적 수행력을 높이기 위해 사용하는 경우도 있고, 깨어 있으려고 사용하는 경우도 있다. 그러나 대부분은 다른 일반인들처럼 우울증이나 스트레스, 번아웃, 환멸 같은 고통으로부터 벗어나기 위해 약을 사용한다.

우울증은 이 장의 논의를 벗어나는 주제다. 그러나 환멸의 여러 양상 중 하나이고, 의사들이 자신에게 약물을 주입하게 만든다는 점에서 매우 심각한데, 결국 그 대가는 환자들이 치르게 된다. 이는 의사의 감정이 환자의 치료에 영향을 미치는 사례 중 가장 심각한 경우라고 할 수 있다.

의사들에게는 휴게실에서 불평을 토로하는 것밖에 환멸의 문제를 해결할 다른 방법이 없다. 그래서 손쉽고 빠르게 고통을 줄일 방법을 찾는다. 알코올이나 처방약 같이 손쉽게 구할 수 있고 법적으로도 문제가 없는 방법들이 가장 흔하다. 그 방법으로 잠시 가라앉힐 수는 있겠지만 그렇다고 고통의 원천이 사라지지는 않는다. 결국 투약은 계속되고 양도 점점 늘어난다. 약물에 대한 내성이나 신체적인 중독 증상도 따라온다. 환멸은 꼬리에 꼬리를 물고 계속된다. 자신의 기대나 사회가 요구하는 기대에 완벽하게 부응하지 못한다는 생각이 들 때, 처음 의사의 길로 접어들 때 생각했던 모습이 아닌 것 같을 때, 환멸로 인한 고통이 점점 커진다.

모든 의학 분과 중에서도 약물 남용 문제와 가장 가깝게 닿아 있는 두 분과가 있는데, 바로 마취과와 응급의학과다.[16] 두 분과 모두 스트레스 수준이 매우 높은 분과다. 조앤의 이야기는 응급실, 즉 응급의학과의 스트레스를 그대로 보여주는 사례다. 마취과도 마찬가지다. ROAD 안에 들어 있긴 하지만, 마취과 역시 스트레스가 무척 심한 분과다. 시간이나 돈이라는 측면에서는 괜찮을지 몰라도 다른 분과에 비해 큰 위험이 따른다.

병원을 떠도는 말 중에 "수술이 잘되면 외과 의사 덕분이고 수술이 잘 못되면 마취과 의사 탓이다."라는 말이 있다. 마취과 의사들은 문자 그대로 환자의 목숨을 손에 쥔 채 하루하루를 보낸다. 그들은 직접 환자를 마취하고 호흡과 심박을 관리한다. 만약 마취가 잘못되면 재난적인 상황이 발생한다.

마취과는 중독 위험이 높은 약물에 접근할 가능성이 가장 높은 분과이기도 하다. 마취과 의사들은 하루 종일 고용량의 진정제, 마약성 진통제, 마취제를 다룬다. 일상적인 스트레스와 약제에 대한 손쉬운 접근, 이 두 가지의 조합이 위험하다는 건 누구든지 알 수 있다.

약물을 남용하지 않더라도 스트레스 자체만으로도 힘든 일이다. 한 연구에 의하면, '지장을 초래하는 행동, 비효율, 의료 실수'를 저지를 확률은 약물을 남용하는 사람이나, 스트레스에 시달리는 사람이나, 번아웃을 겪는 사람이나 비슷한 것으로 나타났다.[17]

번아웃은 의사들이 자신의 능력만큼 환자들에게 공감하지 못하게 만드는 요인이다. 번아웃을 겪는 의사들은 환자들의 말을 경청하지 못한다. 환자의 걱정을 지나치는 일도 많다. 조앤처럼 분노와 좌절에 휩싸일 수도

의사의 감정

있다. 그러면 환자에게 직접적인 영향이 되어 되돌아올 수 있다.

번아웃이나 감정적인 피로를 호소하는 의사들일수록 의료 실수가 많다는 연구 결과가 이어지고 있다.[18] 둘 사이의 인과관계를 정확히 측정할 수는 없지만, 어쨌든 번아웃 척도가 높은 사람일수록 실수를 저지를 확률도 높은 것으로 나타났다. 반대로 자신의 일과 삶에 집중하는 의사일수록 실수도 적었다.[19]

랜드RAND 연구소에서 이 주제와 관련한 중요한 연구를 실시했다. 2만 명의 환자와 그들의 의사를 2년 동안 추적한 연구였는데,[20] 대상이 된 환자들은 일상적인 만성질환, 즉 당뇨, 고혈압, 심장질환, 우울증을 앓는 환자들이었고, 급성질환자는 아니었다. 환자와 의사 양쪽을 광범위하게 인터뷰한 결과, 한 가지 흥미로운 사실이 발견되었다. 직업과 삶에 만족하는 의사의 환자일수록 처방 받은 약제를 제대로 복용할 확률도 높았다는 점이다. 이 연구는 의사의 내적 감정과 환자의 임상 결과를 연결한 최초의 연구였다.

내 경우만 해도 그렇다. 직업적으로 가장 스트레스를 받았던 때는 일과 가정이 서로 교차하는 순간이었다. 아이들을 데리러 병원 문을 나설 때 그런 일이 자주 있었다.

어느 날, 코트를 입고 가방을 챙겨 나서고 있었다. 불을 끄려고 스위치로 손을 옮기는데, 황급하게 문을 두드리는 소리가 들렸다. 당뇨 환자였다. 손에 작은 궤양이 생겼다며, 감염을 걱정하고 있었다. 나는 멈칫했다. 관자놀이가 조여 오는 느낌이었다. 환자는 도움이 필요했다. 당뇨 환자에게 피부 감염은 생명을 위협할 수 있는 증상이기 때문이다. 하지만 내가 거기서 검사를 하느라 시간을 보내면, 내 아이들이 오도 가도 못하고 발이 묶이게 되는 상황이었다.

점점 더 관자놀이가 조여 왔다. 이 환자와 보내는 시간만큼 아이와 보내는 시간이 줄어든다. 그녀를 응급실로 보내고 내 갈 길을 가도 되지만, 그냥 응급실로 보냈다가는 환자가 10시간 이상 고생해야 한다는 걸 알고 있었다. 평소에 알지 못하던 의사가 검사를 할 테고, 그러려면 그녀의 병력을 처음부터 전부 체크해야 할 것이다. 혹시나 모를 상황에 대비해서 검사를 과하게 할 수도 있다. 그러면 환자는 응급실에서 밤을 보내야 한다. 이 환자 역시 돌아가서 돌봐야할 가족이 있고, 의료비를 더 낼 수 있는 형편도 아니라는 걸 알고 있었다. 이 모든 고생을 그녀에게 시킬 수는 없는 노릇이었다.

결국 대부분의 의사들이 하는 대로 나도 했다. 환자도 보고 아이도 챙겼다. 그러나 둘 다 제대로 해내지 못했다. 나는 서둘러 환자를 진찰하고 꼭 필요한 부분들만 최소한으로 챙겼다. 그런 다음 아이에게로 달려갔다. 어떻게든 늦지 않으려고 서둘렀다. 숨 가쁘게 달리는 동안 짜증이 밀려왔다. 그러면서도 환자의 감염이 걱정되었다. 서둘렀지만 아이들은 실망했고 선생님들은 언짢아했다. 선생님들도 나 때문에 가족에게 돌아가지 못하고 있었다.

의사의 감정

이렇게 꼼짝없이 잡혀 있는 느낌, 상황을 통제할 수 없는 느낌, 가족과의 삶을 희생해야 한다는 느낌, 이러나저러나 힘든 느낌, 이 모든 것들 때문에 의사들이 일을 그만두고 싶어 한다.[21] 근본적으로 현재의 의료체계는 의사들을 이렇게 오도 가도 못하게 해두고 그 점에 대해 전혀 고려하지 않는다. 의사들은 병원과 집에 동시에 있어야 하고, 두 가지를 다 잘해내야 한다는 기대를 받는다. 그런 전제가 있기 때문에 지금의 의료체계가 어떻게든 돌아가는 것이다. 그러나 이런 의료체계가 의사와 환자에게 어떤 영향을 미칠지 생각해보아야 한다. 지금의 의료체계를 그대로 지켜야 할 필요는 없을 것 같다. 간단한 스케줄 조정 사례만 봐도 충분히 알 수 있다.

벨뷰 병원 레지던트들은 열두 시에 컨퍼런스를 하고 한 시에 외래에서 환자 진료를 시작한다. 내가 이 병원에 근무한 이후로 늘 그랬다. 컨퍼런스는 병원 빌딩 17층에서 열린다. 진료는 외래 건물 2층에서 이루어진다. 두 건물은 두 블록쯤 되는 긴 복도로 연결되어 있다. 각 빌딩의 엘리베이터에는 늘 사람들이 가득했다. 점심시간은 특히 더했다. 병원 건물 입구는 항상 열려 있어서 꽉 찬 엘리베이터가 보이게 되어 있었다. 보통 때 같으면 대여섯 차례는 기다려야 간신히 엘리베이터에 들어갈 수 있다. 그 안에서 배우자와 잠자리에 있을 때처럼 병원 동료들과 바싹 붙어있어야 한다. 그게 싫다면 19층을 뛰어가는 수밖에 없다. 병원의 17층은 19층이다. 왜냐하면 1층이 3층에 있기 때문이다. 더 이상은 묻지 않았으면 좋겠다.

컨퍼런스는 교육의 일환이기 때문에 빠지는 걸 막기 위해 출석을 체크한다. 결석자에게는 모종의 조치가 취해진다. 레지던트들은 환자도 책임

겨야 하기 때문에 진료에도 늦지 않아야 한다. 그러지 않으면 또 늦었다
고 조치가 취해진다. 그런데 참 이상한 건, 모든 사람들이 어떻게든 두 가
지를 다 해나간다는 점이다. 스케줄이 늘 그래왔고 아무도 그 문제에 대
해 생각하지 않았다.

수련의 프로그램을 맡은 신임 디렉터가 이런 말을 한 적이 있다. "지금
프로그램은 누구든 실패할 수밖에 없도록 짜여 있네요." 그녀의 말을 듣
는 순간, 나는 상황을 전과 다르게 보기 시작했다. 전에는 모든 사람이 어
떻게든 용을 써가며 그럭저럭 해나가고 있다고 생각했다. 그런데 그게 아
니었다. 실은 아무도 제대로 해내지 못하고 있었다. 레지던트들은 외래에
제 때에 도착하기 위해 컨퍼런스에서 몇 분 일찍 슬그머니 빠져 나온다.
아니면 진료실 옆문으로 조용히 들어가서 늦은 걸 아무도 눈치 채지 못
하게 한다. 꽉 찬 엘리베이터 안에서나 복도를 뛰어가면서 점심을 입안으
로 쑤셔 넣기도 한다.

우리가 그들에게 불가능한 상황을 만들어 놓은 것이다. 한 시에 끝나
는 컨퍼런스에도 참석해야 하고, 다른 곳에서 같은 시각에 시작하는 일도
해내야 한다. 두 장소는 400미터 이상 떨어져 있고 엘리베이터도 두 번이
나 타야 한다. 빛의 속도로 움직이지 않는다면 여기나 저기나 실망시킬
수밖에 없다.

신임 디렉터는 외래 진료시간을 1시 15분으로 늦췄다. 이게 무슨 로켓
을 만드는 프로젝트도 아닌데, 지난 20년 동안 아무도 그 생각을 못했다.
놀랍게도 이제는 다들 시간을 잘 지키는 것 같다. 의료의 다른 문제들도
이렇게 쉽게 해결할 수 있다면 얼마나 좋을까?

실패할 수밖에 없도록 짜여 있다는 표현이 우리의 의료가 어떻게 돌아가는지를 설명해주는 것 같다. 왜 그렇게 많은 의사들이 일에 압도당하고, 좌절하고, 결국 환멸을 느끼는지에 대해서 말이다.

허들리 파올리니Herdley Paolini는 심리학자다. 작은 체구에 말씨도 부드러워서 내면의 거대한 에너지를 짐작하기 힘든 타입이다. 결혼 전에는 집 밖으로 나가기도 힘든 브라질의 보수적인 가정에서 자랐다. 그러나 열아홉 살에 자신의 꿈을 찾아 수천 마일을 떠나올 만큼 의지가 대단했다. 처음에는 쉽지 않았다. 자기 뜻을 펼치려고 돈을 모았지만, 돈만 모은다고 되는 일이 아니었다. 보수적인 아버지를 어떻게든 설득시켜야 했다. 결국 먼 미국으로 건너와 삶을 성공적으로 개척했고, 심리학 분야에서 탁월한 능력을 인정받았다. 열정과 설득과 창조성이 그녀로 하여금 시스템에 저항하게 했고, 결국 전인미답의 영역에서 성공을 거뒀다. 평정심과 유머도 잃지 않았다. 자신이 가치 있게 여기는 것들을 전혀 손상시키지 않았다. 이 모든 것들은 그녀가 이루어낸 업적의 전조였다.

의사에게 조앤과 같은 문제가 생기면, 병원에서는 보통 외부 프로그램에 맡겨 도움을 받게 한다. 불쾌한 일에 직접 발을 담그고 싶어 하지 않기 때문이다. 그런데 2002년 올랜도의 플로리다 병원에서는 전향적으로 웰니스 프로그램을 시작했다. 웰니스, 뭔가 보기 좋게 꾸민 것 같은 이 말은 그저 질병 없는 상태만을 의미하지는 않는다. 자기 자신의 플러스와 마이너스를 더해서 플러스 쪽에 있는 상태, 신체적인 건강뿐만 아니라 행복과 성취감을 느끼는 상태를 말한다. 자기 삶에 전반적으로 만족하는 사람이 불안과 환멸을 느끼는 사람보다 당연히 일을 잘할 것이다. 만족이라는 말은 삶의 여러 측면에서 이해될 수 있다. 일, 가족, 취미, 영성, 운동, 의미 있는 삶에 대한 철학 같은 것들 말이다.

이런 주제들은 언뜻 전문직의 영역이 아니라 개인적인 삶의 영역에 속하는 것처럼 보인다. 그러나 플로리다 병원장은 의사들의 일에 대한 환멸에 실질적인 관심을 가지고 있었다. 좋은 의사들이 그만두면 직원들의 사기에도 영향을 미치고, 환자들에게도 좋지 않은 일이기 때문이었다. 그는 웰니스 프로그램을 만들어서 문제가 생기기 전에 의사들을 돕고자 했다. 그러나 이런 프로그램이 있다는 사실을 아는 의사도 별로 없었고 참가하려는 의사는 더더욱 없었다.

프로그램 위원회에 속한 의사 한 사람이 미시간에 있는 심리학자를 떠올렸다. 그가 힘들어할 때 도움을 줬던 사람이었다. 그 의사가 병원장을 찾아가 말했다. "그녀가 바로 원장님에게 필요한 사람입니다."

플로리다 병원이 허들리에게 일을 제안했다. 그러나 그녀의 답은 '노'였다. 미시간에서 17년을 살았고, 상담소도 잘 되고, 고등학생인 아이들도 있었다. 병원에서는 그래도 한 번만 방문해 달라고 설득했다.

병원에 도착한 허들리는 병원장의 웰니스에 대한 열정에 좋은 인상을 받았다. 윗선에서 그런 식으로 탄탄하게 지원하는 경우를 본 적이 없었기 때문이다. 그저 단순한 요식행위가 아니라는 걸 알 수 있었다. 병원장은 허들리의 뜻대로 프로그램을 만들 수 있도록 권한을 위임하고, 장애 요소를 제거하는 일도 도와주겠노라고 약속했다.

허들리는 특별한 기회라는 생각으로 가족들과 함께 플로리다로 이사했다. 그녀는 본격적으로 일을 시작하기 전, 약 8개월간 의사들을 조용히 관찰했다. 의사들과 아침을 먹고 회진도 따라가고 수술실도 들어갔다. 진료실, 응급실, 방사선 촬영실, 라운지에서도 시간을 보냈다. 말 그대로 의사들의 세계에 몸을 담았다. 그녀가 말했다. "그들의 언어를 배웠어요. 그들을 옴짝달싹 못하게 만드는 게 무언지 내 눈으로 봤어요."

조앤이 겪었던 일들도 지켜보았다. 진료 과정에서 생기는 복잡한 감정이 의사들을 어떻게 소진시키는지도 봤다. 쌓여 있는 일 때문에 환자들과 보내야 할 시간을 빼앗기는 모습도 봤다. 보험회사, 병원행정, 상업적 압박 같은 이해관계가 얽힌 일들도 많았다. 의료가 지닌 요구와 책임, 이런 주제들로 보상받고 의지를 갖도록 쥐어짜고 있었다. 의료체계가 의사-환자 관계의 인간적인 부분까지 계산하고, 측정하고, 표준화하는 모습도 목격했다. 의사들은 이 문제를 어떻게 다뤄야 할지 배운 적이 없었고, 해결할 방법도 전혀 알지 못했다.

허들리는 저녁마다 의사가 느끼는 환멸이나 의사의 사회화 과정에 대한 논문을 닥치는 대로 찾아 읽었다. 의료사회학, 의학 수련 과정, 의학의 역사에 대해서도 읽었다. 기록한 노트가 열 권이나 될 정도였다. 그 결과 현재의 의료체계가 의사, 더 나아가 환자에게까지 모질게 굴고 있다고 결론 내렸다. 의사들도 체계의 구축에 일조했지만, 어쨌든 지금은 그 결과로 인해 고통 받고 있었다. 그들은 환자를 최우선으로 내할 수 없있나.

"의료에서는 즐거움을 거의 찾아볼 수 없어요. 의사들은 너나 할 것 없이 불행한 상황입니다. 정작 자신들은 잘 모르고 있지만요. 힘든 일을 해내기 위해 필요한 것들이 전혀 공급되지 않고 있어요."

그녀는 의사들이 서로 털어놓고 이야기 할 수 있는 공간이 필요하다고 생각했다. 주말모임을 만들고 '의술: 관계(Art of Medicine: Relationships)'라고 이름 붙였다. 그 모임에 참가하면 의사들이 해마다 필수적으로 채워야 하는 보수교육 점수를 받을 수 있게 했다. 맨 처음 보수교육 승인을 받기 위해 보수교육 사무소에 제안서를 제출했더니 그 쪽에서 짧은 질문이 되돌아왔다. "도대체 이게 의료와 무슨 상관이 있습니까?"

허들리가 변호사였다면 배심원들에게 이렇게 말했을 것 같다. "내가 말한 그대로입니다." 보수교육 사무소야말로 문제가 뭔지를 정확히 보여주고 있었다.

그런데 문제가 있는 건 보수교육 사무소만이 아니었다. 다들 그녀가 미쳤다고 했다. 누구도 그렇게 민감한 주제에 관한 모임, 특히 관계relationships 같은 글자가 들어 있는 모임에는 참여하지 않을 거라고 했다. 그러나 허들리가 투자한 노력과 시간은 결실을 맺었다. 의사들이 그녀를 신뢰하기 시작했고, 의사들의 복지에 깊은 관심이 있다는 걸 믿게 되었다. 그들은 그녀가 하는 일이 요식행위가 아니라는 걸 알게 되었다.

30명이 모임에 참석했다. 보직이 없는 평의사들이 많이 왔는데, 그런 모임에 심리학자가 참석할 거라는 생각은 해보지 않은 것 같았다. 그러나 그 자리에서 그들이 털어놓고 싶었고 또 털어놓아야만 했던 이야기들이 봇물처럼 터져 나왔다.

주말모임은 점차 플로리다 병원의 연례행사로 자리를 잡았다. 배우자와 아이들도 초청해서 가족들과 휴식시간도 보낼 수 있었다. 이제 이 모임은 레이첼 나오미 레멘Dr. Rachel Naomi Remen 박사의 연구에 기초하여 '의사 일의 의미 찾기Finding Meaning in Medicine'라는 모임으로 이어지게 되었다.[22] 의사들은 누군가의 집에 모여 이야기를 나누고 의료의 여러 조각들을 다시 잇는다. 임상의 늪에서 잃어버린 것들을 다시 연결하는 것이다.

허들리는 사회적, 문화적, 교육적인 이벤트도 벌였다. 의사들뿐만 아니라 의료 인력 모두를 위해서였다. 이를 통해 병원이 직원들의 삶을 중요하게 생각하고 있다는 걸 보여줄 수 있었다. 허들리가 직원 뮤지컬 콘서트를 제안하는 공지를 내보냈을 때는 몰려드는 답신 때문에 팩스가 고장날 지경이었다. 콘서트에 총 500여 명이 참여했고, 이 콘서트 역시 연례 행사가 되었다.

허들리로부터 강연을 해달라는 요청을 받고 플로리다 병원에 간 일이 있다. 강연장은 일반적인 강당이 아니라 지역 미술관이었다. 강연 프로그램에는 저녁식사와 미술관 투어, 모두에게 나눠줄 사인본, 거기에 보수교육 점수까지 포함되어 있었다. 보통의 학술 강연에서는 찾아볼 수 없는, 정말 기억에 남는 경험이었다.

병원이 의사들의 삶의 질을 높이기 위해 자원과 에너지를 투입한다는 사실 자체가 직원들에게 긍정적으로 작용하고 있었다. 의사들은 그 프로그램을 자랑스러워 했고, 주말 모임을 수치심의 원천이 아닌 깨달음의 상징으로 여겼다. 병원에서 충분히 예산을 지원할 수 있었지만, 의사들 스스로 기금을 미련해 모임을 이어나갔다.

허들리는 의사들이 좌절감, 가족, 약물, 번아웃까지 모든 문제를 상담할 수 있도록 카운슬링 제도도 마련했다. 허들리가 병원의 모든 직원들에게 보내는 메시지는 "당신이 가는 길에 언제나 함께 하겠습니다."였다. 병원이나 환자에 관한 일뿐만 아니라 개인적인 삶까지 돕겠다는 뜻이 담겨 있었다. 새로 임용된 의사와 면담하는 시간도 마련했다. 모든 사람들에게 그녀의 방이 어디 있는지 알리고, 사소한 일까지도 의지하고 기대라고 이야기했다. 문제가 커져서 전화하기조차 힘들어지기 전에 말이다.

결과는 성공적이었다. 모든 사람들이 그녀의 뜻을 받아들였다. 카운슬링에 참석한 99퍼센트의 의사들은 동료들의 긍정적인 경험담을 듣고 자발적으로 찾아왔다. 그들 중 어느 누구도 큰일이 생겨서 치료 명령을 받는 일을 원하지 않았다.

물론 이 프로그램이 모든 문제의 만병통치약은 아니다. 그렇지만 효과적인 투자라는 점에는 의심의 여지가 없다. 의사도 사람이라는 사실, 훌륭한 의료는 의학기술뿐만 아니라 의사들의 정서적 심리적 만족도에 의해서도 좌우된다는 사실에 기초한 투자였다. 이와 비슷한 많은 프로그램들이 지금도 좋은 결과를 내고 있다.[23]

조앤이 위기를 겪고 있을 때는 이런 프로그램이 없었다. 힘들어하고 갈등하는 의사의 말을 듣는 일에 누구도 관심을 두지 않았다. 뭐든 다 받아들이라는 게 의료계의 업무방식이었다. 진짜 의사라면 그런 어두운 면에 면역이 되어야 하고, 문제가 생기더라도 조심스럽고 은밀하게 혼자 알아서 처리해야 한다는 전제가 통했다.

조앤은 위기를 겪는 내내 외롭고 고독했다. 그녀가 완전히 무너지고 나서야 병원과 동료들이 눈길을 주었다. 심지어 그때가 되어서도 그녀를 현장에서 물러나게 하고 해고하는 게 전부였다. 허들리 파올리니의 처방과는 정반대였다.

응급실을 떠나는 일은 조앤에게 엄청난 변화이자 끔찍한 수치였다. 그러나 한편으로 안도감이 들기도 했다. 조앤은 견딜 수 없이 무겁고 고통스러운 짐을 벗어 던진 것 같았다고 말했다. 그 동안 자신이 너무도 불행했다는 사실을 알게 되었고, 레지던트 시절에 그렇게 좋아했던 일이 온데 간데없어졌다는 것도 깨닫게 되었다. 의학의 비밀을 해결하고 환자가 회복되도록 돕는 일의 즐거움이 어디론가 사라져버렸고, 그 자리에 환자들을 향한 분노만이 남아 있었다. 자신의 건강을 전혀 신경 쓰지 않는 것 같은 환자, 자신의 모든 문제를 그녀에게 떠넘기는 것 같은 환자에 대한 분노였다.

1993년 3월 5일, 조앤은 술에 취해 응급실 밖으로 나온 지 24시간 만에 '30일 재활 프로그램'에 등록했다. 처음 의학을 공부하던 때의 에너지를 자신의 회복을 위해 쏟아 부었다. 자기 안에 에너지를 담는 호수가 있고, 어려운 시절을 겪은 후에도 그 호수는 여전히 거기에 있다는 걸 그녀는 알고 있었다. 그녀의 결단과 열정은 학문적인 영역에서 그랬던 것처럼 성과가 있었다. 재활은 성공적이었다. 그때로부터 20년이 지난 지금까지 그녀는 단 한 번도 술을 입에 대지 않았다.

재활 프로그램에 참가하는 동안 조앤은 '나는 누구인가'라는 문제와 싸워야 했다. 그녀의 다른 가족들처럼 그녀 자신을 언제나 의사로만 규정했었다. 대체 그녀는 누구였을까? 의사였던 사람일까? 실패한 의사일까?

아니면 지금도 여전히 의사일까?

처음 생각과 달리 그녀는 자신이 의사로서 실패했다고 생각하지 않았다. 최악이었던 마지막 몇 주를 제외하고는 환자에게 유능한 진료를 했다고 생각했고, 그 점에 만족했다. 그러나 그녀가 받아들여야 할 사실이 있었다. 임상의학 때문에 번아웃 되었다는 사실, 응급의학의 진료대상인 힘든 환자들을 돕는 현실 때문에 의사로서 환멸을 느꼈다는 사실만큼은 인정해야 했다.

회복기를 거치는 동안, 조앤은 자신의 처지가 아이러니하다고 생각했다. 자신을 파괴하는 환자들 때문에 분노했었는데, 조앤 자신도 똑같았기 때문이다. 그런 생각을 하면서 환자에 대해 깊은 동정심을 느꼈다. 임상의학을 떠나겠다는 자신의 판단에 대해서도 편안함을 느끼게 되었다.

건강이 돌아왔지만 여전히 일은 못하고 있던 때였다. 더 이상 환자를 돌보는 의사가 될 수 없다는 걸 알게 되었고, 자신의 의학 지식을 생산적으로 사용할 수 있는 다른 방법들이 있다는 것도 알게 되었다. 조앤은 보건학 석사과정을 공부하면서 그 분야를 좋아하게 되었다. 예방접종, 건강검진, 의료접근성 확보, 환자교육 같은 넓은 분야의 문제를 다룸으로써 더 큰 인구집단의 건강을 개선할 수 있다는 점이 흥미로웠다. 환자가 응급실에서 생을 마감하지 않도록 돕는 길일 수도 있었다. 살면서 배웠던 것들 중 가장 좋은 교육이었다. 좌절과 분노의 그림자가 끼어들 수 없는 곳에서 사람들의 건강을 개선하는 일에 참여할 수 있었다.

과정을 마친 직후에는 보건계열 일자리가 여의치 않아서 매체에 의학기사를 썼다. 그 일을 아주 잘했고, 평소 중요하다고 생각한 의료 문제를 제기할 수 있어서 좋았다. 그러다가 보수교육 분야에서 일자리를 잡았다. 애초에 계획한 길은 아니었지만 의학 지식과 보건학 지식을 활용해서 의사들이 학문의 진보를 따라갈 수 있도록 돕는 일이어서 좋았다. 그 길이야말로 그녀에게 진짜 의사의 길이었다. 의사들을 도움으로써 환자들을 도울 수 있고, 응급의학의 무서운 좌절을 겪지 않아도 되는 길 말이다.

대다수 의사들은 번아웃을 입어도 커리어를 바꾸지는 않는다. 아는 게 임상진료밖에 없기 때문이다. 허들리 파올리니 같은 사람을 만나 행운을 얻은 사람은 계속 일을 잘하는 방법을 찾을 수 있다. 동료로부터의 지원, 심리학자나 정신과 전문의의 도움을 받으며 자신이 애초에 중요하다고 여겼던 가치들과 다시 연결될 수 있다. 경우에 따라서는 업무에 변화를 주는 사람들도 있다. 임상의 세팅을 바꾸거나 근무시간을 줄이거나 개인적인 삶에 변화를 주기도 한다. 가족에게 더 신경 쓰거나, 클라리넷이나 농구를 즐김으로써 근무시간의 어려움을 헤쳐 나가야 한다.

의료의 구조적인 문제들을 바꿔나가기 위해서는 행정 부문의 창조성과 융통성, 헌신이 필요하다. 1시에서 1시 15분으로 외래진료 시간을 바꾸는 작은 변화로도 큰 도움을 줄 수 있다. 병원 탁아시설 운영시간을 늘리는 변화로 환자의 생명을 구할 수도 있다. 그러나 아직까지는 의사들이 일이나 환자들로 인해 번아웃을 겪는 슬픈 현실이 계속되고 있다.

조앤은 다행히 환자를 도울 수 있는 방법을 찾아냈고, 그 일이 영혼을 소모하지 않는 일이라고 생각하고 있다. 좋은 점은 또 있었다. 그녀가 말했다. "매일 잠을 잘 수 있어요." 대부분의 사람들에게는 잠자거나 숨 쉬는 게 대수롭지 않은 일상이겠지만, 의사나 간호사, 그밖에 밤 근무를 하며 환자를 돌보는 사람에게는 그렇지가 않다. 매일 잠자리에 드는 단순한 일이 40년 동안 들판을 헤매다가 약속의 땅에 도달하는 일 같기만 하다. "그리고 또", 조앤이 감사의 한숨을 쉬며 말했다. "그 이후로 지금까지 내 옷에 토한 사람도 없었어요."

줄리아 이야기 - 6

따뜻한 10월의 어느 날 아침, 진료실에서 병리검사지를 훑어보고 있는
데 전화가 울렸다. 컬럼비아대학교 이식 프로그램의 심장내과 의사였다.

"알고 싶어 할 것 같아서요. 줄리아가 간밤에 심장을 얻었어요."

지금까지도 그 때의 감정을 표현할 수 있는 단어를 찾을 수 없다. 8년
동안 묶여 있던 공포와 불안이 사라지고, 마침내 쇠사슬을 끊고 풀려나는
기분이었다. 울음이 터질 것 같았다. 진료실 밖으로 나와서 복도를 휘젓
고 다니며 외쳤다.

"심장을 얻었어요! 줄리아 심장을 얻었어요!"

복도에서 만난 동료들, 인턴, 학생, 환자, 병원 직원들을 붙잡고 이야기
했다. 복도를 따라 춤을 추며 돌아다녔다. 100야드 안에 있는 모든 존재들
에게 그 소식을 전했다. 기쁨이 모두를 휘감았다. 기쁨을 나누고 싶은 욕
구가 솟구쳐서 견딜 수 없었다.

줄리아의 문제와 연결된 사람들이 그 동안 무척 많아져 있었다. 줄리
아의 비극에 대해 이야기했던 친구들 모두에게 흥분되는 소식을 알렸다.
글 쓰는 일과 관련된 지인들과 편집자들에게도 연락했다. 책이나 기사를
보고 줄리아에 대해 알게 된 모든 사람에게 소식을 알렸다. 신문이나 잡
지에 줄리아에 대해 글을 썼던 기자들에게도 알렸다. 그 긴 세월동안 줄
리아가 어떻게 살아왔는지 알고 있는 부모님과 남편에게도 소식을 전했
다. 그날 밤에는 아이들과도 축하를 나눴다. 평소 같으면 자기 전에 절대

설탕이 든 음식을 주지 않던 엄마가 갑자기 아이스크림에 초콜렛과 색색의 스프링클까지 얹어주자 당황한 눈으로 쳐다봤다. 그 와중에 아이들에게 장기 이식과 관련된 면역학에 대해서도 이야기해 주었다.

세상이 다 축하해주는 것 같았다. 왜 아니겠는가? 줄리아는 축하 받을 자격이 있다. 그녀가 고통 받았던 일들을 생각하면, 할 수 있는 최고의 파티를 열어주는 것이 마땅하다. 잘난 체라고는 전혀 할 줄 모르는 이 과테말라 출신 시골 여자는 이제 보스턴, 이스라엘, 캘리포니아, 캐나다, 플로리다, 영국에서까지 기뻐해줄 사람이 있다.

진료실로 돌아와서 숨을 고르는데, 뺨을 따라 눈물이 하염없이 흘러내렸다. 기쁨에 넘쳐서 그것도 몰랐다. 오랫동안 이런 눈물을 흘리지 못했는데 드디어 내 눈에서 흘러내렸다. 기쁨은 사람이 느낄 수 있는 감정 중에서 가장 숭고한 감정이다. 기쁨이 넘쳐서 황홀감까지 느끼는 일은 정말 드물다. 너무 드물어서 언급되는 경우도 거의 없다. 그러나 그거였다. 정말 맹세코 그런 기쁨이었다.

그 날 아침의 흥분이 가라앉는 동안, 나는 의사라는 직업에서 무척 희귀한 감정인 기쁨에 대해 생각을 해보았다. 병동에서 일하는 동안, 나는 환자 진료에 파묻혀 힘들어하는 인턴과 레지던트를 보아왔다. 그들은 좌절과 공포와 분노 사이를 왔다 갔다 했다. 물론 자부심과 기쁨과 재미를 느끼는 순간들도 있지만, 순수한 기쁨은 거의 찾아보기 어려웠다.

기쁨과 병원이라는 말을 함께 들을 수 있는 유일한 시간은 학생들에게 존 스톤의 '자 이제 기뻐하자Guadeamus Igitur'라는 시를 들려줄 때 뿐이었다. 그 시가 줄리아에게 새로운 심장이 생긴 그 날 아침 내 마음속에 떠올랐다.

의사의 감정

그러니 이제 순수한 기쁨으로

의기양양하게 걸어가라

병원의 복도를 따라

그리고 예스라고 외쳐라

아무도 듣는 이 없는

모든 어두운 구석에서도[1]

　그러나 지금 사람들은 듣고 있다. 줄리아의 인생에서 8년이라는 공포의 시간이 끝나간다는 이야기를 세상이 마침내 듣고 있다. 그것이 세상의 심장을 열어서 그녀 인생에 제2의 기회를 주었다. 나는 관료주의적인 형식과 이식을 막아선 장벽들을 뛰어넘은 스탭들과 벨뷰 병원이 자랑스러웠다. 모든 불가능을 뛰어넘은 하나의 기적이었다. 나는 자전거를 타다가 택시에 치어 죽어간 스물두 살의 청년과, 그를 잃은 슬픔 속에서도 심장을 내어주기로 한 너그러운 영혼을 가진 가족들에게도 감사한다. 그리고 줄리아의 부모님, 그의 자매인 클라리벨에게도 감사한다. 줄리아의 생존 본능을 끈질기게 끌어내서 그날까지 살아남게 한 사람이 그녀였다. 나는 줄리아의 두 아이와 기쁨을 나눴다. 이 아이들은 더 이상 엄마 없는 세상을 생각하지 않아도 되었다.

　줄리아가 마침내 심장을 가지게 되었다.

　이제 기뻐하자.

7

의료 소송과
좌절감

인턴이나 레지던트들마다 받기 싫어하는 호출번호가 있다. 레지던트였을 때 내가 가장 두려워했던 번호는 응급실을 알리는 3015였다. 응급실에서 콜이 오면 누군가가 새로 입원했다는 뜻이고 일이 많아진다는 걸의미했다. 4878이 그 다음이었다. 폐쇄병동과 연관된 일이 생겼다는 뜻이기 때문에, 어떻게든 의욕을 짜내서 19층까지 올라가야 했다. 그런 뒤에는 철문 네 개를 통과해서 보안 점검까지 받아야 했다. 아주 간단한 일이라도 30분은 족히 걸렸다.

그런데 5031은 모르던 번호였다. 전화를 걸자마자 싫어하는 번호 순위가 역전됐다. 위험관리 부서. 그 부서에서 오는 전화는 어느 의사도 원치 않는다. 절대로.

레지던트였을 때였다. 위험관리 개념조차 없을 정도로 신참 시절이었다. 용어 자체가 뭔가 불안하고 기업 냄새가 나는 느낌이었고, 의료계 바깥의 이야기인 것만 같았다. 의료 세계는 대부분 유기적인 타이틀로 연결되어 있다. 입원수속실, 수술실, 의무기록, 혈액검사실 그리고 커피숍. 이런 식으로 말이다. 모든 레지던트가 위험관리는 변호사와 연관된다는 정도로만 알고 있었다. 병원의 깊숙한 안쪽에 있었고, 정장을 입은 사람들이 오고 갔고, 분위기는 속삭임조차 안 들릴 정도로 고요하고, 벽은 목재로 둘러쳐져 있었다. 거기에 근무하는 사람 중 누구도 주머니에 오줌 샘플을 넣고 다닌다든지, 수면 부족으로 눈 아래가 처져 있다든지, 신발에 고름이 떨어진 흔적 같은 게 있다든지 하지 않았다.

5031로 전화를 돌렸더니 그야말로 사무적이고 딱딱한 목소리가 들렸다. 행정 직원이었는데, 의무기록을 살펴봐야 하니 와 달라고 했다. 그때 나는 중환자실을 둘러보는 중이었다. 호흡기 환자가 12명, 패혈증 쇼크 환자도 몇 명쯤 있었다. 심부전으로 온 환자도 있었고, 셀 수 없이 많은 병원균에 감염된 환자도 있었다. 몇 명은 조금 전에 코드를 끝낸 참이었고, 또 누군가는 코드가 발생할지 모를 만큼 위급한 상태였다. 내 첫 번째 대답 역시 사무적이고 건조했다. "지금 사실 좀 바쁘거든요. 중환자실에 위중한 환자들이 있어요." 레지던트가 끝나가던 시절이었다. 나름대로 나 자신에 대한 확신도 있어서 임상의 참호 속에 발디뎌 본 적 없는 행정 직원의 행동에도 참을성 있게 대응할 수 있는 상태였다.

"좋습니다. 그러면 변호사를 중환자실로 보내겠습니다."

변호사?

의사에게 불시의 타격이 있다면, 변호사라는 단어가 그 중 하나였다.

나는 가장 가까운 세면대로 가서 얼굴과 손을 씻기 시작했다. 밤새 지저분해진 것들을 씻었다. 가운도 지저분했고, 수술복을 입은 채로 잤고, 머리는 군데군데 뭉쳐져 있었다. 환자용품 카트에서 치약을 꺼내서 칫솔질을 했다. 가운의 단추를 채우고 최대한 잘 보이려고 했다.

변호사가 곧 도착했다. 정갈한 헤링본 수트, 스타일리시한 힐, 반짝거리는 흰색 블라우스를 입고 있었다. 그야말로 티끌 하나 없는 차림새여서 멍하니 쳐다보다가 그녀가 부드럽게 목소리를 가다듬을 때에야 정신을 차렸다.

그녀는 꽤나 유쾌한 사람이었다. 사실 내가 상상한 변호사는 상대 선수에게 태클을 걸어 방어하는 럭비 수비수 같은 사람이었다. 그녀는 시간을 빼앗게 되었다는 사과와 함께 소송을 고려 중인 가족이 있다고 말했다.

"아직 소송을 제기한 건 아니에요. 일이 잘 풀려서 아무 일 없을 수도 있고요. 하지만 병원에서는 미리 신중하게 준비를 해 두어야하니까요."

신중하게, 위안이 되는 단어는 절대 아니었다.

"그래서, 이 증례와 관련된 모든 사람들과 차트를 살펴보고 있어요."

"모든 사람을요?" 나는 그녀가 들고 있는 차트 더미를 바라보며 물었다.

"네, 모두 다요." 그녀가 내게 자비로운 미소를 지었다. 가사를 하나도 모르는 아기에게 유치원 선생님이 띠는 미소 같았다.

"이 차트에 있는 글자를 하나도 빠트리지 않고 읽어봐야 하거든요."

그녀가 테이블에 앉았다. 차트 뭉치를 내려놓자 퍽 하고 둔탁한 소리가 났다. 우리는 그렇게 중환자실 옆 컨퍼런스 룸에 앉아 있었다. 포마이카 탁자였는데, 한 달 동안 시켜 먹었던 중국 음식과 편의점에서 사들고 온 커피 흔적으로 끈적였다. 저염 간장과 감미료 봉지들이 탁자 저 쪽 끝에 쌓여 있었는데, 몇 봉지는 다 쓴 거였고 나머지는 아직 내용물이 남아 있었다. 변호사는 아랑곳하지 않고 할 일에만 집중했다.

그녀가 차트를 펼쳤다.

"우리가 할 일은 이 차트를 한 페이지도 남김없이 훑어보는 겁니다. 선생님이 적은 부분을 좀 짚어주시고요. 그러면 우리가 그 부분을 하나하나 볼 겁니다. 모든 게 문제없는지 확인할 겁니다. 괜찮겠죠?"

괜찮지 않았다. 괜찮지 않게 들렸다. 간장과 감미료 쪽으로 눈길을 돌렸다. 내가 썼던 모든 기록 하나하나를 마치 뼈에서 고기를 발라내듯이 변호사와 분석하는 일, 그게 왜 아무렇지 않겠는가? 지옥이지.

그때 변호사가 다시 한 번 상기시켰다. "우리는 당신 편입니다." 그 말조차 내 동요를 진정시키지 못했다.

이제 할 일에 전념했다. 아직도 내가 쓴 노트의 첫 페이지를 보고 있었다. 레지던트로서 작성한 입원 노트, 23세 여성 메르세데스의 증례였다. 단순한 두통으로 내원했다. 그녀는 다정하고 진지한 타입이었다. 건강해 보였고 갈색 머리가 밝은 표정을 둘러싸고 있었다. 우리는 금방 서로에게 호감을 가졌는데, 나이 차가 얼마 나지 않아서이기도 했다. 그녀의 상태는 이유를 알 수 없을 정도로 빠르게 악화되었고, 나는 그녀를 라임병으로 진단했다. 도시 밖으로 한 발짝도 나가지 않은 사람에게는 극히 드문 질병이었다. 라임병으로 진단한 건 물론이고, 그 병을 생각해냈다는 것만으로도 병원에서 영웅이 되었다. 치료를 라임병 프로토콜로 변경했고 그녀는 금방 회복되었다. 그녀의 증례를 우리 분과 미팅 때 의기양양하게 발표했는데, 그 자리에 그녀를 참석시키기까지 했다. 퇴원해서 두 아이를 챙기고 있던 그녀를 초대했었다.

환자가 컨퍼런스에 참여하는 일은 무척 드물다. 그때 난 성취의 구체적인 증거를 원했던 것 같다. 승리의 세리모니에 그녀도 함께 하기를 바랐다. 사실은 그녀의 성공이었으니까. 그 금요일 오후의 컨퍼런스는 마치 축하의 자리처럼 느껴졌다.

월요일이었다. 컨퍼런스를 한 지 72시간도 되지 않은 시각이었다. 메르세데스가 두통으로 잠에서 깼다. 응급실로 왔고 CT 스캔을 위해 촬영실로 보내졌다. 스캔 도중에 갑자기 심정지가 왔다. 코드팀이 CT 촬영실로 달려가서 응급조치를 했지만, 동공이 멈춘 채 확장된 상태였다. 뇌에 헤르니아가 생겨서 두개저까지 퍼져 있었는데 심한 염증 때문이었다.

메르세데스가 중환자실로 실려 올 때쯤엔 이미 뇌사 상태였다. 나는 그날 저녁에 콜을 받지 못했다. 그대로 지나갔으면 다음 날 회진 때까지 이 격변의 상황을 전혀 알지 못할 뻔했다. 마침 내가 담당하는 환자의 상태가 너무 위중해서 중환자실로 전화를 걸었었다. 집에서 병원에 전화를 거는 일은 좀처럼 없지만, 그날은 환자의 호흡기 상태가 잘 관리되고 있는지 확인하고 싶었다. 그때 메르세데스의 이야기를 들었다. 금요일만 해도 건강해 보였던 메르세데스가 죽어가고 있다는 사실을 알게 되었다.

그 말을 듣고 도저히 잠을 잘 수가 없었다. 안절부절못했고 생각이 끊이질 않았다. 옷을 꺼내 입고 캄캄한 밤에 병원으로 걸어갔다. 내 눈으로 봐야 했다. 충격적인 광경이었다. 스물 세 살의 건강한 여성이 호흡기를 매단 채로 누워 있었다. 머리 위 모니터로는 부종이 심한 뇌가 보였다. 일

가친척들이 그녀의 병상을 둘러싸고 있었다. 머리가 약간 벗겨진 통통한 체격의 가톨릭 사제가 마지막 의례를 집행하고 있었다.

가족들한테 뭔가 말하려고 입을 뗐던 기억이 난다. 그들에게 뭔가 말해야 한다고 생각했다. 직전에 라임병을 진단하고 확신에 찼던 사람이 나였다. 설명하고 용서를 구하고 위로하고 싶었다. 그러나 아무 말도 하지 못했다. 그냥 가슴이 무너지고 눈물이 났다. 이름도 모르는 그 사제의 팔을 매달렸다.

반복해서 검사했지만 라임병은 음성으로 나왔다. 다른 질환도 검사해봤지만 모두 음성이었다. 실력 있는 의사들을 모두 동원했지만 다들 쩔쩔맸다. 부검에서도 결론이 나지 않았다. 뇌염일 가능성이 있었다. 그러나 정확히 진단할 수는 없었다.

관련된 모든 이들에게 엄청난 재난이었다. 나 역시 거기서 헤어나기까지 몇 개월이 걸렸다. 그녀의 가족이 감내해야 했던 고통과 슬픔은 상상조차 하기 힘들었다. 그야말로 비극이었다. 그러나 의학적으로 뭐가 잘못됐는지는 분명하지 않았다. 의료진이 달라붙어서 하나하나 검토해봤지만 실수는 없었다. 내가 내린 라임병 진단은 검사에서 위양성false-positive 결과가 나왔기 때문에 틀렸었다. 실제로 그녀가 무슨 병에 걸려서 그렇게 되었는지는 알 수 없었다.

그럼에도 불구하고, 지금 나는 변호사와 앉아 있다. 내가 메르세데스에게 행했던 모든 단계를 검토하고 있다. 변호사는 나에게 단어 하나하나를 큰소리로 읽어보라고 했고, 한 마디 한 마디 설명해야 했다. "CVA의 PMH, MI, CA, HTN, DM가 없음. 이건 뇌졸중 과거병력이 없고, 심정지 병력도 없고, 악성 종양도 없고, 고혈압도 없고, 당뇨도 없다는 뜻입니다."
라는 식으로 계속 검토를 받았다.

노트는 의학적 기준에 따라 잘 기록되어 있었다. 자세히 쓰느라 시간을 많이 들였었다. 그런데 그렇게 조사받는 상황이 되어보니 전부 부질없어 보였다. 한 줄 한 줄 써 놓은 글자들이 거죽만 남은 듯 구차해보였다. 한 마디 한 마디 읽고 자세히 설명하느라 목이 말라갔다.

설명을 하고 나면 "이제 다시 읽어보세요." 하고 변호사의 명령이 이어졌다. 그러면 쫓기듯 다시 읽어 내려갔다. 침을 삼키며 읽고 또 읽다가 볼까지 붉어질 정도였다.

"그래도 선생님 글씨는 알아 볼 수라도 있네요." 페이지를 넘기다가 신경외과 의사 글씨를 보더니 변호가가 은근슬쩍 이야기했다. "글씨가 엉망이면 상대편 변호사들이 생각하고 싶은 대로 넘겨짚고 자기들한테 유리하게 이용하거든요." 나는 속으로 페더슨 선생님께 감사를 드렸다. 초등학교 3학년 때 선생님이었다. 국가를 부를 때마다 가성을 질러대서 우리가 다 놀라곤 했었다. 엄격하게 지도해주신 서법이 지금 이 소송에서 나를 구제하고 있었기 때문이다.

변호사와 거의 한 시간 동안 그 일을 계속했다. 노트에서 특별한 걸 발견하지는 못했지만, 그렇다고 완벽하게 옳았다는 근거 역시 발견하지 못한 눈치였다. 내 임상 추론이나 진단 논리에 크게 호응하지도 않았다. 메르세데스가 입원했던 밤, 나는 늦게까지 신경과학 교과서와 진찰내용을 살펴 보고, 신경학적 검사를 검토하고, 검사결과도 해석했다. 그러나 전부 허사였다.

변호사가 차트를 덮더니 사무적으로 인사를 하고 방을 나갔다. 조사를 통과하긴 했나요? 나는 불러서 묻고 싶었다. 뭐가 잘 안 됐나요? 조사를 다시 받아야 하나요? 그러나 이미 그녀는 모퉁이를 돌아가고 있었다. 긴 복도에 그녀의 발걸음 소리만 울렸다.

그땐 정말 옷을 다 벗고 심문받는 것 같은 기분이었다. 조사를 마친 심문단은 영혼 없이 손만 흔들더니 떠나버렸다. 뭔가 괴상한 기분이었다. 창피했고, 결론도 없었고, 불길한 예감만 들었다. 그 뒤에도 뭔지 모를 걱정이 내 머리를 맴돌았다. 차트에 글을 적을 때마다 그게 차가운 법조인들 눈에 어떻게 보일지 생각하게 되었다. 투약을 지시할 때마다 머뭇거렸다. 이 환자에게 맞는지를 고민한 게 아니라 조사를 받게 되었을 때 이 투약 지시가 어떻게 보일지를 생각했다. 의사와 환자를 위해 세심하게 주의를 기울이는 건 당연히 좋은 일이다. 그러나 중간에 제3자가 슬쩍 끼어드는 건 별로 기분 좋지 않은 일이다.

결국 소송까지 이어지지는 않았다는 걸 1년쯤 지나서 알았다. 그 일이 어떤 식으로 해결됐는지 아무도 얘기해주지 않았다. 최종 결정은 가족들과 내렸다고 했다. 결국 나는 아무 것도 아니었다. 메르세데스의 차트에 메시지를 남긴 레지던트 무리 중 한 사람일 뿐이었다. 뭔가 중심부터 흔들리는 느낌이었다. 불안과 불편함은 조금도 사라지지 않았다. 그때 상황을 떠올리다보니 소송의 위험이 레지던트들에게 미칠 영향에 대해서도 생각하게 된다. 전체 의료 소송의 1/4 정도는 인턴과 레지던트가 피고로 지명된다고 한다.[1] 수련 도중에 힘든 경험을 하는 사람이 많다는 건 정말 의외다. 아직까지는 이런 일이 의사에게 어떤 영향을 미치는지에 대해 연

구되지 않았지만, 소송이 수련의 일부처럼 되어 간다고 생각하는 사람이 많다는 것만은 분명하다.[2]

내 호출기에 5031라는 숫자가 다시 찍혔을 때, 나는 이미 외래 교수가 되어 있었다. 세월이 흐르면서 경험도 많이 쌓은 뒤였다. 환자 이름은 이본 매닝이라고 했다. 이름을 듣는 순간 뭐가 문제인지 금세 알아차렸다.

이본 매닝은 내가 지금껏 만난 사람들 중 가장 다정한 사람이었다. 그녀와 나는 의료계의 모범이라고 할 수 있을 만큼 친밀한 의사-환자 관계였다. 수많은 논문에서 소송이 생길 수 있는 사례들을 이야기하고 있는데, 그런 사례들과는 전혀 상관이 없는 관계였다. 그녀가 나를 상대로 소를 제기하지 않으리라는 건 절대적으로 확실했다. 그러나 위험관리 팀의 변호사에게 전화를 받자마자 문제가 뭔지 짐작할 수 있었다.

매닝은 60대 중반의 트리니다드 출신 여성으로 비교적 건강한 편이었다. 나는 그녀의 내과 주치의였다. 신체적으로 특별한 문제가 없었기 때문에, 그녀가 내원할 때마다 여러 가지 이야기를 나눌 시간이 있었다. 영양과 운동에 대해서도 이야기했다. 당시의 표준적인 진료를 기준으로 하면, 우리가 나누는 대화는 조금 사치스러웠다고 할 수 있다. 그녀의 일, 가족, 의학의 발전상 같은 것들도 이야기의 주제였다. 공식적인 교육은 많이 받지 못했지만 날카로운 지성을 가진 여성이었다. 열심히 일하고 기술도 좋아서 인사팀 중간 관리직까지 승진했다. 그녀는 자기 딸들도 대학을 졸업하고 중산층의 삶을 살게 될 거라고 생각했는데, 아니나 다를까 그녀 말대로 순탄한 삶을 살아나갔다.

나는 그녀의 지적인 면과 온화한 성격을 좋아했다. 만일 병원 밖에서 만났더라도 쉽게 친구가 되었을 것 같았다. 그녀 역시 나와 비슷한 감정을 느낀다는 것도 알 수 있었다. 그런데 갑자기 유방암이 발병했다. 감기 예방주사를 놓거나 콜레스테롤을 체크하던 진료가 급작스럽게 항암제 치료와 수술로 전환되었다. 그러나 이미 좋은 관계를 유지하고 있었기 때문에 암 치료 역시 원활하게 진행되었다. 3년의 치료과정 동안 서로 계속 연락하며 진정한 동반자 관계를 형성해나갔다.

의사로서는 여러 가지 면에서 흐뭇한 경험이었다. 좋은 사람이었고, 함께 대화하며 치료할 수 있어서 나 역시 최고의 의사가 될 수 있었다. 애초에 암이 찾아오지 않았더라면 더 좋았겠지만 말이다. 힘든 치료를 위해 복잡한 미로 속을 헤매는 동안, 그녀 곁에서 열심히 도왔다. 이런 저런 문제들이 훼방을 놓기도 했지만, 내과 의사가 당연히 해야 할 일이었다. 어쨌든 분명한 진실은 내가 이본 매닝을 좋아했고 그녀를 위해서 뭐든 해주려고 했다는 사실이다.

MRI와 사전 승인을 받기 위해 보험회사에 몇 시간씩 전화를 했고, 너무 힘들어서 방사선 치료를 받으러 가기 힘들 때는 환자 이송용 특수차를 이용할 수 있도록 사회복지사를 다그쳤다. 입원했을 때는 신문도 챙겨주고, 그녀가 좋아하는 레몬그라스 차도 가져다주었다. 다른 환자들에게는 좀처럼 하지 않는 일이었지만, 매닝에게는 어렵지 않은 일이었다.

그녀가 유방암 재건 수술 부위가 불편하다며 예고 없이 진료실에 왔다. 하던 일을 제쳐두고 그녀를 진찰했다. 절개선 부위가 붉어 보였다. 통증을 호소했지만 참을 수 없는 정도는 아니라고 했다. 수술 후 감염 가능성이 있어 보였다.

성형외과 의사에게 콜을 했다. 그러나 인턴이 대신 왔다. 수술을 집도한 의사는 수술실에 있다고 했다. 일반외과 의사는 응급실을 돕고 있었다. 나를 기다리는 다른 환자가 있었지만, 이 문제를 해결하지 않고 둘 수도 없었다. 매닝에게 남은 단 하나의 옵션은 응급실로 가서 기다리는 방법뿐이었는데, 응급실 시스템으로 봤을 때 우선순위가 너무 밀릴 것 같았다.

성형외과 의사가 소아과에 와 있다는 걸 사무실의 누군가 알려주었다. 매닝의 팔을 붙잡고 재빨리 소아과로 걸어 내려갔다. 그 의사를 놓치면 안 될 것 같았다.

수소문 끝에 그가 있는 곳을 찾았다. 같이 살펴본 결과, 감염으로 판단되었다. 그러나 중한 상태는 아니었다. 초기에 잡을 수 있다고 생각했다. 매닝은 입원해서 정맥주사를 맞는 대신 항생제를 처방 받아 집으로 돌아갔다. 헤어지면서 그날의 작은 성취를 기뻐하며 서로를 안아주었다. 작은 변화까지 알아보고 의사에게 알려준 것은 매닝의 성취였고, 의사를 찾아낸 것은 나의 성취였다. 우리는 한 팀이었다.

그러나 암은 결국 그녀를 뒤덮었다. 처음에는 나아지는 듯 했지만 결국 다시 재발했고 전이되었다. 나는 매닝을 도왔고, 그녀의 생각대로 사전의료의향서를 작성했다. 우리가 의논한 내용도 잘 적어두었다. 그녀가 마지막으로 입원한 병원은 다른 곳이었다. 앰뷸런스가 그녀를 그곳으로 데려갔기 때문이다. 그 때는 이미 의식이 흐려진 뒤였다. 나는 연락을 받고 그곳 의사에게 그녀가 원하는 내용을 팩스로 전송했다. 그 의사는 그녀의 바람들을 기록해준 데 대해 감사를 표했다.

이본 매닝은 평화롭게 눈을 감았다. 그녀가 두려워했던 공격적인 치료는 하지 않았다. 마지막 순간을 그녀와 함께 하지 못했지만 영혼만큼은 그곳에 함께 있었다. 그녀의 뜻대로 일이 진행되도록 도왔다. 그녀의 죽음이 슬펐지만, 우리가 함께 의논한 대로 진행되었다는 사실에 다소나마 위로를 받았다. 불필요한 고통을 겪지 않아도 되었고, 편하게 죽음을 맞이할 수 있었기 때문이다.

매닝에게는 두 딸이 있었다. 한 사람은 그녀의 병을 세심하게 신경 썼지만, 다른 한 사람은 가끔씩만 모습을 보였다. 그 날의 기억이 생생한데, 매닝과 내가 사전의료의향서에 대해 의논하던 날이었다. 종양내과 병동에 입원해 있었고 상태가 별로 좋지 않았다. 항암제 치료의 한계에 대해 한 시간 넘게 이야기를 나눴다 매닝은 더 이상은 치료받지 않겠다고 결정하고 DNR_{심폐소생술금지} 오더에 서명했다.

바로 그 순간 둘째 딸이 도착했다. 큰 키에 호리호리하고 맵시도 좋은 여성이었다. 그녀가 값비싼 자연식이 가득 담긴 쇼핑백을 들고 들어왔다. 그녀에게 어머니와 나눈 이야기를 설명해주었다. 그녀는 어머니의 병상 옆에 다시마 스프와 차와 건강식 샐러드와 샐러리 주스를 꺼내고 있었다. 그러다가 단호하고 분명한 목소리로 말했다. "치료와 관련된 결정은 어머니와 우리 가족이 할 일이에요. 미안합니다, 선생님."

나가라는 말로 들렸다. 그러나 매닝과 나눈 이야기를 생각하면 그냥 그렇게 나올 수가 없었다. "분명한 건 말입니다." 내가 일어서면서 말했다. "어머니께서 바라는 대로 해야 한다는 점입니다. 더 이상 본인 뜻을 말할 수 없는 상황이 되었을 때는 더더욱 그렇습니다. 어머니께서 하신 말씀은 모두 차트에 적어두겠습니다. 그리고 우리는 분명히 어머님의 뜻대로 진행할 겁니다."

나는 잠시 뜸을 들였다. 그러나 더 설명해야 한다는 생각이 들었다. "제가 원하는 걸 하겠다는 게 아닙니다. 가족이 원하는 것도, 보험회사가 원하는 것도 아닙니다. 어머니 본인께서 원하는 걸 해드리는 게 목적이라는 말입니다." 나는 매닝에게 굿바이 허그를 하고 방을 나왔다. 딸은 입술을 깨문 채 내게 눈길조차 주지 않았다.

위험관리 팀의 변호사가 표준 이하 진료라는 이유로 이본 매닝의 가족이 소를 제기할 가능성이 있다고 말했다. 딸이 그랬을 거라는 걸 본능적으로 알았다. 이본 매닝은 마음 속 깊이 우정을 나눈 환자였다. 오랜 시간 정성을 쏟았고 그녀의 죽음에 가슴이 아팠다. 이본 매닝은 결코 그런 결정을 할 사람이 아니다.

위험관리 부서로 걸어가면서 매닝과 함께 다정했던 순간들을 회상했다. 그녀는 작은 일 하나에도 늘 감사했다. 진저에일 한 병, 티슈 한 박스에도 감사했다. 힘들고 고통스런 순간에도 간호사와 물리치료사와 청소하는 분에게도 일일이 감사를 전했다. 치료를 계속할지 말지 선택할 수 있다고 전했을 때, 그녀가 안도했던 일이 기억난다. 그녀는 진심으로 대답했고 나도 그게 그녀를 위해 옳은 일이라고 생각했다. 그녀는 훌륭하고 현명하게 진료를 받았다. 나는 마음속으로 그녀에게 속삭였다. '이 소송

이 당신과 관계 없다는 걸 알고 있습니다. 이 일로 해서 당신과의 특별한 기억을 바꾸지는 않겠습니다.'

이본 매닝 씨와 관련된 일은 메르세데스 때보다 한 단계 더 진행되었다. 나는 그녀 가족의 변호사와 병원의 변호사가 동석한 자리에서 증언했다. 증언은 녹취되었다. 한 마디 한 마디를 법원 담당자가 기록했다. 법정이 아닌 병원 컨퍼런스룸이었지만, 그렇다고 해서 불편한 감정이 줄어들지는 않았다.

소름 돋게 친숙한 상황이었다. 변호사가 한 명이 아니라 두 명이라는 점만 달랐다. 수많은 차트를 펼쳐가며 내가 수년 전에 썼던 문장 하나하나에 대해서 세세하게 질문했다. 다급하게 묻기도 했고 지루하게 묻기도 했다. 열 명의 환자에 대해 스무 가지 질문을 뒤섞어가며 질문했다. 다행스러웠던 건 내가 그녀에 대해 생생하게 기억한다는 점이었다. 기억 못하는 환자도 수백 명은 될 텐데, 어쨌든 그녀만큼은 내 기억 속에 또렷했다.

매닝 가족의 변호사가 내 DNR 노트를 가리켰다. "환자에게 3~6개월밖에 살지 못한다는 이야기를 했습니까?"

"글쎄요." 최대한 침착한 목소리로 답했다. "예후라는 건 정확히 이야기하기가 불가능합니다. 제가 늘 말하는 건데, 의사들이 제시하는 정보는 같은 질환에 이환된 환자들의 평균에 기초하는 것이기 때문에, 그 정보가 특정 환자에게 확고한 수치가 되지는 않습니다. 어떤 환자는 병의 진행이 평균보다 느리기도 하고, 또 다른 환자는….."

변호사가 말을 끊었다. "선생님, 질문에 답하세요. 이본 매닝에게 3~6개월밖에 살 수 없다고 이야기했습니까?"

"재발한 암이 중추신경계에 퍼진 경우, 환자가 그로 인해 약해져 있다면 3~6개월 정도로 이야기하는 게 합당하긴 합니다만."

"선생님, 제발 질문에 답하세요."

"네, 그러죠. 그 상황에 있는 환자들의 대략적인 추정치가 3~6개월이라는 뜻으로 이야기했습니다. 그렇지만 개별 환자의 예후를 정확히 추정하기란 거의 불가능해서…."

"오프리 선생님, 예스인지 노인지 분명히 대답해주실 수 없나요?" 이번에는 병원 변호사가 말했다. 그 역시 나에게 짜증이 난 것 같았다.

나는 못 믿겠다는 눈으로 그를 바라보았다. 이 사람은 내 편이어야 하는 거 아닌가? "예후는 예스/노로 답할 수 있는 문제가 아닙니다. 어떻게 추정하느냐에 따라 다르고, 환자에게 어떻게 설명하느냐에 따라 미묘한 차이가 있습니다."

"선생님, 지금 여기서 의학 강의를 듣자는 게 아닙니다." 그 때쯤엔 어느 변호사가 대꾸를 하는지도 신경 쓰지 않고 있었다. 그게 누구든 상관없었다. 분명한 건 두 변호사 모두 내가 한 마디로 답하길 원했다는 점이다. 내가 매닝에게 했던 실제 진료에 대해서는 아무도 관심이 없었다.

두 사람 중 한 사람이 종양내과 의사와 매닝 씨 사이에서 중재했던 날에 대해 이야기해보라고 요구했다. 나는 그날을 또렷하게 기억한다. 7번 동쪽 병동에 있던 매닝의 방에 함께 있었다. 그 병동은 밝은 아침 햇살로 가득 차 있었다. 창으로 들어오는 햇살이 매닝을 비추고 있었다. 체중이 이미 많이 줄어 있었고, 볼 살도 많이 빠졌지만 표정이 환해 보였다.

종양내과 의사는 인도 여성이었다. 하얀 가운 위로 그녀가 맨 붉은색

스카프가 보였던 것도 기억한다. 대화의 주제가 무거웠던 만큼 외래에서 매닝을 진찰했던 동료와 함께 왔었다. 나는 내과 의사로서 참여했다. 매닝이 침대에 걸터앉아 이야기하라며 따뜻하고 친밀하게 대해주었던 것도 기억한다. 나는 의자를 바싹 당겨 앉았다. 그렇게 네 사람의 여성이 둘러앉았다. 작은 가족 같은 분위기였다. 종양내과 의사는 모든 치료 대안들을 열심히 친절하게 제시하면서 각각의 위험과 이익을 이야기해주었다. 한 가지씩 이야기해줄 때마다 매닝이 고개를 돌려 나를 바라봤다. 그러면 내가 이야기를 다시 한 번 더 해주었고, 매닝은 또 한 번 생각했다.

임상적으로 볼 때 그녀의 상태는 암울했다. 암이 뇌에 전이되어 있었다. 종양내과 의사는 항암제를 투여해 완화치료를 했다. 물론 그런다고 병이 낫는 건 아니다. 그러나 종양의 크기를 줄여 주고 견딜 수 없는 두통도 상당히 줄여 주었다. 그러나 몸이 약해질 대로 약해진 터라 이익과 위험을 비교하면 위험 쪽 비율이 더 높았다.

의논을 마치고 나서, 의료가 이런 식으로 이루어져야 한다는 생각이 들었다. 환자와 의사가 한 팀이 되어 다 함께 의논해야 한다고 말이다. 우리는 한 시간 남짓 이야기했다. 아무도 서두르지 않았다. 모든 질문에 답했고, 어떤 대안들이 있는지도 설명했다. 현실적인 평가에 대해서도 이야기했다. 진부한 이야기는 없었다. 연민이 모두를 감쌌다. 환자에 대한 의사의 연민과 의사에 대한 환자의 연민, 매닝은 이 일이 의사들에게도 쉽지 않다는 걸 이해했다. 그녀가 우리에게 보여준 공감은 결코 잊을 수 없는 인간적인 몸짓이었다.

"그러니까 그 종양내과 의사들이 치료를 받아들이지 않으면 죽을 수도 있다고 이야기했다는 말씀이죠?" 매닝의 변호사가 내게 물었다.

회상에 잠겨 있던 나는 질문을 듣고서야 다시 현실로 돌아올 수 있었다. 내가 말했다. "아니요. 그런 식으로 말하지 않았어요. 종양내과 의사들은 치료로 고통을 줄일 수 있다고 이야기했어요. 몇 주 더 연명할 수 있다고도 말했어요. 그렇지만 사탕발림으로 현실을 감추진 않았어요. 따뜻하고 솔직하게 이야기했어요."

"선생님, 질문에 답변해 주세요."

"네, 질문에 답하고 있습니다. 그러나 그렇게 간단한 답이 아닙니다. 예, 치료를 받지 않으면 그녀가 죽을 수 있었어요. 그렇지만…."

"가족들 말로는 당신이 치료를 거부하라고 권했다고 하더군요. 종양내과 의사들은 치료를 받으라고 권했고요. 그들이 제안하는 치료를 선생님이 거부하라고 했다는 게 가족의 말입니다."

"아닙니다." 나는 갑자기 혼란스러웠다. "아닙니다, 그런 일은 없었어요. 우리는 다 같이 이야기했어요. 종양내과 의사 두 사람과 나와 이본이 함께 이야기를 나눴어요. 한 가지를 정해 놓고 그녀에게 강요하는 분위기가 아니었습니다. 모든 사실을 꺼내놓고 이야기하려고 했어요. 그건 정말, 모두가 참여한 진지한 의논이었어요. 그리고 우리는…."

내 변호사가 법원 담당자를 돌아보면서 말했다. "잠시 녹음을 중지할 수 있나요?" 그러더니 나를 쳐다봤다. 그의 목소리는 냉랭하고 사무적이었다. 전에도 많이 했을 법한 이야기를 내게 하는 것 같았다. "오프리 선생님, 이 자리는 의사로서의 철학을 설명하는 포럼이 아닙니다. 지금 증언을 녹취하는 중입니다. 우리가 질문한 대로 정확하게 답하셔야 합니다.

장황하게 설명하거나 생각을 바꾸거나 하시면 안 됩니다. 그냥 질문에만 답하세요."

2주 후에 등기소포가 집에 도착했다. 그날 녹취 내용의 사본이었는데 1인치 두께는 되어보였다. '이 자료를 주의 깊게 검토하시기 바랍니다.' 위험관리 부서에서 보낸 쪽지였다. '혹시 선생님 증언에 에러가 있을 경우, 붉은색으로 표시해서 우리가 확인할 수 있도록 해주십시오.' 나는 그걸 침대 밑으로 걷어차 버리고 거들떠보지도 않았다.

누군가로부터 자신에 대해 판단을 받게 되면, 아무리 안정감 있고 자신감 넘치던 의사도 혼란에 빠질 수 있다. 강력하고 독특한 감정이 복합적으로 작용하기 때문이다. 변호사들과 두 번 만나면서 가장 많이 들었던 감정은 밝은 빛 아래에서 완전히 노출되는 것 같은 오싹함이었다. 심판하는 사람들은 옷을 입고 편한 자세로 있는데, 심판을 당하는 나는 낱낱이 벗겨진 그런 느낌이었다.

내가 이렇게 강하게 반응하는 원인을 정리해보기로 했다. 그 때만큼은 아니더라도 심판을 당하는 성가신 상황은 얼마든지 있다. 국세청에서 온 편지 속에 납세 과정에 에러가 있었다는 심판과 함께 '추가납부를 해야 한다'는 내용이 들어 있었던 적이 있다. 그 때는 짜증이 나기는 했지만 노출당하는 느낌은 들지 않았다. 첼로 선생님은 매주 내 연주를 듣고 판

의사의 감정

단을 한다. 철저하게 곧이곧대로 지적을 당하면 마음이 불편하다. 하지만 사실 그건 나를 격려하는 것이다. 내가 첼로를 더 잘 연주할 수 있도록 도우려는 뜻이다.

그러나 내 진료 내용을 변호사들이 낱낱이 철저하게 분석하고 검토하는 건, 피할 수 없는 끔찍한 감정을 불러일으킨다. 물론 그들이 나를 도우려는 의도를 가지고 있다는 건 알고 있다. 이본 매닝의 사례는 자신감을 완전히 없애는 기분이 들게 했다. 그녀를 치료하기 위해 정말이지 최선을 다했다. 무서운 질병이었고 죽음이 불가피했지만, 그녀와 나는 진실한 의사-환자 관계를 만들어 나갔다. 정말 그렇게 느꼈다. 나는 의사로서 할 수 있는 최선을 다했다고 생각했다. 그런데 법적인 과정을 거치다 보니, 그 과정이 내가 가졌던 생각들을 계획적으로 짓누르려 한다는 생각이 들 정도였다. 변호사들의 질문 아래에는 내가 뭔가 비도덕적인 범죄를 저질렀다는 분위기가 숨어 있는 것 같았다. 그런 식으로 교차검증 한 다음, 내 발을 걸어 넘어뜨리고 원래 의도를 드러내려는 것처럼 느껴졌다. 내 편이라는 변호사도 있었지만 마찬가지였다.

메르세데스 때와 마찬가지로 이본 매닝 때에도 재판까지 가지는 않았다. 변호사들끼리 합의를 봤다. 어쨌든 고소가 취하됐다. 그러나 불행히도 인간의 감정은 그렇게 사무적으로 취하되지 않는다. 수 년이 지나도 심문의 아픔이 가시지 않았다. 조금 둔해졌을 뿐, 여전히 거기에 있다.

내 경험은 전형적인 법적 분쟁 사례다. 의료 소송이 재판으로까지 진행되지 않은 경우에도 (대부분 거기까지 진행되지는 않는다) 감정적인 대가는 치러야 한다. 슬프지만 이건 사소한 문제가 아니다. 대다수 의사들은 일생 동안 여러 가지 법적 분쟁에 직면하게 된다. 미국 의사협회의 보고에 따르면 경력 중반까지 (55세까지로 정의되는) 전체 의사의 60% 이상이 법적 분쟁에 연루된다고 한다.[3] 비율은 전문 과목마다 다르다. 신경외과 의사와 흉부외과 의사가 분쟁에 가장 많이 휘말리고, 매년 20%의 의사가 고발을 당한다. 소아과 의사와 정신과 의사가 가장 적다. 2~3% 정도다.[4]

법적 분쟁의 가장 나쁜 점 중 하나는 오래 질질 끈다는 점이다. 수 년 동안 지속될 수도 있는데, 그 동안 사람을 미치게 만들고 모든 힘든 감정을 느끼게 한다. 법적 소송을 경험한 두 명의 정신과 의사는 그것을 두고 "6년을 끄는 치통 같았다. 은근한 불편이 지속되다가 찌르는 듯한 통증이 발작적으로 일어나는 그런 경험이었다."고 표현했다. 그들은 그 동안 자신들의 머리 위에 드리워졌던 그림자에 대해서도 이야기했다. "우리는 법적 분쟁 때문에 생긴 그늘 속에서 일하면서 살았습니다. … 그 일 때문에 우리 자신과 환자의 진료에 대해 울적하게 의심해야 했습니다. 면밀하게 그리고 고통스럽게 검토하면서 오랜 시간을 견뎌야 했습니다."[5]

심판 당하고 재판 받는 일은 커다란 정서적 대가를 치르게 한다. 때때로 소송에 연루되는 일을 죽음에 비유하기도 한다. 의사들은 과거의 자신, 소송에 휘말리기 전 그 의사의 죽음에 슬퍼한다. 이제는 죽어버린 의사, 자신의 일부였던 그 의사는 의학이 말하던 이상적인 의사였다. 헌신과 지식과 동정과 연민으로 가득했다. 그러나 이제 그 의사는 죽어버렸다. 이상적인 의사에 대한 믿음은 산산조각 나버렸고, 마음속에는 원망과 비애만 가득하다. 의사로서의 즐거움도 잃어버렸다. 그들은 이제 도전적인 문제를 안고 있는 환자를 만나더라도 되도록 조심하고 삼간다. 복잡한 합병증을 가진 환자에게 지나치게 몰두하지 않으려고 마음먹는다.

많은 의사들의 마음 속에 이 같은 정서가 형성되어 있다. 재판까지 가건 가지 않건, 유죄가 되건 무죄가 되건 상관없이 그렇다. 근거가 충분하지 않아서 소송이 취하되더라도, 재판에서 무죄가 밝혀지더라도 그 때의 기억은 마음속에 날카롭게 새겨진다.[6] 의사들이 자주 듣는 말이 있다. 주로 변호사들이 하는 말이다. 소송을 개인적인 차원으로 받아들이지 말라는 이야기다. 그런데 그건 불가능하다. 의사들은 자신의 능력과 의사로서의 정체성을 의심받았다고 느낀다. 제아무리 소소한 경우라도 일단 법적 분쟁에 휩싸이고 나면 없던 일처럼 생각할 수가 없다. 의사라는 삶에 대해 의심받고 심판받는 일은 사건 그 자체의 사실관계를 따지는 일보다 훨씬 더 심각하게 다가올 수밖에 없다.

사라 찰스는 젊은 정신과 의사다. 수련을 마친 지 7년 정도 되었는데, 그동안 약한 우울증 환자부터 심한 정신분열증 환자까지 다양한 환자들을 만났다. 정신과 환자 중에서도 가장 힘든 환자가 경계성 인격장애 환자다. 경계성 인격장애 환자는 정서적으로 매우 불안정하고 혼란스러워하는 것으로 유명하다. 분노가 증가하다가 폭발하는 일이 자주 반복된다. 정신과에서 가장 치료하기 힘든 환자들이기도 하다.

나탈리는 사라가 치료하는 경계성 인격장애 환자로 대학원생이었다.

나탈리는 정기적으로 사라와 만나서 위기상황과 일상적인 고충에 대해 상담했다. 학업을 계속 이어나갔고 개인적인 삶이 비교적 조용했기 때문에, 어느 정도는 삶을 통제하고 있다고 판단되는 수준이었다. 11월 중순의 쌀쌀한 토요일, 치료를 시작한지 2년쯤 지난 어느 날이었다. 나탈리는 창문을 열고 화재 비상구 쪽으로 나갔다. 그런 다음 사다리를 타고 올라가 건물 지붕에서 뛰어내렸다. 소식을 들은 사람들은 모두 당황했고 충격에 휩싸였다. 사라는 바로 그 전날 나탈리를 만났다. 그녀가 가족을 만나러 고향에 간다고 이야기 했다. 월요일에 다시 만나기로 약속도 잡아놓은 상태였다. 자살의 징조는 찾아볼 수 없었다. 지난 몇 개월 동안 상태가 조금씩 나아지는 것 같기도 했다. 그런데 어쩌다가 이런 일이 생겼을까?

간신히 목숨은 구했지만 몸에 심각한 손상을 입었다. 병원으로 실려간 나탈리는 정신과 주치의를 만나게 해달라고 요청했다. 사라가 황급히 병원으로 달려갔다. 그리고 그곳에서 젊고 아름다운 여성이 온몸이 부서진 채 누워 있는 모습을 보았다. 호흡기를 끼고 있었고 몸은 움직일 수 없도록 금속장치에 고정되어 있었다. 목소리를 내기조차 힘들어보였고, 눈동자는 공포에 휩싸여 흔들렸다. 잔인하게 묶인 채 철망에 갇힌 작은 새 같았다. 사라는 결코 그 모습을 잊을 수 없었다.

고통스러운 한 달이 지나고 재활치료가 이어졌다. 나탈리가 두 번 다시 걸을 수 없다는 게 분명해졌다. 그 뒤로 수개월 동안 사라와 상담을 계속 했다. 사라는 그녀가 어떻게든 삶에 적응해나가도록 도왔다. 나탈리는 자신의 현실에 분노와 죄책감을 느꼈다. 상담 치료는 상당히 과격하게 진행되었다. 봄이 왔고, 나탈리는 퇴원해서 학교로 돌아갔다. 퇴원한 후에도 사라와 매주 만나서 치료를 계속했는데, 봄이 지나자 새 정신과 의사를 만나기를 원했다.

10월이었다. 울긋불긋한 낙엽들이 거리 위에 굴러다녔다. 어느 날, 사라의 책상 위에 편지 한 통이 놓여 있었다. 법원 집행관으로부터 온 편지였다. 편지를 펼쳤다. 사라는 '피고'였고 나탈리의 치료를 부주의하게 했다고 적혀 있었다. "원고의 우울과 자살 경향을 진지하게 받아들이지 않았다. 농담하듯 이야기하며 원고를 모욕하고 무시했다."라고 적혀 있었다. "이것으로 원고가 이전보다 깊은 우울감에 빠져들었고, 결국 자살을 시도했다."라고 되어있었다.[7]

농담? 무시? 사라는 나탈리의 일을 겪으며 정신적으로 피폐해져 있었다. 스스로 자신의 진료에 대해 비판적으로 생각하기도 했다. 무슨 잘못이 있었는지, 선배 의사와 함께 나탈리의 치료에 관한 모든 부분을 1년 동안 집중적으로 검토했었다. 그러나 그녀가 딱히 놓친 부분은 없는 것으로 결론 났다. 그렇게 오랫동안 열정을 다해 나탈리의 치료에 헌신했다. 그 이전에도 지금까지도.

부주의? 모욕? 편지를 받고 나서 숨을 돌리는 데만 몇 시간이 걸렸던 것 같다. 그러나 그건 아무것도 아니었다. 그 뒤로 몇 날, 몇 달 아니 몇 년간 고통과 자신에 대한 의심과 고립이 뒤따랐다. 의료 세계로부터 멀리 떨어진 곳에서 혼자 보이지 않는 울타리에 갇혀 고통 받는 심정이었다.

사법체계는 상처를 소금으로 긁는 것처럼 사람을 고통스럽게 했다. 재판 준비가 끝없이 이어졌고 무엇과도 비할 수 없을 만큼 힘들었다. 개인적인 삶에서도 의사로서의 삶에서도 정신을 차릴 수 없었다. 분을 다투는

회의, 스케줄을 엉망진창으로 만든 증언과 녹취, 다급한 전화, 끝없는 기다림…. 하루하루가 너무나 바빴다. 재판 날짜가 코앞에 닥치자, 사라는 법정에 들어가기 전에 마음을 단단히 먹었다. 앞으로 당할 공격에 맞서기 위해 용기도 가다듬었다. 그런데 갑자기 판사가 휴가를 가야 한다며 재판을 연기했다.

결국 다시 준비를 시작해야 했다. 환자 스케줄도 다시 짜고, 재판을 위해서 마음을 다잡는 일도 다시 했다. 그런데 이번에는 변호사가 결혼을 한다고 해서 모든 일이 또 다시 제자리로 돌아갔다. 재판은 네 번이나 연기됐다. 그런 식으로 5년이나 힘겹게 이어졌다. 법정의 시스템은 의사와 환자, 양측의 가족, 사라의 다른 환자들에 대해서는 전혀 신경 쓰지 않았다. 그들이 겪을 정신적인 압박감이나 그로 인한 여러 결과에 대해서도 아랑곳하지 않았다. 사라의 진료 스케줄도 내내 방해를 받았다.

드디어 재판이 열렸고, 사라가 승소했다. 배심원들은 적절한 진료를 제공했고, 나탈리의 행동과 결과에 책임이 없다고 판시했다. 그러나 사라와 비슷한 처지에 놓였던 다른 의사들과 마찬가지 상황이 사라에게도 이어졌다. 사라는 깨달았다. 무죄로 밝혀진다고 해도 수 년 동안 고통 받으며 생긴 감정의 상처는 그대로 남는다는 사실을 말이다.

그녀는 모든 체계가 근본적으로 잘못되었다고 생각했다. 절차는 번번이 변경되었고, 그 과정에서 삶은 파괴되었다. 소송이 환자들에게 도움이 되는 적도 거의 없다. 대부분의 사건은 재판까지 가지 않으며, 설령 재판까지 가더라도 환자가 승소하는 경우는 거의 없다. 법정에 가지 않고 조정을 통해 합의에 이르더라도 양측 모두 편안하게 마음을 추스르기 어렵다. 그러나 변호사들은 결과와 관계없이 언제나 재정적으로 이익을 본다.

사라는 시스템을 바꾸기 위해 뭔가 해야겠다고 결심했다. 의사협회장에게 이야기하고 여러 의료 분과 학회장에게도 이야기했다. 다들 자기만의 고통스러운 의료 소송 경험을 이야기했지만, 누구도 문제와 맞서 싸우려 하지 않았다. 그들은 그 문제와 싸우는 걸 고통스러워했다.

그래서 사라는 연구를 시작했다. 의사와 환자에게 의료 소송이 얼마나 나쁜 영향을 미치는지를 추적하였다. 자신의 의료 소송을 기록한 책도 출판했다.[8] 광범위하게 인터뷰하고 조사를 수행했다. 그 결과 의료 소송은 재판으로 가건 안 가건, 누가 이기고 지건 간 상관없이 영혼을 부식시키고 점점 치명적으로 변해가는 성격이 있음을 알게 되었다. 소송에 연관된 모든 당사자들은 너나할 것 없이 극심한 고통을 당했다.[9]

의사의 정체성에 대한 공격의 여파는 모든 것에 영향을 미친다. 피고가 된 의사들 중 어느 누구도 무사하지 않았다. 잘못을 저지르지 않았다고 생각한 사람도, 무죄를 입증 받은 사람도 고통에 시달렸다. 고소 당할 만한 나쁜 의사, 표준 이하의 진료를 한 의사, 거만한 의사, 감정이 없는 의사, 환자와 소통하지 않는 의사들만의 일이 아니었다. 소송은 환자들과 오랫동안 신뢰 관계를 구축해 온 의사들까지도 고통스럽게 만들고 있었다. 의사소통을 잘 하고 신뢰를 잘 쌓아두면 소송 건 수를 줄일 수는 있었다. 그러나 그런 일을 아예 없앨 수는 없었다. 훌륭하고 친절한 의사들 역시 그렇지 않은 의사들과 마찬가지로 두려운 우편물을 받았다.[10]

사라는 나에게 가정의학과 의사 한 사람의 이야기를 들려주었다. 뇌성마비 아기의 분만을 실시한 의사였다. 아기가 태어나고 나서도 20년 동안 그 가족의 일차 의료주치의로 좋은 관계를 유지하며 지냈다. 아기가 자라서 스물한 살이 되기 직전이었다. 공소시효가 만료되기 직전에 그의 가족이 의사에게 소송을 제기했다. 분만 과정 중에 생긴 잘못으로 뇌성마비 아이를 출산했다는 주장이었다.

그 의사는 그야말로 짓밟힌 기분이 들었다고 한다. 20년 동안 친밀한 관계를 유지하며 가족을 지지하고 소통하고 보살폈는데, 그 모든 일들이 결국 아무것도 아니었다는 사실에 참담함을 느꼈다. 그 가족이 재정적인 이유로 소송을 제기했다는 걸 알고 그나마 이해할 수 있었다고 한다. 부모가 죽고 나서 아이에게 남은 재산이 하나도 없을 수 있다는 공포 때문이었다고 했다. 사정이 그렇더라도 의사에게는 극도로 힘든 사건이었다.

의료 소송의 피해는 의사들에게서 끝나지 않는다. 궁극적으로는 환자들에게 피해가 돌아간다.[11] 소송이 있다는 사실 자체가 뭔가 나쁜 결과가 있었다는 뜻이고, 그로 인해 고통 받는 당사자가 바로 환자다. 그 나쁜 결과가 누군가의 잘못 때문이었건 운이 나빠서였건 관계없이 말이다. 그런 상황에서 자신을 치료했던 의사가 불충분하거나 부주의하게 진료했을지도 모른다고 생각하는 건 그야말로 끔찍한 배신감이 들게 만든다.

지금의 체계는 이런 감정의 문제를 해결하지 못한다. 나쁜 결과를 돌이킬 수도 없다. 끝도 없이 질질 끄는 법체계의 성격 때문에 피고나 원고 모두 힘든 고통을 겪는다. 그리고 그 결과는 다른 환자들에게까지 광범위하게 퍼진다. 의료 소송으로 상처를 입은 의사들은 이전과 크게 달라진다. 진료하는 방식도 바뀐다. 전체의 60%가 넘는 의사들이 결국 소송을 당한다는 사실로 미루어볼 때, 어쩌면 대다수 환자의 진료에까지 영향을 끼칠 수 있다. 아마도 그 영향은 눈에 보이지 않지만 막대할 것이다.

소송에 휘말린 거의 모든 의사들은 이전의 진료방식을 바꾼다. 이것이 환자들에게 폭넓은 영향을 미칠 수 있다. 검사나 치료를 더 많이 하는, 방어의료적인 경향이 대표적이다. 방어의료적인 경향 자체가 환자에게 직접적인 손상을 입히지는 않지만, 경우에 따라서는 해로울 수도 있고 치명적일 수도 있다. 소송을 당하기 전에는 두통 환자를 진찰할 때 병력을 살펴보고 심각한 문제가 아니라고 판단되면 환자에게도 그렇게 이야기한다. 그러나 소송 이후에는 군이 사소한 문제로 소송에 휩싸이지 않으려고 하게 된다. 그래서 환자가 두통을 호소하면, 심각한 질병이 아니라는 임상적인 확신이 있어도 CT 스캔을 지시한다. 임상적인 확신 그 자체만으로는 혹시라도 증인석에 섰을 때 아무런 효과가 없기 때문이다.

이런 식으로 CT 스캔을 자주하면 방사선 노출량이 빠르게 누적된다. 불필요한 CT 스캔으로 인한 방사선 노출량을 조사해 보았더니, 이로 인해 300만 건의 암이 유발되었을 가능성이 있다는 추정도 있었다.[12] 길버트 웰치의 책 《Overdiagnosed》에서도 과도한 검사의 해악에 대해 다시 한 번 깨닫게 하는 증거를 제시하고 있다.[13] 불필요한 검사로 인해 손해를 입고, 궁극적으로 고통을 당하는 당사자는 바로 환자다.

물론 재정적인 부담도 따른다. 방어의료와 법적책임에 따른 보상비용은 보수적으로 추정해도 550억 달러에 이른다.[14] 말라리아 예방이나 백신 접종, 산전 진단 등에 그 만큼 돈을 썼다면, 아마도 그로 인한 이익이 어마어마했을 것이다.

소송을 경험하고 난 뒤, 의사들은 자신이 진료하는 환자에 대해 곱씹어 생각하게 된다. 많이 아픈 환자, 어떤 이유에서든 불만을 제기하고 소송을 제기할 가능성이 높은 환자는 피하려는 경향을 가지게 된다. 사라 찰스도 소송을 당한 뒤에 경계성 인격장애 환자의 치료를 그만두었다. 그들을 치료하면서까지 위험을 감수할 필요가 없다고 생각했기 때문이었다. 이렇게 되면 고통을 많이 당하는 환자들일수록 진료할 의사가 훨씬 적어지게 되는 상황이 발생할 수 있다.

정형외과 의사들을 대상으로 한 조사 결과를 보면, 거의 3/4에 해당하는 의사들이, 소송을 최소화하기 위해, 의학적으로 합병증이 있는 환자나 복잡한 병증의 환자를 피하게 된다고 응답했다. 좋지 않은 결과로 이어질 수 있는 위험하고 복잡한 수술을 피하게 된다고 응답한 숫자는 그보다 더 많았다.[15] 이 결과를 소송으로 상처를 입은 수 만 명의 의사에 대입해 보면, 의학적으로 심각한 상태에 있는 환자들이 진료를 받기가 더 힘들 거라는 점을 충분히 짐작할 수 있다.

7,000여 명의 외과 의사를 대상으로 한 조사에서도 전체의 1/4 이상이 근래에 소송을 당한 경험이 있다고 응답했다. 그리고 소송을 당한 의사들은 다른 의사들보다 번아웃이나 자살 의도 경향이 훨씬 높았다.[16] 번아웃을 입고 우울해하거나 자살을 생각하는 외과 의사에게 수술 받을 확률도 당연히 높아졌다.

끝으로, 의료소송은 의사-환자 관계에 영향을 끼친다. 측정하기는 어렵지만 결과는 엄청날 것이다. 온 마음을 다해 진료해온 의사들은 소송을 겪으면서 믿음을 파괴당하는 기분을 느낀다. 사라 찰스는 자신의 책에 "의사들은 그 일을 사적인 차원으로 받아들인다. 전문적인 진료에 있어서 부주의했다는 비난에 대해서는 더더욱 그렇다."고 적었다.[17] 이들에게는 환자를 신뢰하는 일이 더 이상 어려울 수 있다. 또 다시 공격받을 수 있다는 두려움 때문이다. 마치 배우자가 바람을 피운 것처럼, 그 이후로는 믿지 못하고 조심스러워 하게 된다.

믿음은 좋은 의사-환자 관계의 근본이다. 그리고 그것은 양쪽 모두의 책임이다. 의사가 환자를 믿지 못하거나 마음을 쓰지 않으면 환자들도 이를 직감한다. 그러면 의사와 환자는 경계하고 의심스러워하는 관계가 되고 만다. 이런 관계는 결혼생활에서만 좋지 않은 게 아니라 의사-환자 관계에서도 좋지 않다. 의사소통도 부족하고, 서로 못 믿고, 마음도 쓰지 않는다면, 결혼관계는 이혼으로 연결되기 쉬울 것이고, 의사-환자 관계는 소송으로 이어지기 쉬울 것이다.

소송 위험이 비교적 적은 분야인 소아과, 피부과, 정신과 의사들의 75% 정도가 65세가 될 때까지 한 번 정도 소송을 겪는다고 한다. 그렇게 보면, 신경외과, 흉부외과, 산과처럼 소송 위험이 높은 분야의 의사들은 확률이 99%다.[18] 상황이 이렇다보니 의료 소송으로 인한 영향이 거의 모든 환자에게 미친다고 볼 수밖에 없다.

의사들이 임상에 대해 심판 받는 방식에는 의료 소송만 있는 게 아니다. 의료세계에서 의사들을 심판하는 대표적인 것이 M&M 컨퍼런스다.

곳곳마다 M&M 컨퍼런스의 분위기가 조금씩 다른데, 정서적으로 지지해주는 분위기인 곳이 있는가 하면, 중립적이고 교육적인 분위기인 곳도 있고, 심하게 야단치는 분위기인 곳도 있다.

근래 들어 의사들은 의료에 대해 질적 평가를 받고 있다. 재원기간, 혈압을 잘 조절하는 환자의 비율 같은 양적 결과를 토대로 의료의 질을 평가한 다음, 객관적인 수치로 나타내는 방식이다. 그런데 여기서 말하는 객관적인 수치라는 것이 주관성과 편견의 영향을 받을 수밖에 없다.

환자들이 의사를 판단하는 경우도 늘어나고 있다. 환자만족도 조사도 있고, 영화나 레스토랑에 별점을 매기듯 환자들이 의사들에게 별점을 주는 웹사이트도 증가하고 있다. 자신의 경험을 별점 아래에 적을 수도 있게 되어 있다.

판단을 받음으로써 인격을 성숙시킬 수 있다거나, 만족도 조사나 질적 평가 결과를 토대로 피드백을 받는 것이 건설적인 방법이라고 주장하는 사람들도 있다. 물론 그런 부분도 없지 않지만, 현실은 그보다 훨씬 더 복잡하고 미묘하다. 판단을 받는 것은 양날의 검이다. 판단이 실제적인 결과로 이어지기를 바라지만, 거기에 소요되는 감정적인 비용 때문에 결과를 억눌러버리는 경우가 많다. 오히려 판단이 의사와 환자들에게 충격적인 악영향을 끼칠 수도 있다.

의료의 질을 측정하고 수치화 하는 과정에서 발생하는 문제들은 의료 소송 과정에서 나타나는 악영향과 유사한 점이 많다. 물론 범위나 결과 측면에서 의료 소송만큼은 아니겠지만 말이다. 의료의 질을 측정하는 구체적인 방법이 있어야 한다고 생각하거나, 수준이 낮은 의사와 탁월한 의사를 구별해내는 객관적인 방법이 있어야 한다고 생각하는 것도 충분히 일리가 있다. 문제는 무엇을 측정하느냐다. 일반 내과나 가정의학과 의사에게 사용할 수 있는 척도로는 심장마비를 겪은 환자의 수, 금연하는 환자의 수, 콜레스테롤이 200 미만이고 혈압도 잘 조절하는 환자의 수, 제때에 백신 접종을 받은 환자의 수 같은 것들이 있을 수 있다.

이 모든 것들이 바람직한 건강 수준에 포함될 수 있고, 의사들도 만장일치로 지지할 것이다. 그러나 실제 임상에서는 각각의 요소들이 매우 복잡하다. 비교적 직관적인 척도, 예를 들어 백신 접종 같은 경우에도 개별 의사의 진료의 질 이상으로 다양한 변수가 작용한다. 간호사의 수, 보험회사의 급여 여부, 진료시간의 융통성, 환자의 교육 수준, 치료 사례 당 투입된 시간 같은 변수 말이다.

그런 이유 때문에 이 같은 질적 지표를 이용해 측정하는 일에 대해 많은 의사들이 불편해한다. 어떤 의사들은 이런 질적 지표가 개선의 동기를 오히려 줄인다고 생각한다.[19] 구체적인 데이터로 측정하는 방식은 조립라인의 생산성을 따지는 일에는 잘 통할지 모르지만, 숙고와 의사결정, 판단, 의사소통, 창조성이 필요한 복잡한 일에서는 오히려 비생산적일 수 있다.[20] 상세한 내용에 초점을 맞추게 되면, 그 일들이 각각 중요한 척도가 될 수 있을지는 몰라도, 개선 의욕이나 능력을 깎아버릴 수 있다. 그보다는 업무환경에 대한 통제력을 더 부여하거나 전반적인 업무만족도를 개선하는 편이 더 나은 결과를 가져올 수 있다.

나는 질적 평가를 받으면서 법적인 판단을 받을 때와 같은 불쾌한 감정을 느꼈다. 우리 병원은 당뇨 환자 케어를 위한 질적 개선에 상당한 노력을 기울여 왔고 그 부분은 칭찬받아 마땅하다. 당뇨라는 질병이 우리가 직면한 아주 복잡한 질환 중 하나라는 데에는 이견이 없고, 환자들이 최선의 진료를 통해 이익을 볼 것이라는 데에도 전혀 이견이 없다.

그런 사실에 입각해서, 병원에서는 의사들에게 포도당, 혈압, 콜레스테롤 수치가 목표에 도달한 환자의 비율을 적는 리포트를 제시하였다. 이 리포트는 언뜻 보기에 우리가 하고 있는 일이 얼마나 잘 되고 있는가를 평가하는 합당한 자료처럼 보였다.

그런데 내 리포트는 병원이 정한 목표치에 많이 못 미치는 수준이었다. 그 점이 나로 하여금 기분 나쁘게 만들었는데, 그 이유는 내가 할 수 있는 모든 노력을 내 일에 투입하고 있었기 때문이다. 그러나 부족한 수치 때문에 죄책감을 느껴야 했고, 더 열심히 해야 했고, 진료실에 오래 남아 있어야 했고, 저녁이나 주말에 환자들에게 더 많이 전화를 해야 했다. 그럼에도 불구하고 내 수치는 제자리걸음을 벗어나지 못했다. 당연히 그 일로 나는 많이 의기소침해졌다.

나는 이 경험을 〈뉴잉글랜드 의학저널〉과 〈뉴욕 타임스〉에 기고했다.[21] 기고한 글에서 내가 지적하고 싶었던 점은 내가 받았던 평가가 의료의 질을 전반적으로 측정하기보다는 행정적으로 측정하기 편리한 것에 초점이 맞추어져 있었다는 점이었다. 측정치들을 전부 더해서 합계를 낸다고 해서 좋은 의료의 총합이 되는 것이 아니라는 사실을 이야기하고 싶었다.

글이 나가자마자 독자들로부터 공격적인 반응이 쏟아졌다. "오프리 선생님, 확실하고 객관적인 데이터로 측정하는 게 두려우신 모양이죠?" 이

의사의 감정

런 비판이 대부분이었다.

아마도… 그랬던 것 같다. 변호사들과 앉아 있는 것 같은 기분이었다. 내 발언이나 행동 하나하나를 검토를 당하는 그런 기분 말이다. 쌀쌀맞고 웃음기 없는 참관자들 앞에서 내 결함을 낱낱이 드러내고, 그 결과가 만천하에 방송되는 걸 기다리는 기분이었다.

내 글의 초점은 의료의 질을 측정하는 척도의 문제를 지적하는 것이었다. 그 척도들이 장님 코끼리 만지듯 일부만으로 전체를 판단하려 한다고 말하고 싶었다. 의사가 필요한 대부분의 사람들은 스마트하고, 잘 보살펴주고, 철저하고, 사려 깊고, 신뢰할 만한 사람에게 도움을 받고 싶지, 별점을 가장 많이 받은 의사에게 도움을 받고 싶어 하는 게 아니다.

나는 꾸준히 의료의 질 척도와 관련한 구체적인 문제를 연구했다. 내가 이 문제에 관심을 갖고 문제를 제기한 이유는 판단 당하는 일이 끔찍하게 불편하기 때문이었다. 그들이 말하는 '객관적인 수치'가 내가 영혼과 심장과 삶을 바쳐 헌신하는 것들을 파괴할 수 있기 때문이었다. 내가 너무 감정적일 수도 있겠지만, 그건 나도 어쩔 도리가 없다.

의사는 환자들로부터도 평가를 받는다. 대다수 환자들은 입소문이나 정보를 입수해서 의사 선택에 활용한다. 이전에는 친구나 지인으로부터 추천을 받았다면, 이제는 인터넷이나 SNS를 통해 정보를 얻는다. 정보의

창구가 넓어진 만큼 과거의 사건이나 의사에 대한 비밀스런 정보까지도 어렵지 않게 구할 수 있다.

가사 도우미 서비스 순위를 알려주던 지역 사이트에서 의사들의 순위를 매기던 순간을 기억한다. 그 사이트 광고가 공영방송 라디오에 나오고 있었는데, 매 시간 이런 멘트가 흘러나왔다. "앤지의 순위리스트! 배관공, 청소서비스 … 이제 의사들의 순위도 알려드립니다!" 나는 "이제 의사들의 순위도"라고 강조하던 말투를 잊을 수 없다. 그건 마치 "우리가 당신들을 잡았어. 살금살금 뒤로 숨어서 우리를 잘도 피해왔지?"라고 말하는 것처럼 들렸다.

순위를 알려 주는 사이트의 수가 증가하고 있다. 항생제 내성을 가진 포도상구균이 중환자실에 퍼져가는 속도보다 빠른 것 같다. 이전에는 간단한 의사 소개 정도만 나오고, 경력이나 소속 병원, 웹사이트, 전문 회원 자격, 전문의 자격 같은 실제 정보는 스크롤을 내려야 볼 수 있는 정도였다. 그런데 지금은 수많은 온라인 순위 관리자들이 의사들을 표적으로 삼고 있다. 의사들은 평가에 따라 잃을 게 많은 사람들이다. 경제적으로 넉넉한 데 비해 시간은 적은 사람들이기 때문에도 좋은 먹잇감이 되는 것 같다. 평가하는 사이트가 늘어나는 속도에 발맞춰서 의사들도 각자 순위 관리 매니저를 고용해야 하는 게 아닌가 싶다. 마치 의료 실수 보험에 들 듯이 말이다.

진료 받을 의사를 정하는 일이 토스터나 멕시칸 식당을 선택하는 일처럼 큰 고민이 필요하지 않은 일이라고 생각하는 사람들이 많았다. 그러나 점점 더 많은 사람들이 의사 면허나 전문의 자격이나 진료시간 같은 표준적인 요소들보다, 환자들이 매긴 순위를 필수 요소로 생각하는 것 같다.

놀랄 것도 없이, 의사들은 환자들만큼 이런 부분에 세심하게 신경 쓸 수가 없다. 의사들이 당장 걱정하는 문제는 오래 기다려서 짜증난 환자들, 보험처리 문제 같은 것들로 심기가 불편한 환자들이 앙심을 품고 댓글 보복을 하지 않을까 하는 문제다. 의사마다 평가한 글들의 개수가 많지 않기 때문에 부정적인 댓글이 한두 개만 달려도 영향력이 아주 클 수 있다. 이용자들은 대부분 익명이기 때문에 점수를 매긴 의사에게 실제로 진찰을 받았는지도 증명할 방법이 없다.

리뷰어들이 진료의 외적인 부분에 초점을 맞추기가 쉽다는 점도 문제다. 의사가 얼마나 친절한지, 진료실 사람들이 얼마나 다정한지, 검사를 얼마나 많이 지시하는지 등은 누구나 쉽게 관찰이 가능하다. 그런 요소들로 의사가 최신 정보에 근거해서 진료하는지, 실제로 진료의 질이 어떤지를 평가할 수는 없다.

나는 이런 리뷰를 확인하려고 인터넷을 검색하거나 하지는 않는다. 그런 리뷰는 뭔가 정직하지 못하고 재미삼아 하는 것처럼 느껴지기 때문이다. 하지만 이 책의 1차 자료를 얻기 위해 찾아볼 필요가 있어서 들여다보다가 좀 상세한 부분까지 보게 되었다. 그 때 나와 함께 일하는 동료들의 점수도 보게 되었는데, 예전에 내가 가르쳤던 학생이었던 사람, 내가 훈련시켰던 레지던트, 동료 의사들까지도 나와 있었다. 자꾸 보다 보니 뭔가 좀 훔쳐보고 싶은 관음증적인 충동이 일었다. 그들에 대해 누가 뭐라고 썼는지 알고 싶었다. 조금 어색하고 언짢은 기분이 들기도 했는데, 부정적인 코멘트를 볼 때 특히 그랬다.

내 동료였고, 나 자신의 의사이기도 했던 사람의 점수도 보게 되었다. 나는 그녀를 좋아했다. 진료나 삶에 있어 빈틈이 없고, 사탕발림 같은 것도 전혀 찾아볼 수 없는 고지식한 사람이다. 그 점이 사람에 따라 호불호가 갈리게 만들었던지, 순위 사이트에도 그대로 나타나 있었다. 평가한 사람들 중 절반은 별 다섯 개를 주면서 "훌륭하다! 반드시 그녀를 추천하겠다!"라고 적었고, 나머지 절반은 별 하나만 주면서 "내가 아무리 싫어하는 사람이라고 해도 이 의사는 추천하지 않겠다, 끝!"이라고 적고 나서 모든 면, 심지어 의학 지식이나 임상기술까지 최하 점수를 주었다.

내가 직접 그녀의 환자가 되어 보았기 때문에 잘 알고 있는데, 조금 무뚝뚝하긴 하지만 일을 대충하거나 엉성하게 처리하는 법이 없는 사람이다. 물론 누군가에게는 이런 스타일이 거슬릴 수 있겠지만 말이다. 동료로서도 그녀가 얼마나 의학에 헌신하고 있는지 알고 있었다. 늘 진지하게 열정과 애정을 다해서 임상에 임한다는 이야기를 들려주곤 했다. 그런 이유 때문에 그녀의 커뮤니케이션 스타일을 좋아하지 않는 환자들이 그녀가 임상에서 수행하는 다른 측면들까지 좋지 않다고 평가하는 바람에 그런 결과가 나왔으리라는 생각이 들었다.

이런 부분들을 보면, 감정적인 반응이 눈으로 보는 모든 것들에 얼마나 색채를 덧입히는지 알 수 있다. 눈에 보이는 것들을 의미 있게 평가하기는 정말 어렵다. 친절하지만 몸을 가누기 힘들만큼 나이도 많고 의료기술도 수십 년 전 수준에 머물러 있는 의사들이, 탁월한 진단 능력을 가졌지만 무뚝뚝하고 대인관계 기술이 안 좋은 사람들보다 더 높은 점수를 받게 될 것이다. 임상기술이 의료 매너보다 중요하다는 이야기를 하려는 게 아니다. 의사들에게 별점을 매기는 사이트가 아무리 객관적인 지표를 가지고 있다고 주장하더라도, 이런 여러 부분에서 한계점이 있다는 이야기를 하려는 것이다.

내가 유능하고 헌신적이라고 생각하는 사람들의 점수가 아주 짠 걸 보고 기분이 나빴다. 믿을 만한 의사들이 이런 평가를 받는 건 정의롭지 못하다. 이런 리뷰를 받아 마땅한 형편없는 의사들도 있을 것이다. 그러나 내가 아는 그들은 그런 사람이 아니다. 이런 식으로 좋은 의사들을 몰아내버린다면 그 자리에 누가 남겠는가? 나는 지나치게 부정적인 평가를 준 몇몇 사람에게 반대하기 위해서라도 긍정적인 평가를 추가해야 한다고 생각했다. 그렇다고 내가 그 시스템에 참여한다는 것도 이상했다. 나는 별 다섯 개를 준 평가 밑에 추천의 글을 적고, 느낌표도 여러 개 달았다. 만약 고등학교 때 영어 선생님이 봤다면 충격을 받으셨을지 모르겠다.

약간 걱정스러워하면서 내 점수도 찾아봤다. 그것 역시 연구가 목적이긴 했다. 많은 사이트에 나에 대한 정보가 있다는 점에 가장 먼저 놀랐다. 그들과 한 번도 접촉하지 않았는데, 내 정보가 꽤 많이 있었다. 모든 사이트에 내 나이와 경력이 나와 있었다. 직업적인 이력에는 적지 않을 개인적인 정보들도 있었다. 여하튼 의사들 개개인의 정보가 웹사이트에 상당히 많이 올라와 있었다.[22]

내가 어디에도 올린 적 없는 특이사항들까지 기록되어 있는 경우도 있었다. 닥터 오프리를 보러 가기 전에는 '치질을 관리하는 8가지 방법'을 미리 읽고 가라고 적어 놓은 곳도 있었다. 내 키나 몸무게, 내가 투박한 신발을 좋아한다는 것까지는 기록되어 있지 않았다.

전부 검토해봤지만, 내가 실시한 진료에 대한 코멘트는 찾아볼 수 없었다. 환자들이 내 의학적인 능력에 문제가 없다고 인정했기 때문이라고 이해하고 싶었지만, 사실 그건 내가 돌보는 환자들 대부분이 재정적으로나 교육적으로나 언어적으로나 온라인 리뷰를 쓸 만한 여건이 되지 않기 때문이다. 내 환자들이 직면하고 있는 장애를 다시 확인하는 것 같아 마음이 좋지 않았다. 한편으로 그 점이 다행이라는 생각도 들었다. 의사들에 대한 리뷰 중에는 아주 심한 혹평도 있었는데, 만약 내 환자들이 나를 그렇게 생각했다면, 견딜 수 없이 힘들었을 것이기 때문이다.

메르세데스의 미스터리한 죽음, 내가 겪었던 어느 사례보다 황망했던 그 죽음은 그대로 끝이 났다. 재판까지 이어지지는 않았지만, 그렇다고 내 마음이 편해지지는 않았다. 무언가가 그녀를 죽게 만들었을 텐데, 그게 뭔지 알 수 없었기 때문이다.

메르세데스가 죽고 나서 2주가 지난 뒤에 내 레지던트 과정도 끝났다. 어쩌면 다시 돌아올 수 없을지 모른다고 생각하면서 병원을 나왔다. 10년 동안 의학을 연구하고 레지던트 과정까지 마친 뜻 깊은 날이었지만, 그 모든 것들이 산산조각 나는 의혹의 순간이기도 했다.

그때까지만 해도, 지식이 곧 권력이라는 생각으로 살았다. 더 많이 알수록 더 훌륭한 의사라고 생각했다. 그래서 목구멍까지 차오를 정도로 지식을 빨아들였다. 그러나 그건 푸아그라를 얻기 위해 강제로 모이를 먹는 프랑스 거위 같은 신세로 만들었다. 10년 내내 한숨 돌릴 여유조차 없었다. 지식을 쌓아야 한다는 생각에만 사로잡혀 있었다.

그러나 메르세데스의 죽음은 내가 초보 의사로서 쌓아온 기초들을 한 방에 무너뜨리는 충격을 안겨주었다. 동료들과 교수님들, 내가 읽은 저널과 책들, 내가 그 동안 모아온 지식의 총합이 한꺼번에 무너져 내렸다. 꽃 같은 스물세 살 여성이 죽어가면서 말이다. 도대체 나는 의사로서 정확히 뭘 했던 걸까? 변호사들과 함께 하던 시간보다도 견딜 수 없었던 건 나 스스로에 대한 이런 판단이었다. 정말 끔찍하고 참혹했다.

나와 함께 레지던트를 마친 의사들은 펠로우쉽을 시작하거나 다른 일자리를 찾았다. 그러나 나는 병원 세계에서 나 자신을 분리시키기로 결정했다. 내 친구들은 독립적인 의사로서 일하거나 좀 더 수련을 받았다. 심장내과 의사가 되거나 신장내과 의사가 되려고 했다. 그러나 나는 스페인어를 배우겠다며 과테말라나 멕시코의 작은 마을들을 정처 없이 돌아다녔다. 소설로 쓰면 몇 권이나 될 만한 지난 10년의 세월을 어떻게든 붙잡아보려고 했다. 생계를 위해 한 달 쯤 단기 의사로 일하며 이곳저곳을 떠돌았다. 의학 세계에 몰두하지 않고 멀리 떨어져 있었다. 나는 생각이 필요했다. 아니, 무언가를 느끼는 계기가 필요했던 것 같다.

길 위에서 1년 반을 보냈다. 내 환자들 중 많은 이들의 출신 지역인 중남미 시골 마을을 샅샅이 훑고 다녔다. 줄리아를 알기 전이었지만, 나중에 알고 보니 그녀가 살던 곳에서 아주 가까운 마을도 있었다. 방황의 시간 동안, 메르세데스를 포함한 환자들과의 경험에 대해 글을 썼다. 의료

현장의 정신 없는 속도에 비하면, 글쓰기의 속도는 느릿느릿했다. 그 덕분에 나는 내가 경험했던 곳들로 다시 되돌아 갈 수 있었다. 거기서 내가 느낀 건, 실제 임상현장에서는 불가능했지만, 내 환자들에게 뭔가 도움이 필요했고, 그들 모두 그런 보살핌을 받을 자격이 있다는 사실이었다.

과테말라의 유스호스텔에서 게으름을 피우는 동안, 나는 메르세데스에 대한 기억을 빠짐없이 적어 내려갔다. 그녀의 이야기를 적는 데만 몇 달을 보냈다. 고치고 다시 생각하고 상상 속에서 그 때 일을 다시 경험했다. 그리고 내 첫 번째 책《Singular Intimacies: Becoming a Doctor at Bellevue》의 끝 부분을 그 내용으로 채웠다.

내가 지적으로 꽹장히 좌절해 있는 동안, 정서적으로는 이상하리만치 완벽하다는 느낌을 받았다. 메르세데스와 중환자실에서 보냈던 그 밤은 너무도 처절하고 고통스러웠다. 그러나 의사로서는 더없이 진정한 경험이었다. 너무 슬펐다. 그래서 울었다. 당연한 일이지만 정신없는 종합병원에서는 잘 없는 일이었다. 중환자실에서 사제의 팔을 붙잡고 메르세데스의 가족들과 서 있을 때, 나 역시 한 인간이라는 사실을 느꼈다. 의사나 과학자로서가 아니라 그저 한 사람으로서 서 있는 느낌이었다. 10번 베드를 둘러싼 사람들 사이에는 내가 동료들이나 교수님으로부터 느껴볼 수 없었던 힘이 있었다. 그 힘은 나를 묶고 있던 끈, 지식을 쌓아서 완벽한 의사가 되어야 한다는 끈으로부터 나를 풀어주었다. 수 년간 지적인 근육을 쌓는 일에만 몰두해왔던 나로서는, 한편으로는 고통스

의사의 감정

럽고 한편으로는 위로받는 것 같은 기분이 들 수밖에 없었다.

그 일 때문에 의료로부터 등을 돌리지는 않았다. 오히려 그 일이 나를 의료 세계 안으로 끌어당겼다. 나는 쉴 시간이 필요했고, 다시 돌아가리라는 것도 알고 있었다. 나는 여전히 더 많이 배우고 싶고, 더 스마트한 의사가 되고 싶었다. 그리고 그 안에서 사람들과 함께 살아가고 숨 쉬고 느끼고 싶었다. 사람의 진심이 느껴지는 이 성스러운 곳에 함께 머물고 싶었다. 10년 전, 내가 왜 의료계에 발을 들여 놓으려 했는지는 잘 기억나지 않지만, 이제 나는 왜 내가 여기에 머물고 싶어 하는지 그 이유를 알 것 같다.[23]

줄리아가 심장이식을 위해 컬럼비아대학교 병원 수술실로 들어갔다. 그로부터 48시간 후, 나는 2주간의 강의를 위해 집을 나섰다. 솔직히 그때는 강의에 가고 싶지 않았다. 그러나 1년 전부터 계획된 일이라 어쩔 수 없었다. 그리고 줄리아가 훌륭한 사람들의 손에 맡겨져 있었다.

솔직히 말해서, 그 순간에 내가 의사로서 할 수 있는 역할도 없었다. 나는 그녀의 일차 진료 의사였다. 그녀의 건강을 챙겨주고, 복합적인 심장 질환을 잘 관리하도록 도와주고, 독감주사나 투약을 놓치지 않게 해서 심장이식을 받을 수 있는 몸을 유지하도록 만드는 게 내 역할이었다. 이제 나는 한 발 비켜서서 이식 전문가들, 심장내과 의사들이 그녀를 관리할 수 있게 해주어야 한다. 복잡한 스프를 끓이기 위해 요리사가 여러 명 필요한 건 아니다. 나는 그녀가 정상적인 삶을 다시 시작할 수 있을 때, 벨뷰 병원 내과 외래에서 만나면 된다.

재미없고 일상적인 의료로 돌아간다는 건 사실 얼마나 즐거운 일인가? 유방 촬영이나 자궁 경부 검사, 스크리닝 검사를 지시하는 식으로 미래에 대비하는 일은 얼마나 축복받은 일인가? 앞으로 생길지 모르는 질병을 걱정한다는 건 어쨌든 아직 그 질병이 찾아오지 않았다는 뜻이다. 오랫동안 나는 줄리아에 대해, 그리고 아직 찾아오지 않은 너무도 당혹스러운 일에 대해 생각하지 않으려고 애써야 했다. 그러나 이제 우리에겐 적어도 기회가 있다.

지난 1, 2년은 어찌 보면 식은 죽 먹기였다. 여생 동안 내내 면역억제제를 복용해야 하는 부담에 비하면 말이다. 면역억제제를 복용하는 환자들을 본 적 있는데, 결코 쉽지 않은 일이었다. 특히 첫 6개월은 정말 힘들다.

면역 거부 반응도 여전히 걱정거리 중 하나다. 독성이 강한 약물 때문에 생기는 합병증도 무시할 수 없는 문제다. 줄리아가 직면해야 할 도전을 생각하면, 맹목적인 낙관주의자가 될 수는 없었다. 그렇지만 적어도 맞설 수는 있었다. 나는 보스턴과 달라스, 로체스터와 볼티모어 사이를 오갔다. 중간 중간 집에 하루 이틀 머물다가 다시 떠나곤 했다. 왔다 갔다 하며 강의를 진행하는 방식이 마음에 들지는 않았다. 어쨌거나 그 특별한 10월 동안 많은 일들이 있었다. 일이 다 끝나면 정말 기쁠 것 같았다.

나는 컬럼비아대학교 병원의 심장내과 의사들과 연락하며 하루하루 줄리아의 상태가 어떤지 예의주시했다. 예상대로 줄리아의 건강한 몸은 그 힘든 수술을 견뎌냈다. 한 사람의 몸에서 장기를 떼어내서 다른 사람에게 이식하는 일이 교과서처럼 착착 진행될 수는 없었다. 그렇지만 줄리아는 비교적 잘 해냈다. 퇴원한 뒤에 회복실로 옮길 계획도 세워져 있었다.

나는 강의 장소 이곳저곳을 기쁜 마음으로 옮겨 다녔다. 내가 쓴 책 《Medicine in Translation》을 이용해서 의사들이 서로 다른 문화권의 환자들을 어떻게 진료하는지 이야기했다. 강의 도중에 줄리아와 관련된 부분을 자주 큰소리로 읽었다. 이민자의 지위, 언어 문제, 트라우마 경험 등을 부각시키기 위해서였다. 그러나 이제 나는 거기에 해피엔딩을 추가로 적어 넣을 수 있게 되었다. 내 강의 내용 속에 포함된 의학적 이야기들 중에는 비극적인 엔딩이 많았다. 그래서 더더욱 줄리아의 사례가 특별하게 느껴졌다. 나는 의학에 대한 믿음, 인간에 대한 믿음으로 가득했다. 강의 때마다 열정적으로 복음을 전파했다. 한 번은 너무 심취한 나머지, 내 강의를 들은 병원 행정 직원들이 하던 일을 그만두고 의대 시험을 준비하게 될 거라는 생각마저 들었다.

어느 화요일 오후, 볼티모어의 호텔 택시 승강장 옆 벤치에 노트북을 펴고 앉아 있었다. 호텔에서 제공하는 와이파이를 공짜로 누리면서 바깥에 앉아 있었다. 뭐 그렇게 유쾌한 장소는 아니었다. 택시가 내뿜는 매연, 운전사들이 피우는 담배 연기, 끊임없이 울려대는 경적소리로 뒤섞여 있었다. 그래도 로비보다는 나았다. 로비에는 최신 인기곡들이 큰소리로 흘러나오고 있었기 때문에 뭔가를 논리적으로 생각한다는 게 불가능했다.

벤치에 앉아 이메일을 정리하고 있었다. 그 때 심장내과 의사로부터 메시지가 왔다. 줄리아가 두 번의 뇌졸중을 겪었다고 했다.

줄리아와 보낸 시간 내내 나를 따라다녔던 불안감이 스멀스멀 피어올랐다. 온 신경이 얼어붙는 기분이었다. 뇌졸중? 무서운 질문들이 나를 공격했다. 중증일까? 가벼운 거겠지? 출혈성일까? 아니면 경색일까? 회복할 수 있을까? 몸이 마비되지는 않았겠지? 여러 가능성들이 떠올랐고, 불안감은 점점 더 커져갔다.

줄리아의 상황을 파악하는 동안, 진흙탕을 헤엄치는 기분이었다. 진흙탕, 피가 돌지 않아 힘들 때 줄리아가 가끔씩 쓰던 말이었다. 내 신경세포들은 기분 나쁠 만큼 느리게 움직였다. 나는 그곳에서 200 마일 떨어진 컬럼비아대학교 병원에서 도대체 무슨 일이 일어난 건지 차근차근 정리해보았다.

이식센터에서는 위급하게 검사를 시행했다. 뇌졸중을 일으킨 원인이 뭐지? 가역적인 문제일까? 약으로 증상을 줄여볼 수는 없을까? 신경외과 의사들이 두개골에 구멍을 내고 뇌 조직 생검을 했다. 혹시라도 감염이었기를 바랐다. 그렇다면 치료가 가능했기 때문이다.

그들이 줄리아의 뇌와 혈관에 뇌졸중이 생긴 이유를 밝혀내기 위해 동분서주했다. 그리고 결론을 내렸다. 그동안 심한 공격을 받으며 혈류가 약해졌었는데, 스물두 살 청년의 젊고 건강한 심장이 혈액을 힘차게 뿜어내자 뇌혈관이 견디지 못하고 힘을 잃었다고 말이다.

나는 주차장 벤치에 앉은 채 그대로 얼어붙었다. 다음 메시지가 왔다.

'생명 유지 장치를 떼어낼 수도 있습니다.'

나는 그 메시지를 보고 또 봤다. 생명… 유지 장치를… 떼어낼 수도… 있습니다. 메시지에서 눈을 뗄 수 없었다. 잔인하고도 소극적인 그 문장에 가슴이 먹먹하기만 했다.

생명 유지 장치를 떼어낼 수도 있습니다.

경적을 울리던 택시도 디젤 엔진의 매캐한 매연도 사라졌다. 심장을 이식하게 되었다는 기쁨도 촛농처럼 녹아내렸다. 벨뷰 병원 스텝들이 최선을 다해 도와주었는데, 모두 소용없는 일이 되어버렸다. 줄리아의 용기, 오랜 세월을 견뎌냈던 그녀의 용기도 사라져가고 있었다. 뺨으로 눈물이 흘러내렸다. 마치 줄리아의 굴곡진 삶들이 내 손에서 스르르 빠져나가는 것만 같았다.

있을 수 없는 일이었다. 이제 거의 다 왔었는데. 벨뷰 병원 16번 서쪽 병동, 줄리아의 방에서 끝내 사망 선고를 하지 못했던 순간으로부터 3,000일이 지났다. 의학과 감정의 미로 속에서 그 세월을 보냈다. 그 잔인했던 세월을 버텨내며 여기까지 왔다. 줄리아는 살아남았고, 꿋꿋이 길을 헤쳐 왔다. 이식의 행운이 찾아왔을 때, 마치 신의 섭리인 것만 같았다. 그런데 지금, 운명이 우리를 망치로 내려쳤다. 거의 다 왔는데.

다음날 아침 뉴욕 행 기차에 올랐다. 탑승객들이 나누는 대화는 전혀 귀에 들어오지 않았다. 창밖을 멍하니 내다봤다. 그러나 동부 해안의 풍경은 내 눈에 들어오지 않았다. 기차는 북쪽으로 달렸다. 가슴 속에는 설명할 수 없는 무언가가 묵직하게 응어리져 있었다. 슬픔이라는 감정에는 순수하고 고귀한 게 없다. 내가 좋아하는 소설이나 오페라에서는 그렇다고 했는데, 내게는 전혀 그렇지 않았다. 슬픔은 불쾌한 감정일 뿐이다.

기차역에 도착했다. 평소 같으면 집으로 가는 택시를 탔겠지만, 그날은 옷가방을 들고 지하철로 내려갔다. 지하철은 덜컹대며 150 블록을 지나 컬럼비아대학교 병원에 도착했다.

병원에 도착해서 20분쯤 혼자 방황했다. 방향을 물어볼 정신이 아니었다. 중환자실을 찾을 때까지 터벅터벅 헤맸다. 결국 줄리아를 찾았다. 혼자 있었다. 가족들은 점심을 먹으러 나가고 없었다. 침대가 그녀를 받치고 있었다. 눈은 감겨 있었고, 뭔가 기이한 모습이었다. 내 기억보다 머리 칼이 길어져 있었다. 뭔가 두껍고 검어 보였다. 하얀 시트와 푸른색 병원 복, 잠금장치가 반짝이고 있었다. 가까이 가보니 앞머리가 조금 이상했다. 그제야 그게 가발이라는 걸 알 수 있었다. 뇌 조직 생검 때문에 머리를 깎았을 것이다.

나 자신과 코트와 옷가방을 비좁은 중환자실 안으로 밀어 넣었다. 줄리아의 병상과 모니터들이 가득한 공간 사이로 비집고 들어갔다. 호흡기는 제거되어 있었고, 그녀는 얕은 숨을 쉬고 있었다. 평화롭게 잠을 자고 있는 모습이었지만, 시간 문제라는 걸 나는 알고 있었다. 심각한 뇌졸중, 그로 인해 생긴 두개골 내의 부종, 그것들이 뇌간의 기능을 손상시켰기 때문이다. 뇌간은 호흡과 심장 박동에 관여하는 조직이다. 눈을 감고 심호흡을 해봤지만, 숨이 목에 걸렸다. 마지못해 다시 눈을 뜨고, 절대로 보고 싶지 않은 모습과 직면했다.

그게 바로 줄리아였다. 3,000 마일이나 떨어진 먼 미국으로 와서, 그 누구도 견딜 수 없을 역경을 견뎌온 줄리아, 불굴의 용기를 가진 줄리아, 그 줄리아가 서서히 무너지고 있었다.

가까이 다가가서 줄리아의 손에 내 손을 포갰다. 힘없이 늘어졌지만 따뜻했다. 멍이 들고 딱지가 앉아 있었다. 수없이 많이 정맥주사를 놓은 탓이었다. 종잇장 같은 피부를 만져 보고 손톱을 바라봤다. 깔끔하게 다듬어져 있었다. 아마도 그녀의 자매가 도와줬을 것이다. 줄리아에게 하고 싶은 말이 많았다. 그러나 어떻게 시작해야 할지 몰랐다. 그녀의 인생을 하나하나 따라가면서, 내가 아는 모든 이야기를 꺼내놓고 싶었다.

시작해보려고 했지만, 번번이 한두 마디에서 막혀버렸다. 할 말은 많았다. 그러나 대답도 없고, 반응도 없고, 꺼내는 말마다 공중에 둥둥 떠다니기만 했다. 내가 하는 모든 말들이 진부하고 어색하기만 했다.

그때 생각이 떠올랐다. 그녀와 대화를 나눌 수는 없지만 무언가를 읽어줄 수는 있을 것 같았다. 옷가방에서 《Medicine in Translation》을 꺼냈다. 늘 들고 다니던 건 아니었지만, 그날 볼티모어에서 강의를 마치고 왔기 때문에 우연히 지니고 있었다. 꺼내서 28쪽을 펼치고 연필로 표시해둔 문장을 찾았다.

'줄리아는 38세의 과테말라 출신 여성으로 심부전이 악화되어 있었다.' 이렇게 4장이 시작되었다. 줄리아는 아무 움직임 없이 침대에서 조용히 쉬는 것만 같았고, 나는 인턴이 그녀의 증례를 전하던 때의 이야기를 시작했다. 아무 의식이 없고 내 이야기를 들을 수도 없다는 걸 알았지만, 큰 목소리로 너무도 자연스럽게 그 부분을 읽어나갔다. 그녀의 삶을 따라가는 것이야말로 이 마지막 순간에 할 수 있는 가장 옳은 일처럼 느껴졌다. 아니, 그것만이 내가 할 수 있는 단 하나의 일이었다.

그녀의 진단을 있는 그대로 말해 주지 못했던 첫 만남부터 이야기를 시작했다. 중환자실은 조용하면서도 분주하게 움직이고 있었다. 그러나 내가 책장을 넘기며 우리의 삶이 교차되었던 3,000일을 따라가는 동안, 아무도 우리를 방해하지 않았다.

내가 아이를 낳았을 때, 줄리아가 손으로 직접 뜬 모자를 내게 준 일이 있었다. 모자 안에는 행운의 2달러 지폐가 고이 접혀 있었다. 내가 거절할까봐 거기에 끼워두었다.

텍사스의 수용소에 갇힌 바스코를 데리러 갈 기운조차 없던 그녀를 위해 함께 편지를 쓰기도 했다. 그녀의 병세가 너무 위중해서 아들을 데리러 갈 수 없다는 이야기가 담겨 있었다.

과테말라 북쪽, 마야 유적지가 있는 티칼 부근을 여행했던 이야기를 그녀에게 들려준 적도 있었다. 그녀가 태어난 마을로부터 200마일 정도밖에 떨어져 있지 않은 곳이었다. 볼티모어와 뉴욕만큼 떨어진 곳이지만, 한 번도 가보지 못했다고 했다. 그리고 앞으로도 갈 수 없었다. 그 곳 이야기를 해주는 건 내 몫이었다. 나는 서투른 스페인어로 그 곳 이야기를 그녀에게 들려주었다.

심장내과 전문의와 어떻게든 그녀를 이식 대기자 명단에 올리기 위해 노력했던 때도 있었다.

그녀가 눈보라 속을 헤치고 진찰을 받으러 왔던 날의 이야기도 있었다. 중환자실에서 죽을 고비를 넘기고 부활하듯 되살아난 뒤였다. 그때는 정말 기적 같았다.

내가 쓴 이야기가 끝나기까지 30분 정도 남은 때였다. 나는 책을 덮고, 이마를 침대 모서리에 기댄 채, 내 손을 그녀의 손 위에 포갰다. 줄리아 이야기의 마지막이 다가왔다. 우리는 바로 그 도착 지점에 그렇게 함께 있었다. 브루클린 상점 앞 공터의 장례식장에서 마지막 인사를 나누기까지 일주일쯤 남은 것 같았다. 줄리아는 하얗고 보드라운 가운을 입고, 가발도 보기 좋게 쓰고 있을 것이다. 그러나 내가 두렵고 불안한 마음으로 그녀의 손을 잡으면 더 이상 온기조차 느낄 수 없을 것이다.

그러나 아직까지는 미약하나마 그녀의 손에 삶의 기운이 깃들어 있다.

내가 할 수 있는 한 그 손을 오래도록 붙잡고 있고 싶었다. 그녀의 피부에 내 피부를 대고 오래도록 머물고 싶었다. 우리는 그렇게 소리 없이 앉아 있었다. 슬픔이 끝나지 않을 것 같았고 눈물이 쏟아졌다. 도저히 자리에서 일어설 수 없었다. 지난 세월 동안 우리는 수도 없이 서로에게 굿바이 인사를 했다. 나는 그 때마다 어쩌면 이게 우리의 마지막일지 모른다고 걱정했다. 그런데 이제 정말 거기에 닿았다. 마지막 굿바이.

마지막 굿바이 인사는 어떻게 해야 하는 걸까? 그냥 굿바이라고 해야 할까? 악수를 해야 할까? 입맞춤을 해야 할까? 그녀를 안아주어야 할까? 그 무엇이든 나를 긴장하게 만들 것이다. 그리고 내가 아는 줄리아는 따뜻하게 응답해줄 것이다. 그러지 않으면 나의 모든 인사가 공허하고 터무니없어질 것을 알 테니까.

심장 모니터에 매달려 있는 버건디색 청진기가 눈에 들어왔다. 나는 반사적으로 청진기를 꺼내어 귀에 꽂았다. 모르는 사람의 청진기를 귀에 꽂고, 메탈 벨을 오른손 두 번째 세 번째 손가락 사이에 끼웠다.

수년 동안 셀 수 없이 많이 했던 대로 줄리아의 가운이 열린 곳으로 청진기를 집어넣었다. 메탈 디스크가 흉골 옆 오목한 곳에 편하게 자리를 잡았다. 내가 늘 심장을 진찰하던 부위였다.

성급하지 않게 이상하리만치 편안한 마음으로 청진기를 심장의 여러 곳으로 미끄러뜨리며 움직였다. 대동맥, 폐, 삼첨판, 승모판으로 움직이며 진찰했다. 4중주단의 연주에 작별을 고하듯 하나씩 천천히 머물고 움직였다. 그녀의 심장의 소리는 다른 사람들과 조금 다르다. 수축기 잡음이 없기 때문이다. 내게는 너무도 익숙한 소리의 변화. 그것이 줄리아의 심장이다. 그녀의 삶이 점점 약해져감에 따라 심장도 애도하듯 뛰고 있었다.

존 스톤의 시 '자, 이제 기뻐하자'에 "마지막 남은 길은 심장이다"라는 구절이 있다. "결국 마지막에 중요한 것은 인간의 영혼이 어떻게 쓰였는가 하는 것이다." 나는 청진기를 거두고 그녀의 옷을 여몄다. 청진기를 다시 심장 모니터에 걸어두고 마지막으로 그녀를 바라보았다. 줄리아의 인생은 고난의 연속이었다. 그러나 그녀는 모든 것을 견디며 온화함을 잃지 않았다. 넘치는 사랑으로 삶을 지켜냈다.

그녀의 영혼은 이 세상에서 훌륭하게 쓰였다.

의사-환자의 상호작용은 기본적으로 사람과 사람의 연결이다. 따라서 감정이 개입될 수밖에 없다. 이 책은 의사와 환자의 상호작용을 위한 바소 컨티뉴오basso continuo, 즉 지속적으로 감정의 낮은 저음을 유지하도록 조율하는 것을 목적으로 썼다.

의사들, 특히 수련 받는 의사들은 감정이 '합리적' 의사결정에 크게 영향을 끼친다는 사실을 분명히 알아야 한다. 감정에 대해 잘 알고, 감정이 동요할 때 잘 조율하고, 환자와 관계를 맺을 때 어떻게 감정을 접목시킬 수 있을지 이해함으로써 환자와 더 안정적이고 신뢰할 수 있는 분위기를 만들 수 있다.

환자들에게 있어서 (물론 의사들도 이따금씩 환자가 될 때가 있지만) 감정은 의료 서비스의 질을 극대화하는 도구가 될 수 있다. 환자 스스로 의사와 자신이 느끼는 감정의 맥락에 귀를 기울임으로써, 가장 중요한 지점에 두 사람의 초점을 맞출 수 있다. 제롬 그루프먼은 자신의 책에 이렇게 적었다. "환자와 의사는 둘 다 감정의 바다에서 헤엄친다. 각자의 위험한 감정을 경고하기 위해 놓아둔 해변 중간 지점의 깃발에 시선을 둘 필요가 있다." 그 지점이 늘 중립적이지는 않다. 그러기를 바라고, 오슬러 경이 평정심을 그렇게 강조했지만, 실제는 그렇지가 않다. 그래서 우리는 우리가 헤엄치고 있는 바다와 해변을 둘 다 잘 알아야 한다.

　나는 이 책에서 공포, 수치심, 슬픔, 분노, 압박감 같은 부정적인 감정에 초점을 맞췄다. 이 모든 감정들은 의료에 강력한 영향을 미친다. 나는 기쁨, 자부심, 감사, 사랑과 같은 의료의 긍정적인 감정에 대해서도 잘 알고 있다. 보통 이런 감정들은 환자의 진료에 긍정적으로 작용한다. 자기 일을 기쁘게 받아들이는 의사가 분노나 수치심이나 번아웃을 겪는 의사보다 일을 더 잘할 것이다. 그러나 긍정적인 감정도 부정적인 영향을 미칠 수 있다. 친구나 가족을 치료하는 의사에게서 그런 모습을 쉽게 볼 수 있는데, 친밀감과 사랑의 감정은 의사로 하여금 난처한 질문이나 불편한 시술을 하지 못하게 만들 수 있다. 성적인 병력을 묻거나, 직장 검사를 하거나, 약물 사용에 대해 묻는 일 등이 어려울 수 있다.

　나는 줄리아 이야기를 이 책 곳곳에 집어넣었다. 줄리아가 내게 남긴 깊고 지속적인 영향 때문이다. 그녀와 함께한 시간 동안 진료와 관련한 롤러코스터 같은 일들을 겪었고, 사전에 나오는 모든 감정들을 경험했다. 자부심의 순간도 있었고, 감사와 유머와 애정의 순간도 있었다. 공포, 분노, 죄책감, 불길한 예감도 경험했다. 의사 생활을 통틀어 내 마음이 그녀의 마음에 다가갈 때만큼 즐거웠던 순간은 없었다. 그리고 그 모든 것이 무너져 내리는 순간이 찾아왔을 때처럼 슬픔으로 몸서리친 적도 없었다. 그 모든 세월이 지난 지금, 나는 그 순간을 글로 적으며 또 다시 솟아오르는 슬픔을 거둘 수가 없다. 나는 줄리아를 기억하기 위해 그녀의 이야기를 공유해왔고, 의사-환자 관계에 감정이 어떻게 스며들어와 영향을 미치는지 보여주기 위해서도 그녀의 이야기를 공유해왔다.

의사들은 치료와 치유의 구분을 잘 받아들이지 않는다. 그러나 환자들은 본능적으로 그 둘을 구분한다. 대다수 의사들은 큰 질병이 제거되는 것만으로 성공했다고 생각한다. 그러나 환자들에게는 그것이 치유 과정의 일부일 뿐이다. 대단히 중요하지만 그게 전부는 아니다. 아주 많은 환자들이 병원에서 질병을 다스린 상태로 걸어 나간다. 그러나 치유되었다고 느끼지는 않는다.

의사-환자 관계 안에 들어 있는 감정에 주의를 기울인다고 해서 치유가 보장되는 것은 아니다. 그러나 감정에 관심을 기울이지 않으면 완전한 치유도 불가능하다. 히포크라테스는 "치유는 시간이 걸리는 문제다. 그러나 때때로 기회의 문제이기도 하다." 라고 말했다. 그 기회를 잘 잡는 것이 의사나 환자에게 중요하다.

오슬러가 평정심에 대해 이야기한 지 30년 뒤에 닥터 프랜시스 피바디가 의대 졸업반 학생들을 상대로 연설을 했다. 그는 자신의 생각을 집약하여 다음과 같은 유명한 문장을 남겼다. "환자를 케어하는 일의 비밀은 환자를 위한 케어링 안에 있다."[2] 그는 너무도 명료한 경구 안에 동정과 공감과 인간의 유대 같은 것들을 집약해 놓았다. 그 모든 것들이 의사가 환자에게 제공하는 의학적 기술과 치료법 안에 함께 들어가야 한다. 그것이 바로 치료와 함께 치유의 가능성을 제공해줄 것이기 때문이다.

감 | 사 | 의 | 글

　의사와 환자에 관한 책은 이야기의 근간이 된 의사와 환자들에게 가장
먼저 감사를 표해야 한다고 생각한다. 커티스 클라이머, 사라 찰스, 허들
리 파올리니, 에바와 조앤, 이들 모두는 나와 이야기를 나누는 데 많은 시
간을 할애해주었다. 그들의 이야기를 공유해주었고, 가슴속에 깊이 묻어
둔 아픈 기억을 꺼내주었다. 나는 그들의 환자 그리고 내 환자들에게 빚
을 졌다. 그들 모두가 지울 수 없는 인상을 남겼고, 환자를 돌보는 데 도
움이 될 경험을 나눠주었다.

　이야기를 들려주기 위해 많은 시간을 할애해 준 의사와 환자들이 많
다. 지면의 제한 때문에 모든 이들의 이야기를 담지는 못했지만, 그들에
게도 감사의 마음을 전한다. 많은 이야기를 들려주었고 조언도 해주었다.
전적으로 지지해주었던 벨뷰 병원의 동료들에게도 감사를 표한다.

　올리버 색스 박사는 문학적·의학적으로 영감을 주었다. 에이브러햄
버지스, 라파엘 캄포, 리차드 셸처, 셔윈 눌랜드, 페리 클라스는 환자 진료
에 대한 사려 깊은 접근으로 내게 모범이 되어주었다. 나는 존 스톤의 죽
음을 극복할 수가 없다. 내가 하는 모든 강연에서 최선을 다해 그를 인용
한다. 그는 부드러운 남부 사람이자 최고의 심장내과 의사이자 현명한 시
인이었다. 이 세 가지를 모두 가진 사람은 극히 드물다.

　이 책의 곳곳에 저널이나 신문에 실린 글들이 나온다. 뉴욕타임스 편

집자인 토비 빌라노, 아너 존스, 데이빗 코코란, 메리 지오다노에게 특별히 감사를 전한다. 〈헬스 어페어〉Health Affairs의 엘렌 피클렌과 그녀의 팀에게도 감사를 표한다. 〈뉴잉글랜드 의학저널〉의 편집자들, 특히 데보라 말리나는 내 저술 경력에서 늘 든든한 지지자가 되어주었다.

이 책을 출간한 비콘 출판사에도 깊은 감사를 전한다. 뛰어난 편집자인 헬렌 애트완은 저자의 신경증을 진정시키기 위해 긴 시간 동안 통화를 해주었다. 비콘은 정말 훌륭하고 소신 있는 출판사이다. 비콘에서 일하는 톰 핼록, 팸 매콜, 크리스탈 폴, 마시 반스, 밥 코스투르코, 수잔 루메넬로와 여러 스탭들이 있기에 독립출판이 살아남고 번창한다고 생각한다.

새로운 책의 프로젝트를 시작하는 일은 새로운 세계로 발을 내딛는 것과 같다. 그 새로운 세계로 발을 내딛을 때 좋은 친구가 함께 한다면 훨씬 더 신이 난다. 이스라엘에서 한 해 동안 모험할 수 있게 해 준 벤지, 그녀의 끝없는 지지와 사랑에 감사한다.

나는 선禪 스타일로 사는 것에 대해 환상을 품고 있다. 평화롭고 고요하면서도 질서정연하고 명상하는 분위기 말이다. 그러나 내게는 다행스럽게도 나바, 노아, 아리엘이 있다. 이 아이들 덕분에 그쪽으로는 전혀 허튼 수작을 부릴 수가 없다.

참 | 고 | 문 | 헌

머리말

1. Jerome Groopman, How Doctors Think (Boston: Houghton Mifflin, 2007), 40.
2. M. C. McConnell and K. Eva, "The Role of Emotion in the Learning and Transfer of Clinical Skills and Knowledge," Academic Medicine 87 (2012): 1316-22.
3. Antonio Damasio, Looking for Spinoza: Joy, Sorrow, and the Feeling Brain (New York: Harcourt, 2003), 3.
4. William Osler, "Aequanimitas," speech, Celebrating the Contributions of William Osler, website, Johns Hopkins University, http://www.medicalarchives.jhmi.edu/.
5. Groopman, How Doctors Think, 39.

줄리아 이야기 1

1. Danielle Ofri, "Doctors Have Feelings Too," New York Times, March 28, 2012.

2. 환자를 보는 의사의 시선

1. Alessio Avenanti, Angela Sirigu, and Salvatore M. Aglioti, "Racial Bias Reduces Empathic Sensorimotor Resonance with Other-Race Pain," Current Biology (2010): 1018-22.
2. B. W. Newton et al., "Is There Hardening of the Heart During Medical School?" Academic Medicine 83 (2008): 244-49; M. Hojat et al., "The Devil Is in the Third Year: A Longitudinal Study

of Erosion of Empathy in Medical School," Academic Medicine 84 (2009): 1182 – 91; M. Neumann et al., "Empathy Decline and Its Reasons: A Systematic Review of Studies with Medical Students and Residents," Academic Medicine 86 (2011): 996 – 1009.

3. D. Wear et al., "Making Fun of Patients: Medical Students' Perceptions and Use of Derogatory and Cynical Humor in Clinical Settings," Academic Medicine 81 (2006): 454 – 62; G. N. Parsons et al., "Between Two Worlds," Journal of General Internal Medicine 16 (2001): 544 – 49; D. Wear et al., "Derogatory and Cynical Humour Directed Towards Patients: Views of Residents and Attending Doctors," Medical Education 43 (2009): 34 – 41.

4. M. Hojat et al., "The Jefferson Scale of Physician Empathy: Development and Preliminary Psychometric Data," Educational and Psychological Measurement 61 (2001): 349 – 65.

5. M. Hojat, Empathy in Patient Care: Antecedents, Development, Measurement, and Outcomes (New York: Springer, 2006).

6. M. Hojat et al., "Empathy in Medical Students As Related to Academic Performance, Clinical Competence, and Gender," Medical Education 36 (2002): 1 – 6; S. Gonnella et al., "Empathy Scores in Medical School and Ratings of Empathic Behavior in Residency Training Three Years Later," Journal of Social Psychology 145 (2005): 663 – 72; M. Hojat et al., "The Jefferson Scale of Physician Empathy: Further Psychometric Data and Differences by Gender and Specialty at Item Level," Academic Medicine 77 (2002), S58 – S60; M. Hojat et al., "Patient Perceptions of Physician Empathy, Satisfaction with Physician, Interpersonal Trust, and Compliance," International Journal of Medical Education 1 (2010): 83 – 88.

7. S. Rosenthal et al., "Preserving Empathy in Third-Year Medical Students," Academic Medicine 86 (2011): 350 – 58.

8. D. A. Christakis and C. Feudtner, "Temporary Matters: The Ethical Consequences of Transient Social Relationships in Medical Training," Journal of the American Medical Association 278 (1997):

739 – 43.

9. D. Hirsh et al., "Educational Outcomes of the Harvard Medical School – Cambridge Integrated Clerkship: A Way Forward for Medical Education," Academic Medicine 87 (2012): 643 – 50.

10. "Preliminary Recommendations," MR5: 5th Comprehensive Review of the Medical College Admission Test (MCAT), American Association of Medical Colleges, https://www.aamc.org/.

11. J. Coulehan et al., "'Let Me See If I Have This Right . . .': Words That Build Empathy," Annals of Internal Medicine 135 (2001): 221 – 27.

12. M. Hojat et al., "Physicians' Empathy and Clinical Outcomes in Diabetic Patients," Academic Medicine 86 (2011): 359 – 64.

13. S. S. Kim, S. Kaplowitz, and M. V. Johnston, "The Effects of Physician Empathy on Patient Satisfaction and Compliance," Evaluation and the Health Professions 27 (2004): 237 – 51.

14. M. Neumann et al., "Determinants and Patient-Reported Long-Term Outcomes of Physician Empathy in Oncology: A Structural Equation Modeling Approach," Patient Education and Counseling 69 (2007): 63 – 75.

15. D. P. Rakel et al., "Practitioner Empathy and the Duration of the Common Cold," Family Medicine 41 (2009): 494 – 501.

16. S. Del Canale et al., "The Relationship Between Physician Empathy and Disease Complications: An Empirical Study of Primary Care Physicians and Their Diabetic Patients in Parma, Italy," Academic Medicine 87 (2012): 1243 – 49.

줄리아 이야기 2

1. Danielle Ofri, Medicine in Translation: Journeys with My Patients (Boston: Beacon Press, 2010), 224.

3. 생사가 걸린 일의 두려움

1. J. LeDoux, "The Amygdala," Current Biology 17 (2007): 868 – 74.
2. J. S. Feinstein et al., "The Human Amygdala and the Induction and Experience of Fear," Current Biology 21 (2011): 34 – 38.
3. Ernest Becker, The Denial of Death (New York: Free Press, 1973).
4. L. N. Dyrbye et al., "Systematic Review of Depression, Anxiety, and Other Indicators of Psychological Distress Among U.S. and Canadian Medical Students," Academic Medicine 81 (2006): 354 – 73.
5. V. R. LeBlanc, "The Effects of Acute Stress on Performance: Implications for Health Professions Education," Academic Medicine 84 (2009): S25 – S33.
6. J. S. Lerner and D. Keltner, "Fear, Anger, and Risk," Journal of Personality and Social Psychology 81 (2001): 146 – 59.
7. A. C. Miu et al., "Anxiety Impairs Decision-Making: Psychophysiological Evidence from an Iowa Gambling Task," Biological Psychology 77 (2008): 353 – 58.
8. J. D. McCue and C. L. Sachs, "A Stress Management Workshop Improves Residents' Coping Skills," Archives of Internal Medicine 151 (1991): 2273 – 77; Support Groups: C. Ghetti et al., "Burnout, Psychological Skills, and Empathy: Balint Training in Obstetrics and Gynecology Residents," Journal of Graduate Medical Education (2009): 231 – 35; Mindfulness Meditation: M. S. Krasner et al., "Association of an Educational Program in Mindful Communication with Burnout, Empathy, and Attitudes Among Primary Care Physicians," Journal of the American Medical Association 302 (2009): 1284 – 93.
9. A. P. Smith and M. Woods, "Effects of Chewing Gum on the Stress and Work of University Students," Appetite 58 (2012): 1037 – 40.
10. J. M. Milstein et al., "Burnout Assessment in House Officers: Evaluation of an Intervention to Reduce Stress," Medical Teacher 31 (2009): 338 – 41.

11. I. Christakis, "Measuring the Stress of the Surgeons in Training and Use of a Novel Interventional Program to Combat It," Journal of the Korean Surgical Society 82 (2012): 312 – 16.

12. E. R. Stucky et al., "Intern to Attending: Assessing Stress Among Physicians," Academic Medicine 84 (2009): 251 – 57; I. Ahmed, "Cognitive Emotions: Depression and Anxiety in Medical Students and Staff," Journal of Critical Care 24 (2009): e1 – e18.

13. Danielle Ofri, "A Difficult Patient's Journey," review of My Imaginary Illness, Lancet 377 (2011): 2074.

14. Danielle Ofri, "Drowning in a Sea of Health Complaints," New York Times, February 11, 2011, http://well.blogs.nytimes.com/.

15. Jerome Groopman, How Doctors Think (Boston: Houghton Mifflin, 2007).

16. K. G. Shojania et al., "Changes in Rates of Autopsy-Detected Diagnostic Errors over Time," Journal of the American Medical Association 289 (2003): 2849 – 56; L. Goldman et al., "The Value of the Autopsy in Three Different Eras" New England Journal of Medicine 308 (1983): 1000 – 1005; M. L. Graber, "Diagnostic Error in Internal Medicine," Archives of Internal Medicine 165 (2005): 1493 – 99.

17. G. R. Norman and K. W. Eva, "Diagnostic Error and Clinical Reasoning," Medical Education 44 (2010): 94 – 100.

4. 밤낮없이 찾아오는 고통과 슬픔

1. L. Granek et al., "Nature and Impact of Grief Over Patient Loss on Oncologists' Personal and Professional Lives," Archives of Internal Medicine 172 (2012): 964 – 66.

2. M. Shayne and T. Quill, "Oncologists Responding to Grief," Archives of Internal Medicine 172 (2012): 966 – 67.

3. Danielle Ofri, "A Patient, a Death, but No One to Grieve," New York Times, May 17, 2010.

5. 실수와 자책 그리고 수치심

1. Aaron Lazare, On Apology (New York: Oxford University Press, 2004).
2. D. W. Winnicott, "Transitional Objects and Transitional Phenomena: A Study of the First Not-Me Possession," International Journal of Psychoanalysis 34 (1953): 89–97.
3. M. E. Collins et al., "On the Prospects for a Blame-Free Medical Culture," Social Science and Medicine 69 (2009): 1287–90.
4. Ibid.
5. U. H. Lindstrom et al., "Medical Students' Experiences of Shame in Professional Enculturation," Medical Education 45 (2011): 1016–24.
6. Lazare, Apology, 168.
7. Collins, "On the Prospects."
8. W. Cunningham and S. Dovey, "The Effect on Medical Practice of Disciplinary Complaints: Potentially Negative for Patient Care," New Zealand Medical Journal 113 (2000): 464–67.
9. A. W. Wu et al., "Do House Officers Learn from Their Mistakes?" Journal of the American Medical Association 265 (1991): 2089–94.
10. Danielle Ofri, "Ashamed to Admit It," Health Affairs 29 (2010): 1549–51.
11. W. M. McDonnell and E. Guenther, "Narrative Review: Do State Laws Make It Easier to Say 'I'm Sorry'?" Annals of Internal Medicine 149 (2008): 811–16.

6. 의사라는 직업에 대한 회의와 환멸

1. Milt Freudenheim, "Adjusting, More M.D.'s Add M.B.A.," New York Times, September 6, 2011, http://www.nytimes.com/.
2. F. Davidoff, "Music Lessons: What Musicians Can Teach Doctors (and Other Health Professionals)," Annals of Internal Medicine 154 (2011): 426–29.

3. Physicians Foundation, "The Physicians' Perspective: Medical Practice (2008)," October 23, 2008, http://www.physiciansfoundation.org/.

4. "To Repeat: Doctors Could Hang It Up," editorial, Investor's Business Daily, March 17, 2010, http://www.investors.com/; "Physician Survey: Health Reform's Impact on Physician Supply and Quality of Medical Care," Medicus Firm Survey, 2010, http://www.themedicusfirm.com/.

5   W. H. Bylsma et al., "Where Have All the General Internists Gone?" Journal of General Internal Medicine 25 (2010): 1020 – 23.

6. D. Morra et al., "U.S. Physician Practices Versus Canadians: Spending Nearly Four Times As Much Money Interacting with Payers," Health Affairs 30 (2011): 1443 – 50.

7. L. P. Casalino, "What Does It Cost Physician Practices to Interact with Health Insurance Plans?" Health Affairs 28 (2009): w533 – w543.

8. M. D. Tipping et al., "Where Did the Day Go?—A Time-Motion Study of Hospitalists," Journal of Hospital Medicine 5 (2010): 323 – 28.

9. Danielle Ofri, "When Computers Come Between Doctors and Patients," Well blog, New York Times.com, September 8, 2011, http://well.blogs.nytimes.com/.

10. J. Farber et al., "How Much Time Do Physicians Spend Providing Care Outside of Office Visits?" Annals of Internal Medicine 147 (2007): 693 – 98.

11. M. A. Chen et al., "Patient Care Outside of Office Visits: A Primary Care Physician Time Study," Journal of General Internal Medicine 26 (2011): 58 – 63.

12 "Women in Medicine" site, American Medical Association, http://www.ama-assn.org/.

13. "NRMP Historical Reports," National Residency Matching Program, http://www.nrmp.org/.

14. T. D. Shanafelt et al., "Burnout and Satisfaction with Work-

Life Balance Among U.S. Physicians Relative to the General U.S. Population," Archives of Internal Medicine 172 (2012): 1 – 9.

15. M. R. Baldisseri, "Impaired Healthcare Professional," Critical Care Medicine 35 (2007): S106 – 16.

16. K. B. Gold and S. A. Teitelbaum, "Physicians Impaired by Substance Abuse Disorders," Journal of Global Drug Policy and Practice 2 (Summer 2008), http://www.globaldrugpolicy.org/.

17. S. D. Brown, M. J. Goske, and C. M. Johnson, "Beyond Substance Abuse: Stress, Burnout, and Depression as Causes of Physician Impairment and Disruptive Behavior," Journal of the American College of Radiology 6 (2009): 479 – 85.

18. C. P. West et al., "Association of Resident Fatigue and Distress with Perceived Medical Errors," Journal of the American Medical Association 302 (2009): 1294 – 1300; T. D. Shanafelt et al., "Burnout and Medical Errors Among American Surgeons," Annals of Surgery 251 (2010): 995 – 1000; T. D. Shanafelt et al., "Burnout and Self-Reported Patient Care in an Internal Medicine Residency Program," Annals of Internal Medicine 136 (2002): 358 – 67.

19. J. T. Prins et al., "Burnout, Engagement and Resident Physicians' Self-Reported Errors," Psychology, Health, and Medicine 14 (2009): 654 – 66.

20. M. R. DiMatteo et al., "Physicians' Characteristics Influence Patients' Adherence to Medical Treatment: Results from the Medical Outcomes Study," Health Psychology 12 (1993): 93 – 102.

21. D. Scheurer et al., "U.S. Physician Satisfaction: A Systematic Review," Journal of Hospital Medicine 9 (2009): 560 – 68; L. N. Dyrbye et al., "Work/Home Conflict and Burnout Among Academic Internal Medicine Physicians," Archives of Internal Medicine 171 (2011): 1207 – 9.

22. R. N. Remen, "Recapturing the Soul of Medicine," Western Journal of Medicine 174 (2001): 4 – 5.

23. C. M. Balch and T. Shanafelt, "Combating Stress and Burnout in Surgical Practice: A Review," Advances in Surgery 44 (2010): 29 –

47; T. D. Shanafelt, J. A. Sloan, and T. M. Habermann, "The Well-Being of Physicians," American Journal of Medicine 114 (2003): 513 – 19.

줄리아 이야기 6
1. John Stone, "Gaudeamus Igitur," Journal of the American Medical Association 249, no. 13 (1983): 1741 – 42.

7. 의료소송과 좌절감
1. A. Kachalia and D. Studdert, "Professional Liability Issues in Graduate Medical Education," Journal of the American Medical Association 292 (2004): 1051 – 56.
2. R. A. Bailey, "Resident Liability in Medical Malpractice," Annals of Emergency Medicine 61, no. 1 (2013): 114 – 17.
3. C. K. Kane, "Medical Liability Claim Frequency: A 2007 – 2008 Snapshot of Physicians," AMA Policy Research Perspectives, www.ama-assn.org/.
4. A. B. Jena, "Malpractice Risk According to Physician Specialty," New England Journal of Medicine 365 (2011): 629 – 36.
5. R. B. Ferrell and T. R. Price, "Effects of Malpractice Suits on Physicians," in Beyond Transference: When the Therapist's Real Life Intrudes, Judith H. Gold and John C. Nemiah, eds. (Washington, DC: American Psychiatric Press, 1993), 141 – 58.
6. S. C. Charles, C. E. Pyskoty, and A. Nelson, "Physicians on Trial: Self-Reported Reactions to Malpractice Trials," Western Journal of Medicine 148 (1988): 358 – 60.
7. Sara C. Charles and Eugene Kennedy, Defendant: A Psychiatrist on Trial for Medical Malpractice (New York: Vintage Books, 1986), 7.
8. Ibid.
9. Charles, "Physicians on Trial"; S. C. Charles, "Sued and Nonsued Physicians' Self-Reported Reactions to Malpractice Litigation,"

American Journal of Psychiatry 142 (1985): 437-40.

10. S. C. Charles, "The Doctor-Patient Relationship and Medical Malpractice Litigation," Bulletin of the Menninger Clinic 57 (1993): 195-207.

11. S. C. Charles, "Malpractice Suits: Their Effect on Doctors, Patients, and Families," Journal of the Medical Association of Georgia 76 (1987): 171-72.

12. D. J. Brenner et al., "Computed Tomography—An Increasing Source of Radiation Exposure," New England Journal of Medicine 357 (2007): 2277-84.

13. Gilbert Welch et al., Overdiagnosed: Making People Sick in the Pursuit of Health (Boston: Beacon Press, 2011).

14. M. M. Mello et al., "National Costs of the Medical Liability System," Health Affairs 29 (2010): 1569-77.

15. M. K. Sethi et al., "The Prevalence and Costs of Defensive Medicine Among Orthopaedic Surgeons: A National Survey Study," American Journal of Orthopaedics 41 (2012): 69-73.

16. C. M. Balch et al., "Personal Consequences of Malpractice Lawsuits on American Surgeons," Journal of the American College of Surgeons 213 (2011): 657-67.

17. Charles and Kennedy, Defendant, 212.

18. Jena, "Malpractice Risk."

19. C. K. Cassel and S. H. Jain, "Assessing Individual Physician Performance: Does Measurement Suppress Motivation?" Journal of the American Medical Association 307 (2012): 2595-96.

20. Daniel H. Pink, Drive: The Surprising Truth About What Motivates Us (New York: Riverhead Books, 2011).

21. Danielle Ofri, "Quality Measures and the Individual Physician," New England Journal of Medicine 363 (2010): 606-7; Danielle Ofri, "Finding a Quality Doctor," New York Times, August 18, 2011.

22. A. Mostaghimi et al., "The Availability and Nature of Physician Information on the Internet," Journal of General Internal Medicine

25 (2010): 1152 – 56.

23. Danielle Ofri, Singular Intimacies: Becoming a Doctor at Bellevue (Boston: Beacon Press, 2009), 236.

줄리아 이야기 7

1. John Stone, "Gaudeamus Igitur," Journal of the American Medical Association 249, no. 13 (1983): 1741 – 42.

맺음말

1. From Hippocrates, "Precepts," chapter 1, Ancient Medicine. Airs, Waters, Places. Epidemics I & III. The Oath. Precepts. Nutriment. W. H. S. Jones, trans. (Cambridge, MA: Harvard University Press, 1923).

2. Paul Oglesby, The Caring Physician: The Life of Dr. Francis W. Peabody (Boston: Francis A. Countway Library of Medicine, 1991).

갈등하는 의사, 고통받는 환자

의사의 감정

초　판 1쇄 발행　2018년 6월 5일
　　　3쇄 발행　2019년 9월 16일

지은이　다니엘 오프리
옮긴이　강명신
펴낸이　박경수
펴낸곳　페가수스

등록번호　제2011-000050호
등록일자　2008년 1월 17일
주　　소　서울시 노원구 중계로 233
전　　화　070-8774-7933
팩　　스　0504-477-3133
이 메 일　editor@pegasusbooks.co.kr

ISBN　978-89-94651-22-4 03500

이 도서의 국립중앙도서관 출판예정도서목록(CIP)은 서지정보유통지원시스템 홈페이지(http://seoji.nl.go.kr)와 국가자료공동목록시스템(http://www.nl.go.kr/kolisnet)에서 이용하실 수 있습니다.(CIP제어번호: CIP2018014488)